興味を広げる・深める！

観察・実験カード

6年

化石

何の化石
かな?

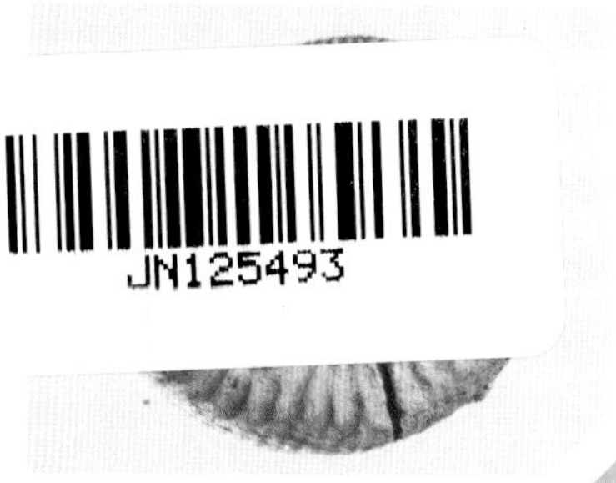

JN125493

化石

何の化石
かな?

化石

何の化石
かな?

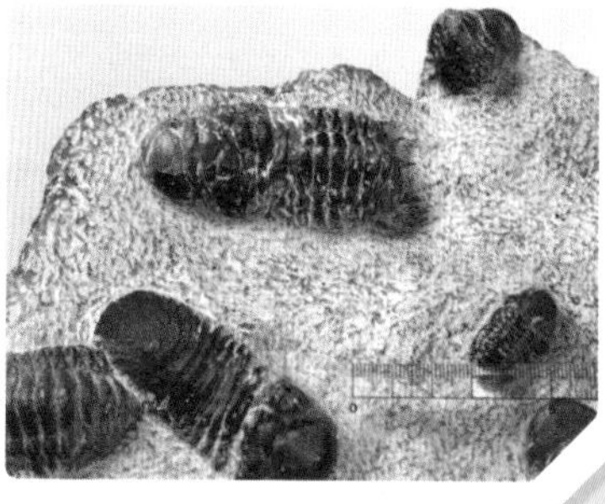

化石

何の化石
かな?

水中の小さな生物

何という
生物かな?

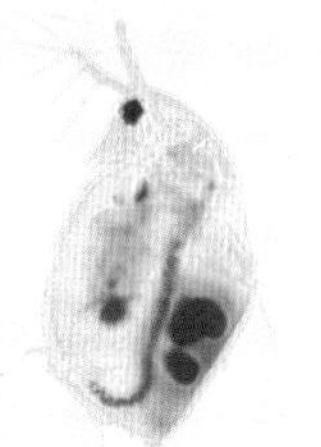

水中の小さな生物

何という
生物かな?

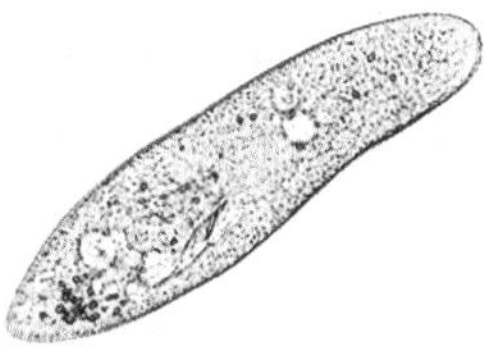

水中の小さな生物

何という
生物かな?

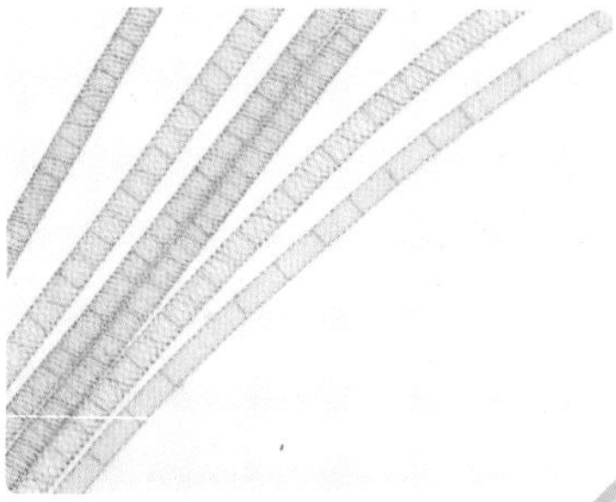

水中の小さな生物

何という
生物かな?

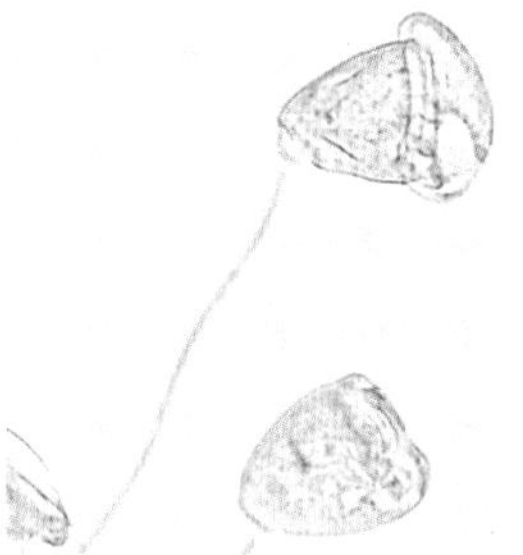

器具等

何という
器具かな?

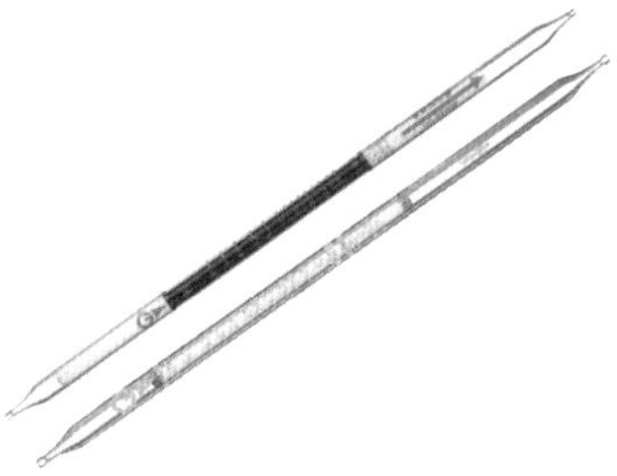

器具等

何という
器具かな?

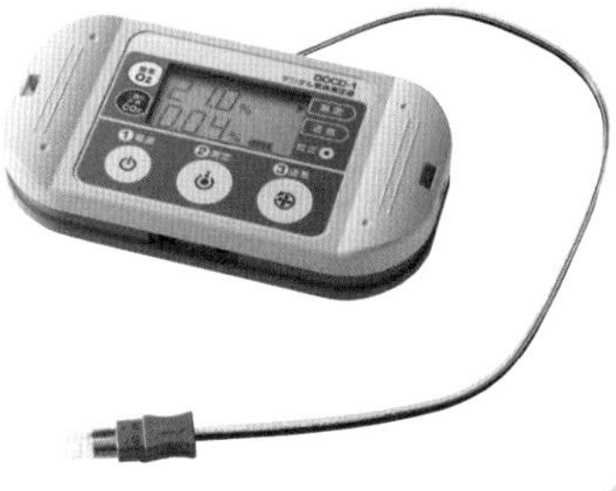

器具等

図の液体を
はかり取る
器具を何という
かな?

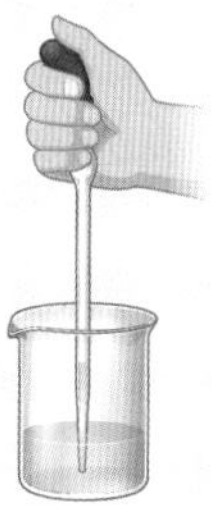

アンモナイトの化石

大昔の海に生きていた、からをもつ動物。
約４億〜6600万年前の地層から化石が見つかる。

使い方

- 切り取り線にそって切りはなしましょう。

説　明

- 「化石」「水中の小さな生物」「器具等」の答えはうら面に書いてあります。

サンヨウチュウの化石

大昔の海に生きていた、あしに節がある動物。
海底で生活していたと考えられている。
約５億4200万〜２億5100万年前の地層から化石が見つかる。

木の葉(ブナ)の化石

ブナはすずしい地域《ちいき》に広く生育する植物なので、ブナの化石が見つかると、その地層《ちそう》ができた当時、その場所はすずしい地域だったことがわかる。

ミジンコ

水中にすむ小さな生物。
体がすき通っていて、大きなしょっ角を使って水中を動く。

サンゴの化石

サンゴの化石が見つかると、その地層《ちそう》ができた当時、そこはあたたかい気候で浅い海だったことがわかる。

アオミドロ

水中にすむ小さな生物。
緑色をしたらせん状のもように見える部分は、光を受けて、養分をつくることができる。

ゾウリムシ

水中にすむ小さな生物。
体のまわりにせん毛《もう》という小さな毛があり、これを動かして水中を動く。

気体検知管

気体の体積の割合《わりあい》を調べるときに使う。酸素用気体検知管と二酸化炭素用気体検知管があり、調べたい気体や測定する割合のはんいに適した気体検知管を選ぶ。

ツリガネムシ

水中にすむ小さな生物。
名前のとおり、つりがねのような形をしている。
細いひものような部分は、のびたり、ちぢんだりする。

(こまごめ)ピペット

液体をはかり取るときに使う。水《すい》よう液《えき》の種類を変えるときは、水よう液が混ざらないように、１回ごとに水で洗《あら》ってから使う。

気体測定器

気体の体積の割合《わりあい》を調べるときに使う。吸引《きゅういん》式のものは酸素と二酸化炭素の割合を同時に測定することができる。センサー式のものは酸素の割合を測定することができる。

教科書ぴったりトレーニング 理科６年 がんばり表

いつも見えるところに、この「がんばり表」をはっておこう。
この「ぴたトレ」を学習したら、シールをはろう！
どこまでがんばったかわかるよ。

2. 人や動物の体

❶ 呼吸のはたらき　❸ 血液のはたらき
❷ 消化のはたらき

22～23ページ	20～21ページ	18～19ページ	16～17ページ	14～15ページ	12～13ページ
ぴったり3	ぴったり12	ぴったり12	ぴったり12	ぴったり12	ぴったり12
できたらシールをはろう	できたらシールをはろう	できたらシールをはろう	できたらシールをはろう	できたらシールをはろう	できたらシールをはろう

3. 植物の養分と水

❶ 植物と日光の関係
❷ 植物の中の水の通り道

24～25ページ	26～27ページ	28～29ページ	30～31ページ
ぴったり12	ぴったり12	ぴったり12	ぴったり3
できたらシールをはろう	できたらシールをはろう	できたらシールをはろう	できたらシールをはろう

4. 生物のくらしと環境

❶ 食物を通した生物どうしの関わり　❸ 生物と空気と
❷ 生物と水との関わり

32～33ページ	34～35ページ	36～37ページ
ぴったり12	ぴったり12	ぴったり12
できたらシールをはろう	できたらシールをはろう	できたらシールをはろう

7. 大地のつ

❶ しま模様に見
❷ 地層のでき方

64～65ページ
ぴったり3
できたらシールをはろう

8. 水溶液の性質

❶ 水溶液にとけているもの　❸ 金属をとかす水溶液
❷ 水溶液のなかま分け

74～75ページ	72～73ページ	70～71ページ	68～69ページ	66～67ページ
ぴったり3	ぴったり12	ぴったり12	ぴったり12	ぴったり12
できたらシールをはろう	できたらシールをはろう	できたらシールをはろう	できたらシールをはろう	できたらシールをはろう

9. 電気と私たちの生活

❶ 電気をつくる　❸ 電気の利用　―生活の中の電気―
❷ 電気をためる

76～77ページ	78～79ページ	80～81ページ	82～83ページ
ぴったり12	ぴったり12	ぴったり12	ぴったり3
できたらシールをはろう	できたらシールをはろう	できたらシールをはろう	できたらシールをはろう

10. 人と環境

❶ 人と環境
❷ 持続可能な社会へ

84～85ページ	86～87ページ
ぴったり12	ぴったり12
できたらシールをはろう	できたらシールをはろう

（キリトリ線）

合わせて使うことが

、勉強していこうね。

するよ。

ょう。

るよ。

ブの登録商標です。

かな？

う。

んでみよう。

もどってか

り学習が終わっ
「がんばり表」
ンをはろう。

よ。

まちがえた

を読んだり、

う。

本書『教科書ぴったりトレーニング』は、教科書の要点や重要事項をつかむ「ぴったり1 準備」、おさらいをしながら問題に慣れる「ぴったり2 練習」、テスト形式で学習事項が定着したか確認する「ぴったり3 確かめのテスト」の3段階構成になっています。教科書の学習順序やねらいに完全対応していますので、日々の学習（トレーニング）にぴったりです。

「観点別学習状況の評価」について

　学校の通知表は、「知識・技能」「思考・判断・表現」「主体的に学習に取り組む態度」の3つの観点による評価がもとになっています。

　問題集やドリルでは、一般に知識を問う問題が中心になりますが、本書『教科書ぴったりトレーニング』では、次のように、観点別学習状況の評価に基づく問題を取り入れて、成績アップに結びつくことをねらいました。

ぴったり3 確かめのテスト

●「知識・技能」のうち、特に技能（観察・実験の器具の使い方など）を取り上げた問題には「技能」と表示しています。

●「思考・判断・表現」のうち、特に思考や表現（予想したり文章で説明したりすることなど）を取り上げた問題には「思考・表現」と表示しています。

チャレンジテスト

●主に「知識・技能」を問う問題か、「思考・判断・表現」を問う問題かで、それぞれに分類して出題しています。

別冊『丸つけラクラク解答』について

　おうちのかたへ　では、次のようなものを示しています。

・学習のねらいやポイント
・他の学年や他の単元の学習内容とのつながり
・まちがいやすいことやつまずきやすいところ

お子様への説明や、学習内容の把握などにご活用ください。

内容の例

> おうちのかたへ　1. 生き物をさがそう
> 身の回りの生き物を観察して、大きさ、形、色など、姿に違いがあることを学習します。虫眼鏡の使い方や記録のしかたを覚えているか、生き物どうしを比べて、特徴を捉えたり、違うところや共通しているところを見つけたりすることができるか、などがポイントです。

『ぴたトレ』は教科書にぴった
できるよ。教科書も見ながら
ぴた犬たちが勉強をサポート

教科書ぴったりトレーニングの使い方

ふだんの学習

ぴったり1 準備

教科書のだいじなところをまとめていくよ。
めあて でどんなことを勉強するかわかるよ。
問題に答えながら、わかっているかかくにんし
QRコードから「3分でまとめ動画」が見ら

※QRコードは株式会社デンソーウェー

ぴったり2 練習

「ぴったり1」で勉強したこと、おぼえている
かくにんしながら、問題に答える練習をしよ

ぴったり3 確かめのテスト

「ぴったり1」「ぴったり2」が終わったら取り組
学校のテストの前にやってもいいね。
わからない問題は、ふりかえり を見て前に
くにんしよう。

ふだん
たら、
にシー

実力チェック

- 夏のチャレンジテスト
- 冬のチャレンジテスト
- 春のチャレンジテスト
- 6年 理科のまとめ 学力診《しん》断《だん》テスト

夏休み、冬休み、春休み前に
使いましょう。
学期の終わりや学年の終わりの
テストの前にやってもいいね。

別《べっ》冊《さつ》

丸つけラクラク解答

問題と同じ紙面に赤字で「答え」が書いてあ
取り組んだ問題の答え合わせをしてみよう。
問題やわからなかった問題は、右の「てびき」
教科書を読み返したりして、もう一度見直

好きななまえをつけてね！

なまえ

ぴた犬
（おとも犬）
シールを
はろう

シールの中から好きなぴた犬を選ぼう。

おうちのかたへ

がんばり表のデジタル版「デジタルがんばり表」では、デジタル端末でも学習の進捗記録をつけることができます。1冊やり終えると、抽選でプレゼントが当たります。「ぴたサポシステム」にご登録いただき、「デジタルがんばり表」をお使いください。LINE または PC・ブラウザを利用する方法があります。

LINE用　PC・ブラウザ用

★ぴたサポシステムご利用ガイドはこちら★
https://www.shinko-keirin.co.jp/shinko/news/pittari-support-system

スタート

1. ものの燃え方と空気

❶ ものが燃え続けるには
❷ ものを燃やすはたらきのある気体
❸ ものの燃え方と空気の変化

2〜3ページ	4〜5ページ	6〜7ページ	8〜9ページ	10〜11ページ
ぴったり 1 2	ぴったり 1 2	ぴったり 1 2	ぴったり 1 2	ぴったり 3
できたらシールをはろう	できたらシールをはろう	できたらシールをはろう	できたらシールをはろう	できたらシールをはろう

5. てこのしくみとはたらき

❶ てこのはたらき
❷ てこがつり合うときのきまり
❸ てこの利用

40〜41ページ	42〜43ページ	44〜45ページ	46〜47ページ	48〜49ページ
ぴったり 1 2	ぴったり 1 2	ぴったり 1 2	ぴったり 1 2	ぴったり 3
できたらシールをはろう	できたらシールをはろう	できたらシールをはろう	できたらシールをはろう	できたらシールをはろう

の関わり

38〜39ページ
ぴったり 3
できたらシールをはろう

6. 月の形と太陽

❶ 月の形とその変化
❷ 月の形の変化と太陽

50〜51ページ	52〜53ページ	54〜55ページ
ぴったり 1 2	ぴったり 1 2	ぴったり 3
できたらシールをはろう	できたらシールをはろう	できたらシールをはろう

くりと変化　★火山の噴火と地震

.るわけ

❶ 火山の噴火や地震と大地の変化
❷ 火山の噴火や地震と私たちのくらし

56〜57ページ	58〜59ページ	60〜61ページ	62〜63ページ
ぴったり 1 2	ぴったり 1 2	ぴったり 1 2	ぴったり 1 2
できたらシールをはろう	できたらシールをはろう	できたらシールをはろう	できたらシールをはろう

88ページ
ぴったり 3
できたらシールをはろう

ゴール

最後までがんばったキミは「ごほうびシール」をはろう！

ごほうび
シールを
はろう

植物の葉のつき方

年　　組＿＿＿＿＿＿＿＿

】研究のきっかけ

学校で，植物の葉に日光が当たると，でんぷんがつくられることを学習した。

て，植物は日光を受けるために，どのように葉を広げているのか，葉のつき

広がり方を調べたいと思った。

】調べ方

園や川原に育っている植物の葉を観察して，葉のつき方や広がり方を記録す

。また，植物を真上から観察して，葉のかさなり方を記録する。

のつき方を図鑑で調べると，３つに分けられることがわかった。

察した植物は，どれにあてはまるのかを調べる。

】結果

べた植物の葉のつき方を，３つに分けた。

互生…

対生…

輪生…

の植物も，真上から見ると，葉と葉がかさならないように生えていた。

】わかったこと

物は多くの葉をしげらせていても，かさならないように葉を広げていた。

るだけたくさんの日光を受けて，でんぷんをつくっていると思った。

バッチリポスター

自由研究にチャレンジ！

「自由研究はやりたい，でもテーマが決まらない…。」
そんなときは，この付録を参考に，自由研究を進めてみよう。
この付録では，『植物の葉のつき方』というテーマを例に，説明していきます。

①研究のテーマを決める

「植物の葉に日光が当たると，でんぷんがつくられることを学習した。植物は日光を受けるために，どのように葉を広げているのか，葉のつき方や広がり方を調べたいと思った。」など，身近な疑問《ぎもん》からテーマを決めよう。

②予想・計画を立てる

「身近な植物を観察して，葉のつき方や広がり方がどうなっているのかを記録する。」など，テーマに合わせて調べる方法と準備するものを考え，計画を立てよう。わからないことは，本やコンピュータで調べよう。

③調べたりつくったりする

計画をもとに，調べたりつくったりしよう。結果だけでなく，気づいたことや考えたことも記録しておこう。

④まとめよう

植物の葉のつき方は，図のようなものがあります。このようなものは図にするとわかりやすいです。観察したことは文や表でまとめよう。

右は自由研究を
まとめた例だよ。
自分なりに
まとめてみよう。

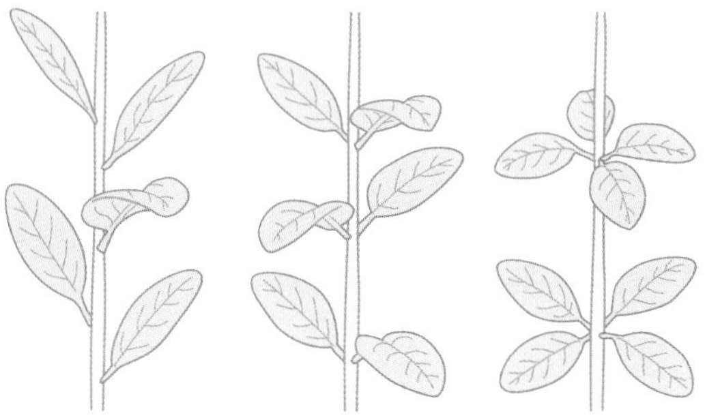

互生《ごせい》　対生《たいせい》　輪生《りんせい》

植物を真上から
観察すると，葉の
かさなり方は…。

（キリトリ線）

器具等

水《すい》よう液《えき》を仲間
分けするために、
何を使う
かな?

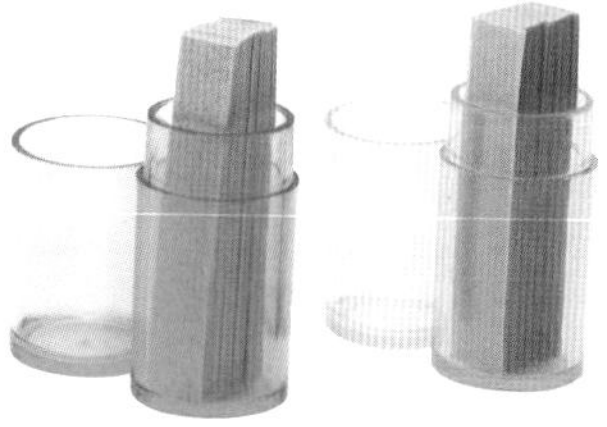

器具等

水《すい》よう液《えき》を仲間
分けするために、
何のしるを
使うかな?

器具等

水《すい》よう液《えき》を仲間
分けするために、
何を使う
かな?

器具等

水《すい》よう液《えき》を仲間
分けするために、
何を使う
かな?

器具等

何という
器具かな?

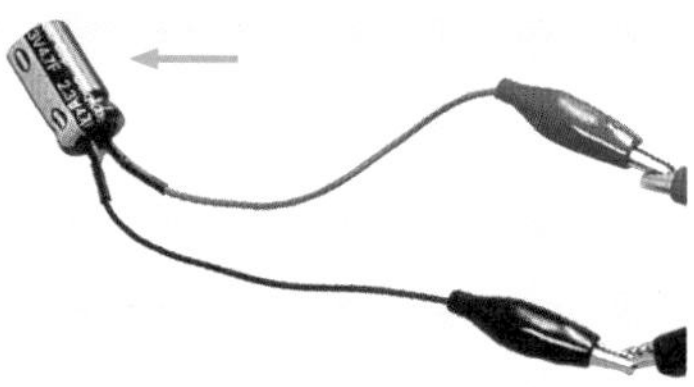

器具等

何という
器具かな?

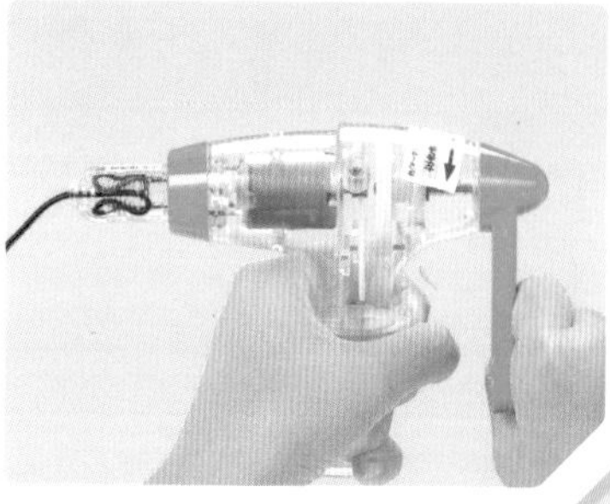

器具等

二酸化炭素が
あるか調べる
ために、何を
使うかな?

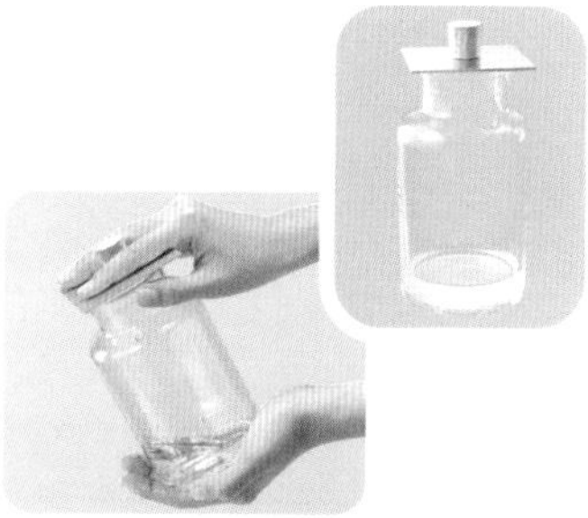

器具等

でんぷんがあるか
調べるために、
何を使う
かな?

器具等

薬品などが目に
入るのをふせぐ
ために、何を
使うかな?

器具等

図のような棒《ぼう》と
支えでものを動かすこと
ができるものを
何というかな?

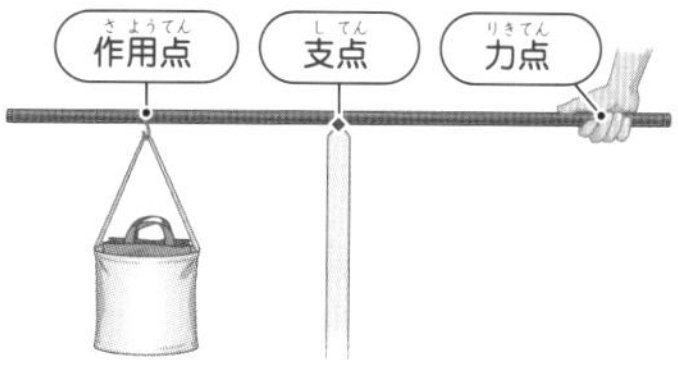

器具等

何という
器具かな?

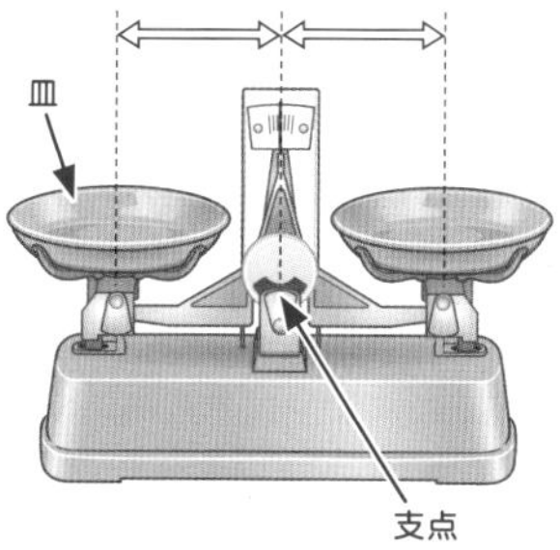

器具等

写真のように
分銅の位置によって
ものの重さを調べる器具を
何というかな?

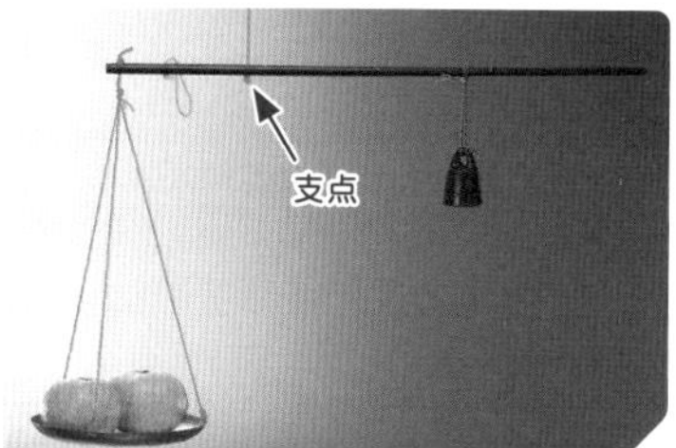

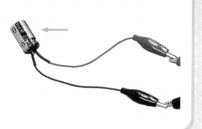

ムラサキキャベツの葉のしる

ムラサキキャベツの葉のしるを調べたい水《すい》よう液《えき》に加えて、色の変化を観察する。

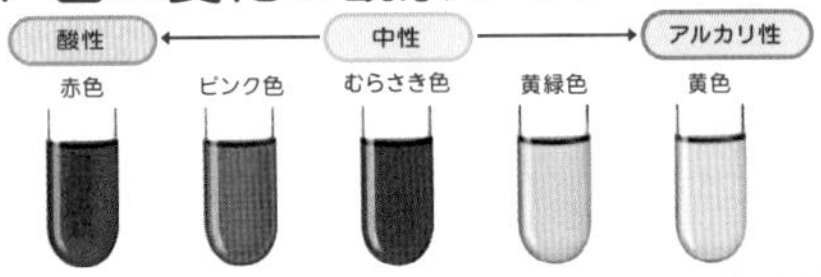

リトマス紙

青色と赤色の２種類のリトマス紙がある。
色の変化によって、水《すい》よう液《えき》を酸性、中性、アルカリ性に分けられる。

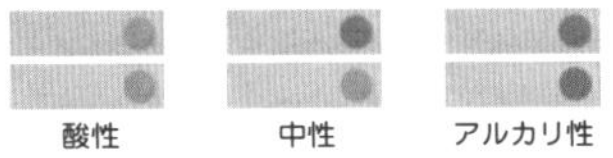

万能試験紙

短く切って、ピンセットで持ち、リトマス紙と同じように使う。
酸性の場合は赤色（だいだい色）に、アルカリ性の場合はこい青色に変化する。

BTB（よう）液《えき》

BTB（よう）液を調べたい水溶液に１～２てき加えて、色の変化を観察する。

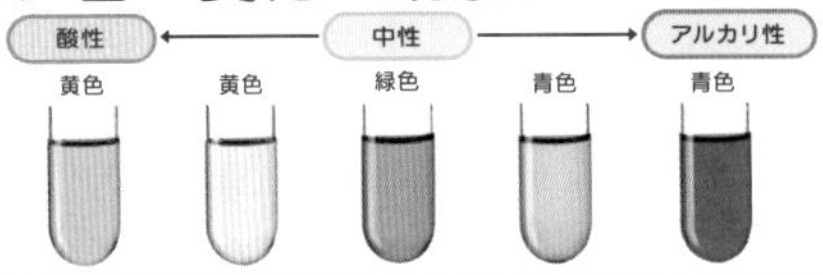

手回し発電機

手回し発電機の中にはモーターが入っていて、モーターを回転させることで発電している。

コンデンサー

電気をたくわえることができる。コンデンサーを直接コンセントにつなぐと危《あぶ》ないので、絶対にしてはいけない。

ヨウ素液

でんぷんがあるかどうかを調べるときに使う。
でんぷんにうすめたヨウ素液をつけると、（こい）青むらさき色になる。

石灰水《せっかいすい》

石灰水は、二酸化炭素にふれると白くにごる性質があるので、二酸化炭素があるか調べるときに使う。

てこ

棒《ぼう》の１点を支えにして、棒の一部に力を加えることで、ものを動かすことができるものを、てこという。
棒を支えるところを支点、棒に力を加えるところを力点、棒からものに力がはたらくところを作用点という。

保護眼鏡《めがね》（安全眼鏡）

目を保護するために使う。
薬品を使うときは必ず保護眼鏡をかけて実験する。保護眼鏡をかけていても、熱している蒸発《じょうはつ》皿などをのぞきこんではいけない。

さおばかり

てこのつり合いを利用して重さをはかる道具。支点の近くに皿をつるし、重さをはかりたいものをのせ、反対側につるした分銅の位置を動かして、棒を水平につり合わせる。棒には目もりがつけてあり、分銅の位置によって、ものの重さがわかる。

上皿てんびん

てこのつり合いを利用して重さをはかる道具。支点からのきょりが等しいところに皿があるため、一方に重さをはかりたいものを、もう一方に分銅をのせ、左右の重さが等しくなれば、てんびんが水平につり合って、はかりたいものの重さがわかる。

もくじ

理科6年
学校図書版
みんなと学ぶ 小学校理科

教科書ぴったりトレーニング

▶ 3分でまとめ動画

【写真提供】
アフロ／アマナイメージズ／共同通信社／ケニス／コーベット・フォトエージェンシー／時事通信フォト／七彩工房／ピクスタ／宮川理恵／NNP

1. ものの燃え方と空気

①ものが燃え続けるには

学習日　　月　　日

めあて
ろうそくが燃え続けるには、どのようにすれば よいかかくにんしよう。

教科書 10〜14ページ　答え 2ページ

次の(　　)にあてはまる言葉を書くか、あてはまるものを○で囲もう。

1 ろうそくが燃え続けるにはどのようにすればよいだろうか。

教科書 12〜14ページ

▶集気びんにふたをして、ろうそくが燃え続けるか調べる。

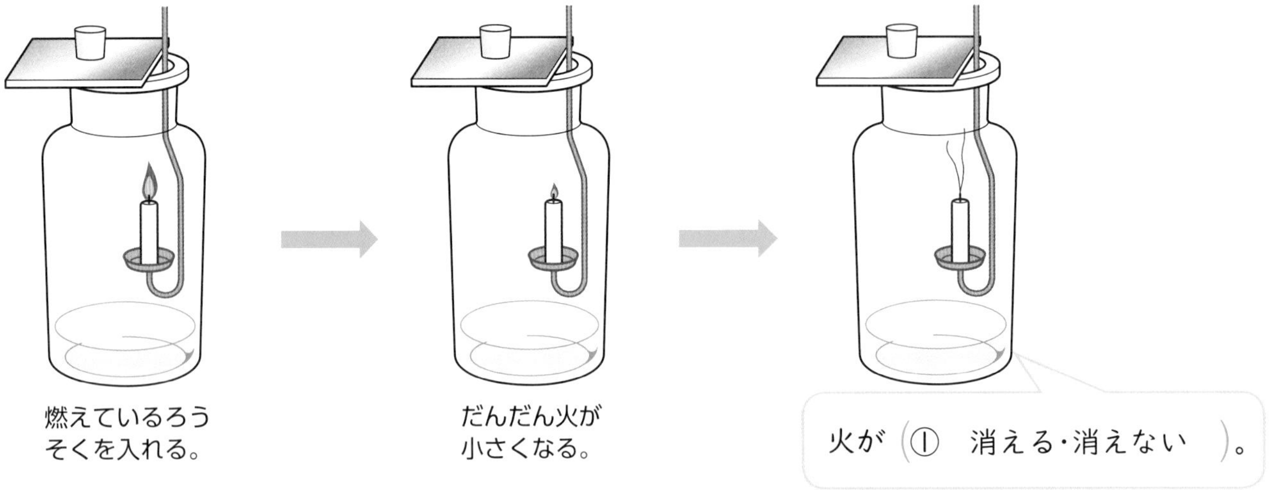
燃えているろうそくを入れる。
だんだん火が小さくなる。
火が(①　消える・消えない　)。

▶ろうそくを、集気びんの中で燃やし続ける方法を調べる。

㋐ふたをはずした場合

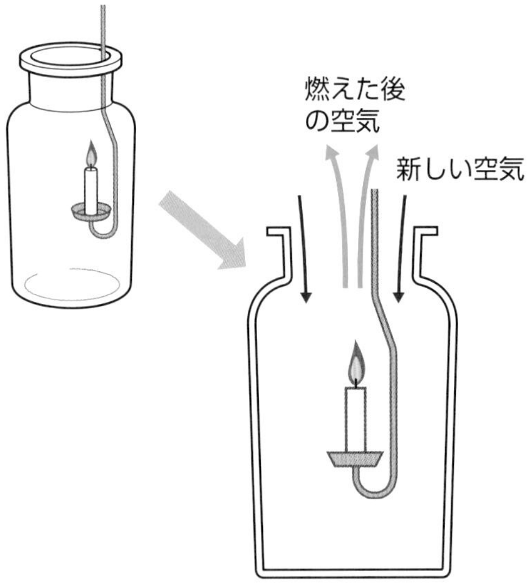
燃えた後の空気
新しい空気

㋑底のない集気びんを使った場合

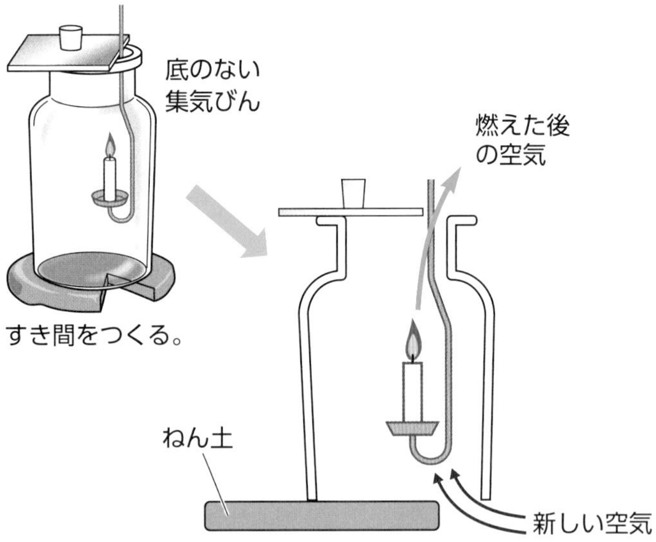
底のない集気びん
すき間をつくる。
燃えた後の空気
ねん土
新しい空気

▶㋐の場合、ろうそくは(②　燃え続ける　・　燃え続けない　)。

▶㋑の場合、ろうそくは(③　燃え続ける　・　燃え続けない　)。

▶ろうそくが燃え続けるのは、外から新しい空気が入り、集気びんの中の(④　　　　)が入れかわるからである。

▶燃えた後の空気は、周りよりも温度が高いので、上へ動く。

ここがだいじ!
①ろうそくが燃え続けるためには、集気びんの中に新しい空気が入るようにすることが必要である。

ぴたトリビア
燃えた後の空気は上へ動くので、底だけにすき間があるびんの中でろうそくを燃やしても、上にすき間がなければ、ろうそくは燃え続けません。

ぴったり2 練習

1. ものの燃え方と空気

①ものが燃え続けるには

学習日　　月　　日

教科書 10〜14ページ　答え 2ページ

1 図のようにして、集気びんの中で、ろうそくを燃やします。

⑴ 図の①では、ろうそくの火はどうなりますか。

(　　　　　　　　)

⑵ ⑴のようになるのはどうしてですか。次の文の(　　)にあてはまる言葉を書きましょう。

　すき間をつくった集気びんの中で(　　　　　　)が入れかわるためである。

⑶ 次の**ア**〜**エ**について、空気の流れを正しく表しているものに○をつけましょう。

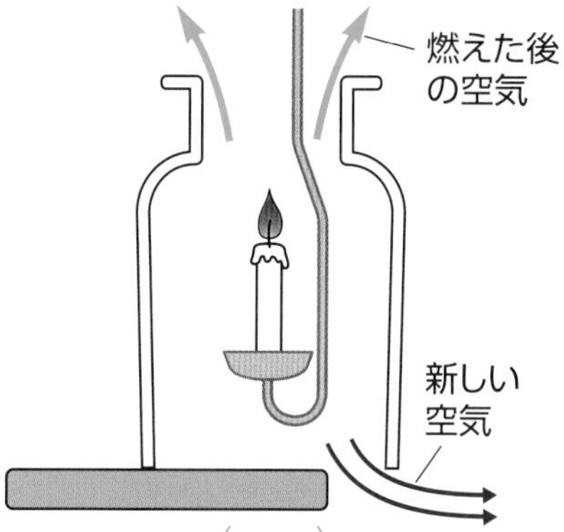

ア(　　)

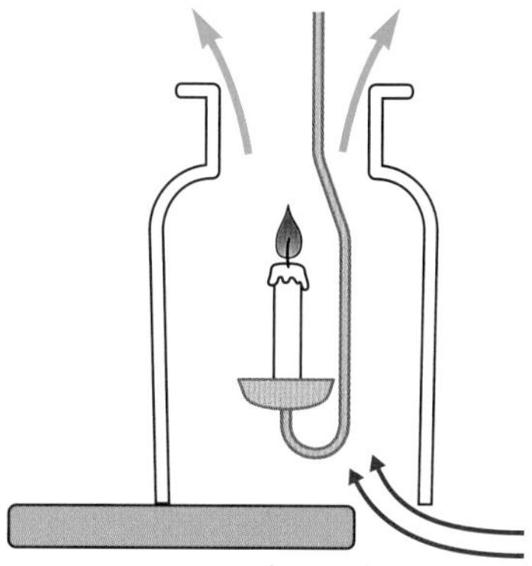

イ(　　)

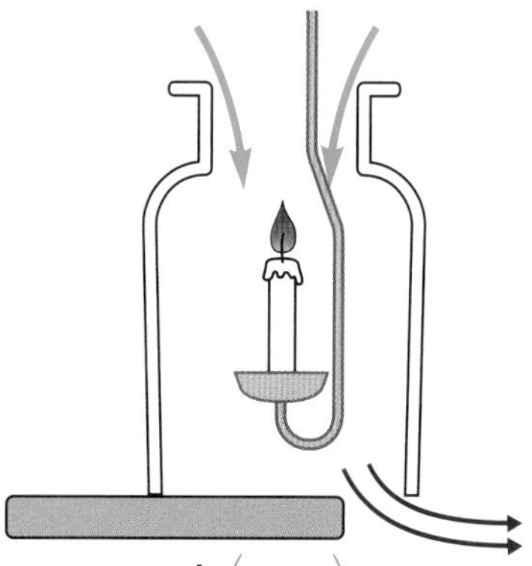

ウ(　　)

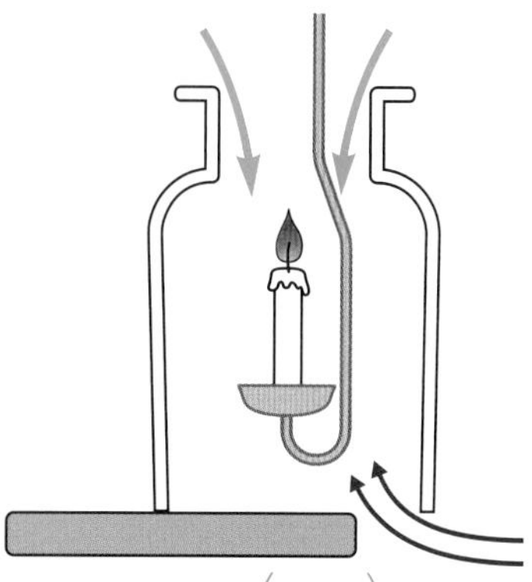

エ(　　)

⑷ 図の②のように、底にすき間のない集気びんの中でろうそくを燃やしました。ろうそくの火はどうなりますか。

(　　　　　　　　)

⑸ 図の②の集気びんにふたをすると、ろうそくの火はどうなりますか。(　　　　　　)

⑹ ⑸のようになるのは、ふたをしないときと比べて、何が入れかわらなくなるからですか。(　　　　　)

ぴったり1

準備

1. ものの燃え方と空気

②ものを燃やすはたらきのある気体

学習日　　月　　日

めあて
空気の成分を学び、ものを燃やすはたらきのある気体をかくにんしよう。

教科書　15〜17ページ　　答え　3ページ

次の(　　)にあてはまる言葉を書くか、あてはまるものを○で囲もう。

1 ものを燃やすはたらきのある気体は何だろうか。

教科書　15〜17ページ

▶空気の成分(体積の割合《わりあい》)

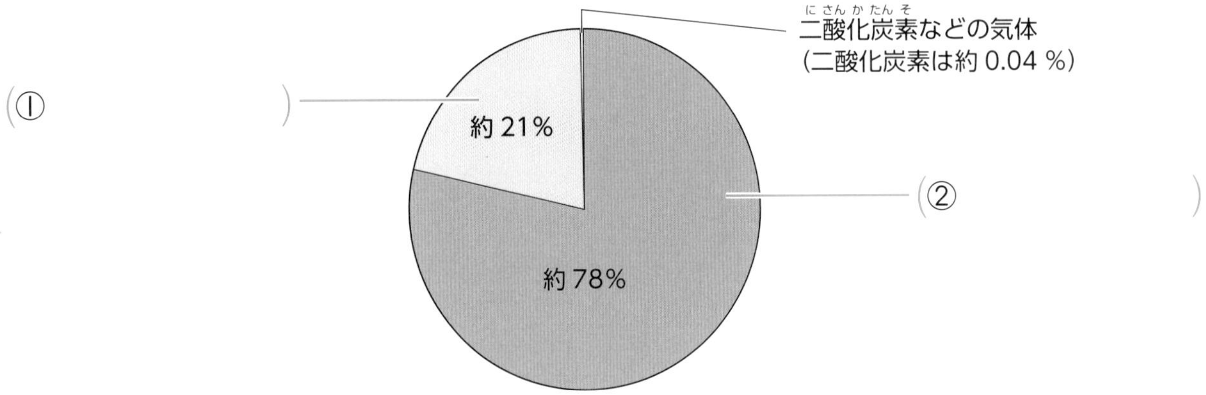

(①　　　　　)
約 21%
約 78%
(②　　　　　)
二酸化炭素《にさんかたんそ》などの気体
(二酸化炭素は約 0.04 %)

▶ちっ素《そ》、酸素、二酸化炭素の中に火のついたろうそくを入れてみる。

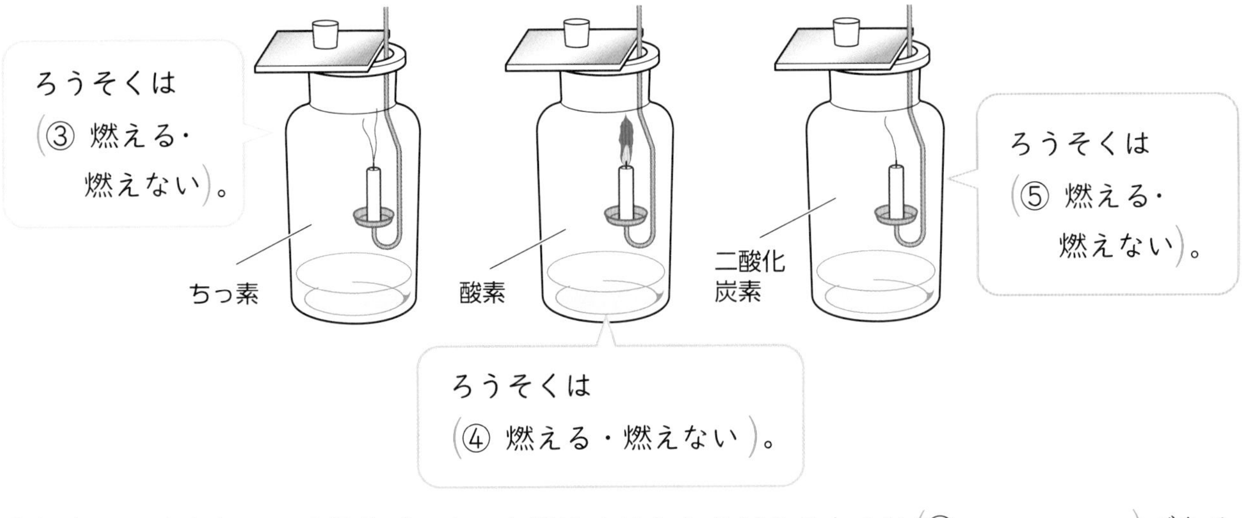

ろうそくは
(③ 燃える・
燃えない)。
ちっ素
酸素
二酸化
炭素
ろうそくは
(⑤ 燃える・
燃えない)。
ろうそくは
(④ 燃える・燃えない)。

▶空気中にふくまれている気体で、ものを燃やすはたらきがあるものは(⑥　　　　　)である。
ちっ素や二酸化炭素には、ものを燃やすはたらきが(⑦　ある　・　ない　)。

▶ろうそくは空気中に比べて酸素中のほうが激《はげ》しく燃える。これは、空気中には(⑧　　　　　)が約21％しかふくまれていないからである。

気体によってものを燃やすはたらきがあるものとないものがあるね。

ここがだいじ!
①空気中の気体で、酸素にはものを燃やすはたらきがある。
②ちっ素と二酸化炭素にはものを燃やすはたらきはない。

ぴたトリビア　空気中には酸素が約21％しかふくまれていないので、酸素だけの気体の中より、ろうそくはおだやかに燃えます。

1. ものの燃え方と空気

②ものを燃やすはたらきのある気体

学習日　月　日

教科書　15～17ページ　答え　3ページ

1 円グラフは空気の成分（体積の割合《わりあい》）を表したものです。

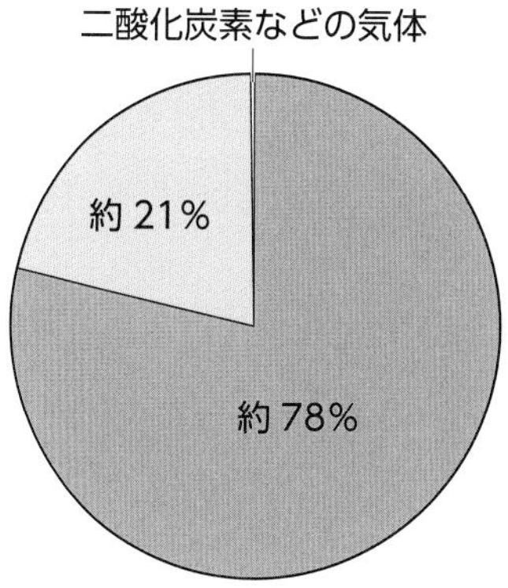

(1) 空気に最も多くふくまれている気体は何ですか。

（　　　　　）

(2) 体積の割合が約21%である気体は何ですか。正しいものに○をつけましょう。

ア（　　）ちっ素《そ》
イ（　　）二酸化炭素《にさんかたんそ》
ウ（　　）酸素《さんそ》

(3) 空気中には、体積の割合でおよそ何%の二酸化炭素がふくまれていますか。

約（　　　　　）%

2 ちっ素、酸素、二酸化炭素を入れてふたをした集気びんの中に火のついたろうそくを入れました。

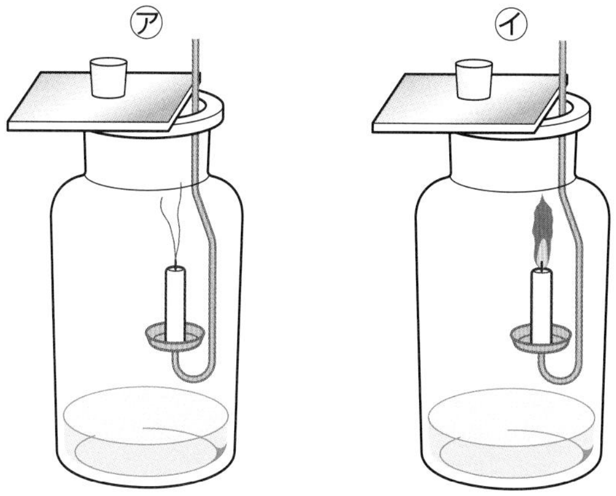

(1) ちっ素を入れた集気びんに入れたとき、ろうそくはどうなりましたか。㋐、㋑から選びましょう。

（　　）

(2) ちっ素には、ものを燃やすはたらきがありますか。

（　　　　　）

(3) 酸素を入れた集気びんに入れたとき、ろうそくはどうなりましたか。㋐、㋑から選びましょう。

（　　）

(4) 酸素には、ものを燃やすはたらきがありますか。

（　　　　　）

(5) 二酸化炭素を入れた集気びんに入れたとき、ろうそくはどうなりましたか。㋐、㋑から選びましょう。

（　　）

(6) 二酸化炭素には、ものを燃やすはたらきがありますか。（　　　　　）

(7) ちっ素、酸素、二酸化炭素の中で、ものを燃やすはたらきがあるのは、どの気体ですか。

（　　　　　）

3 ある気体を入れてふたをした集気びんの中に火のついたろうそくを入れると、ろうそくはおだやかに燃えました。

(1) 集気びんに入れたある気体とは酸素、空気のどちらですか。（　　　　　）

(2) 記述 ろうそくが激《はげ》しく燃えず、おだやかに燃えたのはなぜですか。

（　　　　　　　　　　　　　　　）

ヒント ❸ ものを燃やすはたらきのある気体の割合が大きいほど、ものは激しく燃えます。ちっ素などの割合が大きいとものを燃やすはたらきがある気体があっても燃え方はおだやかになります。

ぴったり1 準備

1. ものの燃え方と空気

③ものの燃え方と空気の変化①

学習日　月　日

めあて　ろうそくが燃えた後の空気に増えている気体についてかくにんしよう。

教科書 18〜21ページ　答え 4ページ

次の(　)にあてはまる言葉を書くか、あてはまるものを○で囲もう。

1 ろうそくが燃えた後の空気では、何が増えているのだろうか。

教科書 18〜20ページ

▶二酸化炭素の調べ方

(①　　　　　　)を二酸化炭素にふれさせると、(②　白くにごる　・　とう明になる　)。

▶ろうそくが燃えた後の空気を石灰水《せっかいすい》で調べた。

▶ろうそくの火が消えた後の集気びんをふった。

石灰水は(③　　　　　　)くにごった。

▶ろうそくが燃えた後の空気には、燃える前よりも多くの(④　　　　　　)がふくまれていた。

2 気体検知管は、どのように使うのだろうか。

教科書 21ページ

▶気体検知管では、空気中の酸素や二酸化炭素の体積の(①　　　　　　)を調べられる。
気体検知管には、酸素用検知管と(②　　　　　　)用検知管がある。

▶気体検知管の使い方

❶気体検知管の(③　　　　　　)を折る。

❷気体検知管の一方の先に(④　　　　　　)をつけ、もう一方をポンプに差しこむ。

❸気体の中にキャップをつけた気体検知管の先を入れ、ポンプの(⑤　　　　　　)を引く。

❹しばらくたってから、気体検知管の割合《わりあい》を読み取る。

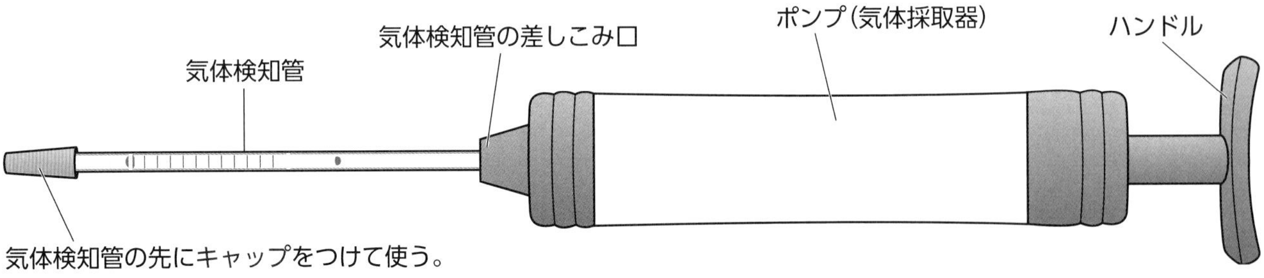
ポンプ(気体採取器)
気体検知管の差しこみ口
ハンドル
気体検知管
気体検知管の先にキャップをつけて使う。

ここがだいじ!
①ろうそくが燃えた後の空気は、燃える前より二酸化炭素が増えている。
②気体検知管では、空気中の酸素や二酸化炭素の体積の割合を調べられる。

ぴたトリビア　ふたをしたびんの中にある火のついたろうそくはやがて火が消えますが、酸素のすべてが使われるわけではありません。

1. ものの燃え方と空気

③ものの燃え方と空気の変化①

教科書 18〜21ページ　答え 4ページ

1 気体に、二酸化炭素がふくまれているかどうかを調べます。

(1) 何という液体で調べますか。　（　　　）

(2) (1)の液体は、二酸化炭素にふれる前、どのような液体ですか。正しいものに○をつけましょう。

ア（　）無色でとう明

イ（　）白くにごっている

ウ（　）灰色でとう明

(3) (1)の液体の入った集気びんの中でろうそくを燃やし、火が消えたら集気びんをふると、液体が変化しました。集気びんの中の空気には、何という気体が増えましたか。

（　　　）

2 火のついたろうそくを入れる前の、集気びんに石灰水《せっかいすい》を入れてふりました。

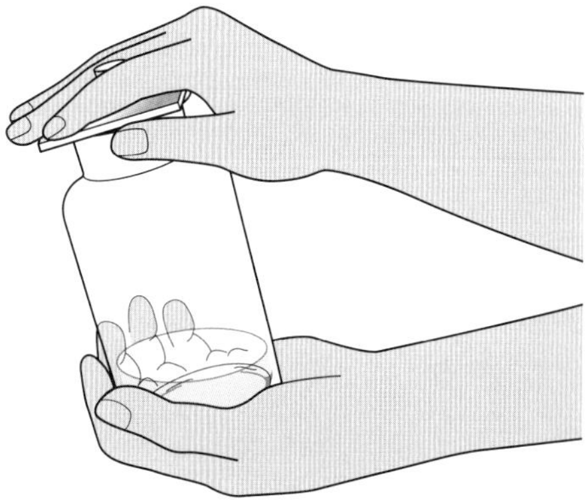

(1) 石灰水はどうなりましたか。

（　　　）

(2) 次に、集気びんに火のついたろうそくを入れ、火が消えてから、ろうそくを取り出しふたをしてびんをふりました。石灰水はどのようになりましたか。

（　　　）

(3) (2)からわかることは何ですか。次の文の（　）にあてはまる言葉を書きましょう。

ろうそくが燃える前の空気と燃えた後の空気では、（　　　）の空気の方が二酸化炭素が増えていた。

3 気体検知管の使い方について、次の問いに答えましょう。

(1) 使用すると熱くなるので注意する必要があるのはどちらの気体検知管ですか。正しい方に○をつけましょう。

ア（　）酸素用検知管　**イ**（　）二酸化炭素用検知管

(2) 気体検知管の両はしを折った後、一方はポンプに差しこみますが、もう一方は何をつけて使いますか。

（　　　）

(3) 酸素用検知管 6〜24 %用に空気を吸いこむと、色が右の図のように変わりました。図より、どのようなことがいえますか。次の文の（　）にあてはまる言葉を書きましょう。

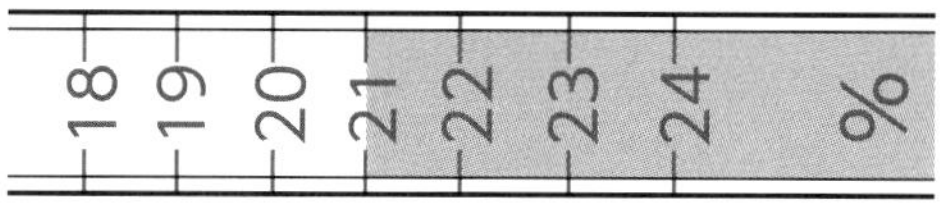

酸素用検知管に吸いこんだ空気には、体積の割合で、（　　　）が約（　　　）%ふくまれている。

学習日　　月　　日

1. ものの燃え方と空気

③ものの燃え方と空気の変化②

めあて
ろうそくが燃えたときの、酸素や二酸化炭素の割合の変化をかくにんしよう。

教科書 21～29ページ　答え 5ページ

次の(　　)にあてはまる言葉を書くか、あてはまるものを○で囲もう。

1 ろうそくが燃えた後の酸素《さんそ》や二酸化炭素《にさんかたんそ》の割合《わりあい》はどうなるだろうか。

教科書 21～24ページ

▶ろうそくが燃える前と燃えた後の空気を、気体検知管《きたいけんちかん》で調べる。

(③　　　　　　)が減っている。

▶(①　　　　　　)用検知管

燃える前
16
17
18
19
20
21
燃えた後
16
17
18
19
20
21

▶(②　　　　　　)用検知管

燃える前
0.03
0.1
0.2
0.3
0.4
燃えた後
0.5
1
2
3
4

(④　　　　　　)が増えている。

▶ろうそくが燃えると、空気中の(⑤　　　　　　)の一部が使われて、(⑥　　　　　　)ができる。

▶ろうそくが燃えても、ちっ素の割合は(⑦　　　　)。

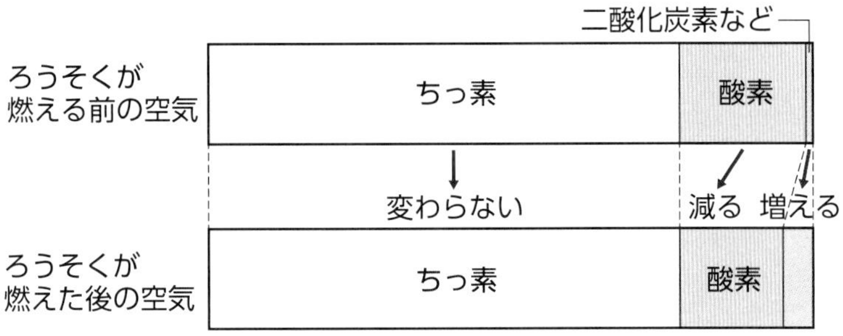

二酸化炭素など
ろうそくが燃える前の空気
ちっ素
酸素
変わらない
減る
増える
ろうそくが燃えた後の空気
ちっ素
酸素

2 木や紙を燃やすとどうなるだろうか。

教科書 26ページ

▶集気びんの中で木や紙を燃やす。

▶ものを燃やす前に集気びんをふると、石灰水《せっかいすい》の色は(① 変わった ・ 変わらなかった)。

▶木や紙を燃やすと、(②　　　　　　)ができて、石灰水を白くにごらせる。

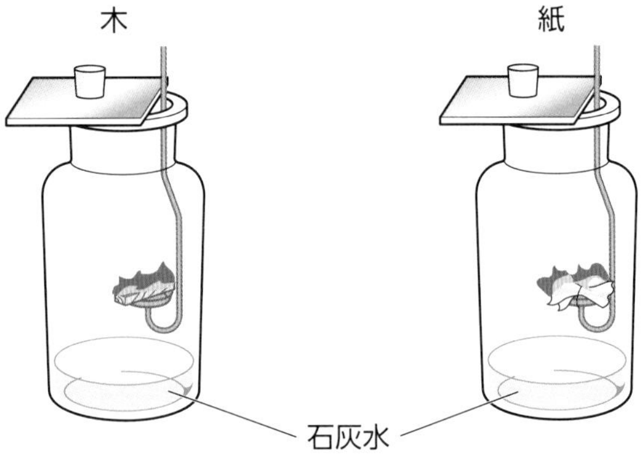

木
紙
石灰水

ここがだいじ!
①ろうそくや木、紙が燃えた空気は、酸素が減り、二酸化炭素が増える。

ぴたトリビア
ものが燃えるためには、酸素、燃えるもの、温度が必要です。どれか1つでも取り除ければ、火を消すことができます。

ぴったり2 練習

1. ものの燃え方と空気

③ものの燃え方と空気の変化②

学習日　月　日

教科書 21〜29ページ　答え 5ページ

1 ふたをした集気びんの中でろうそくを燃やします。

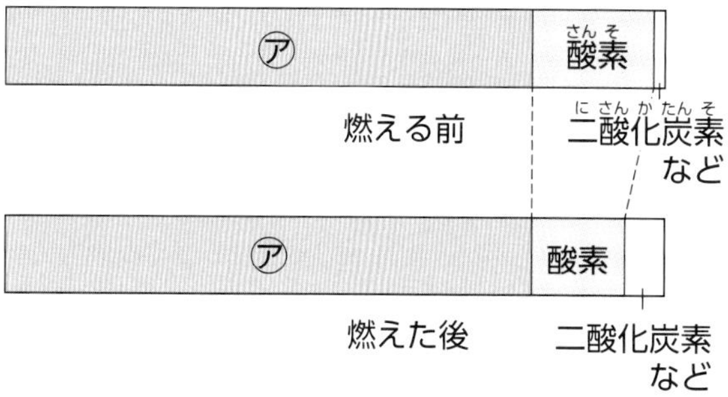

(1) 右の帯グラフは、ろうそくを燃やす前とろうそくを燃やした後の空気中の気体の体積の割《わり》合《あい》です。ろうそくを燃やしたときに増えた気体は何ですか。

(　　　　　　)

(2) ろうそくを燃やしたときに減った気体は何ですか。

(　　　　　　)

(3) ろうそくを燃やしても空気中の体積の割合が変わらない気体㋐は何ですか。

(　　　　　　)

(4) 気体の体積の割合を調べるには何を使いますか。

(　　　　　　)

2 植物からできているわりばしと紙を、図のようにして石灰水《せっかいすい》の入った集気びんの中で、それぞれ燃やしました。

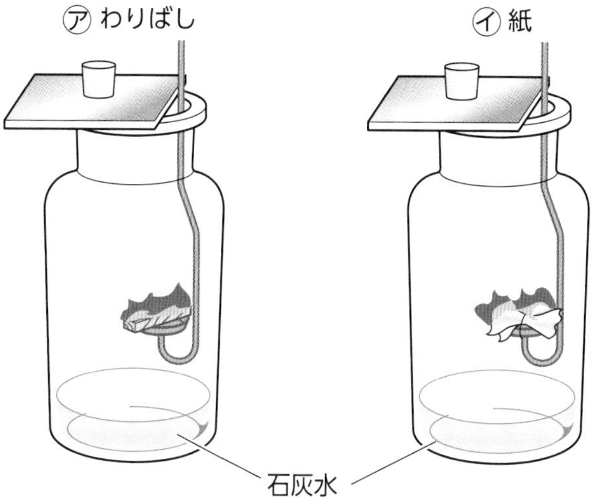

(1) 火が消えてから燃えたものを取り出し、ふたをしてびんをよくふると、石灰水はどのようになりますか。

㋐(　　　　　　)
㋑(　　　　　　)

(2) 次の文の(　　)にあてはまる言葉を書きましょう。

植物からできているものが燃えると、(①　　　　　　)ができる。
ただし、鉄などの金属が燃えても、①は(②　　　　　　)。

(3) 植物であるピーナッツについても同じように実験したところ、石灰水が変化しました。このことから、ピーナッツが燃えると何の気体ができることがわかりますか。

(　　　　　　)

(4) (3)の気体は、何の気体の一部が使われてできたと考えられますか。

(　　　　　　)

ヒント 2 (4)ものが燃えると空気中の酸素が減って、二酸化炭素が増えています。このことから、何の気体の一部が使われたと考えられますか。

ぴったり3

確かめのテスト

1. ものの燃え方と空気

時間 30 分

／100

合格 70 点

教科書 10〜29ページ　答え 6ページ

よく出る

1 気《き》体《たい》検《けん》知《ち》管《かん》を使って、ふたをした集気びんの中でろうそくが燃える前と燃えた後の空気中の気体の体積の割合《わりあい》を調べました。図は、ある気体について調べたときの結果です。 各5点(25点)

(1) 図は、何という気体について調べたときの結果ですか。（　　　　）

(2) ろうそくが燃えた後の結果は、㋐、㋑のどちらですか。記号で答えましょう。（　　）

㋐

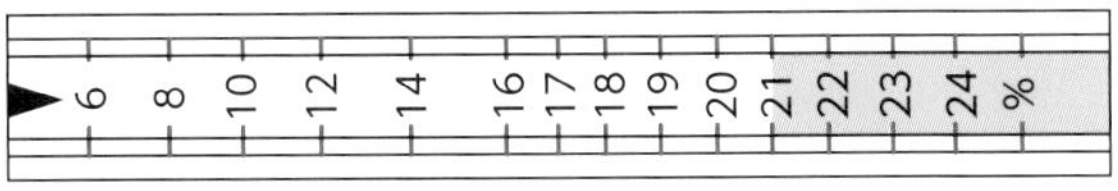

㋑

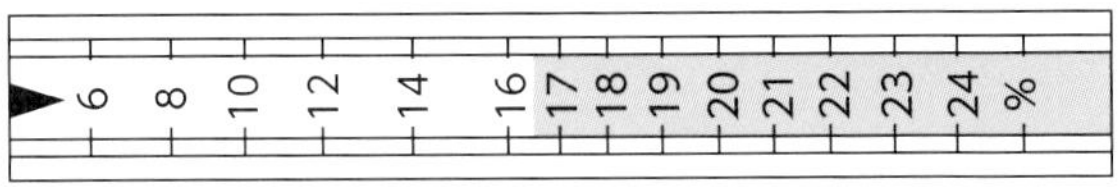

(3) 空気中に最も多くふくまれていて、ろうそくが燃える前と後で空気中にふくまれる割合がほとんど変わらない気体は何ですか。（　　　　）

(4) ろうそくの火はしばらくすると消えました。ろうそくの火が消えるのはなぜですか。次の文の（　　）にあてはまる言葉を書きましょう。

空気中にふくまれる（ ① ）の割合が少なくなると火が消える。このとき、（ ① ）が使われて、（ ② ）ができる。（ ② ）には、ものを燃やすはたらきがない。

①（　　　　）　②（　　　　）

2 酸素《さんそ》とちっ素《そ》をいろいろな割合で入れたびんの中に、燃えているろうそくを入れるとどうなるかを調べます。 各5点、(3)は全部できて5点(25点)

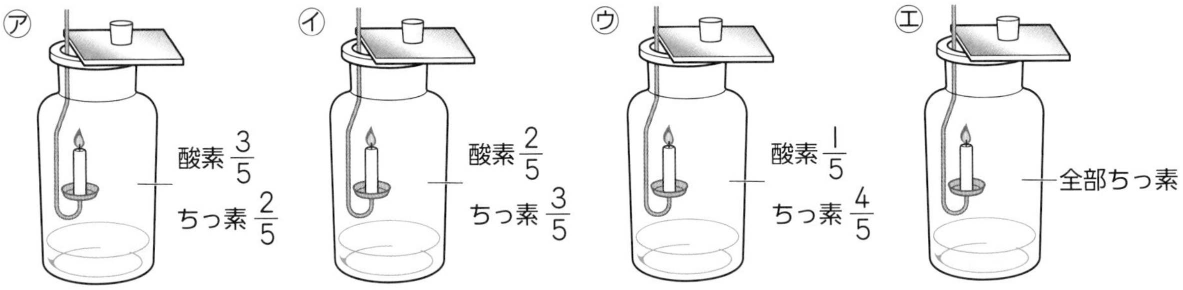

(1) 燃えているろうそくを入れると、すぐに消えてしまうものを、㋐〜㋓の中から1つ選んで、記号で答えましょう。（　　）

(2) 空気中と同じような燃え方をするものを、㋐〜㋓の中から1つ選んで、記号で答えましょう。（　　）

(3) 空気中よりも激《はげ》しく燃えるものを、㋐〜㋓の中から2つ選んで、記号で答えましょう。（　　と　　）

(4) 最も激しく燃えるものを、㋐〜㋓の中から1つ選んで、記号で答えましょう。（　　）

(5) ものを燃やすはたらきのない気体は、酸素とちっ素のどちらですか。（　　　　）

❸ 石灰水《せっかいすい》を集気びんの底に入れ、びんの中でものを燃やす実験をしました。

各4点(20点)

(1) 火のついたろうそくを集気びんの中に入れ、ふたをしました。しばらくすると、ろうそくの火はどうなりましたか。（　　　）

(2) (1)の後、びんをふると石灰水はどうなりましたか。（　　　）

(3) ろうそくが燃えた結果、集気びんの中に何という気体が増えましたか。（　　　）

(4) 石灰水を入れた新しい集気びんを用意し、火のついたわりばしを入れてふたをしました。しばらくして、火が消えてからびんをよくふったら、石灰水はどうなりましたか。

（　　　）

(5) ろうそくやわりばしを燃やしたときに、集気びんの中に増えた気体と減った気体があります。このとき減った方の気体は、ふつうの空気の中で体積の割合が約何％の気体ですか。①～③から選びましょう。（　　）

① 約78％

② 約21％

③ 約0.04％

できたらスゴイ！

❹ 図の①のように底のないびんの中でろうそくを燃やすと、ろうそくは燃え続けます。

思考・表現　各6点(30点)

(1) 図の①で、空気の流れを矢印で示すとどうなりますか。次の㋐～㋒の中から１つ選びましょう。（　　）

㋐

㋑

㋒

①

底のないびん

(2) ろうそくが燃え続けるのは、なぜですか。それを説明した次の文の（　）の中に、空気中にふくまれている気体の名前を書きましょう。

図のようなびんでは、空気が入れかわるので、（　　　　）の体積の割合が少なくならず、ろうそくは燃え続ける。

(3) 記述 図の②のように上だけがあいている空きかんがあります。この中で木を燃やします。燃え続けさせるためには、どのようなくふうをするとよいですか。(1)、(2)を参考にして答えましょう。

（　　　　　　　　　　　　　　）

②

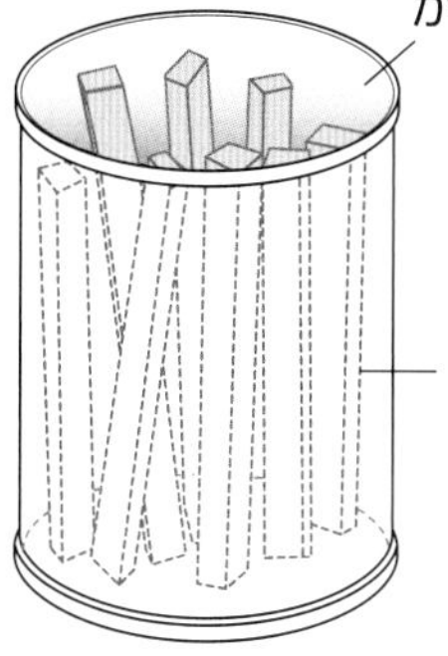

(4) 鉄が燃えるとき、酸素は使われますか。また、二酸化炭素はできますか。

酸素（　　　　）

二酸化炭素（　　　　）

ふりかえり ❶がわからないときは、8ページの❶にもどってかくにんしましょう。

2. 人や動物の体

①呼吸のはたらき①

学習日　　月　　日

めあて
はき出した空気と吸いこむ空気の酸素や二酸化炭素をかくにんしよう。

教科書 30～34ページ　答え 7ページ

次の(　　)にあてはまる言葉を書くか、あてはまるものを○で囲もう。

1 はき出した空気と吸《す》いこむ空気は、何がちがうのだろうか。

教科書 32～34ページ

▶石灰水《せっかいすい》の入ったポリエチレンのふくろに息をはき出してよくふると、石灰水は(①　　　　)くにごる。

▶吸いこむ空気を入れて、よくふると、石灰水の色は(② 白くにごる ・ 変わらない)。

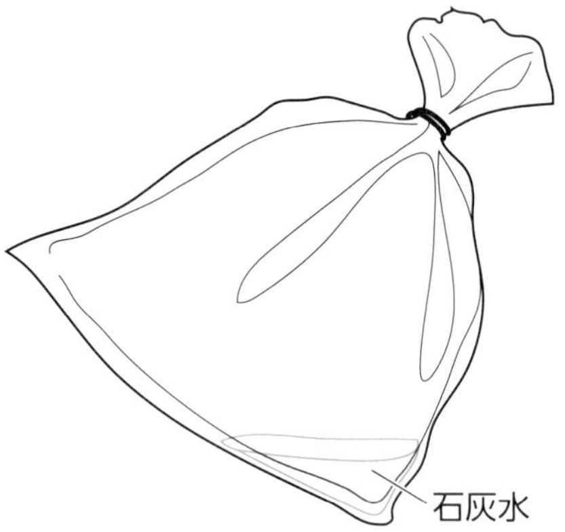
石灰水

吸いこむ空気というのは、周りの空気のことだね。

▶吸いこむ空気とはき出した空気を気体検知管《きたいけんちかん》で調べる。

・吸いこむ空気とはき出した空気では酸素《さんそ》の体積の割合《わりあい》が(③ 同じ ・ ちがう)。

・吸いこむ空気とはき出した空気では二酸化炭素《にさんかたんそ》の体積の割合が(④ 同じ ・ ちがう)。

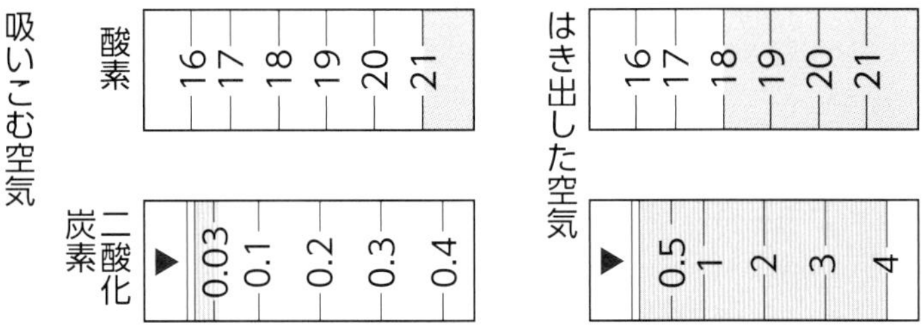
吸いこむ空気
酸素
16
17
18
19
20
21
二酸化炭素
0.03
0.1
0.2
0.3
0.4
はき出した空気
16
17
18
19
20
21
0.5
1
2
3
4

▶はき出した空気は、吸いこむ空気と比べて、(⑤　　　　)の体積の割合が減っていて、二酸化炭素の体積の割合は(⑥ 増えている ・ 減っている)。

右の図のように気体の体積の割合が変化しているよ。

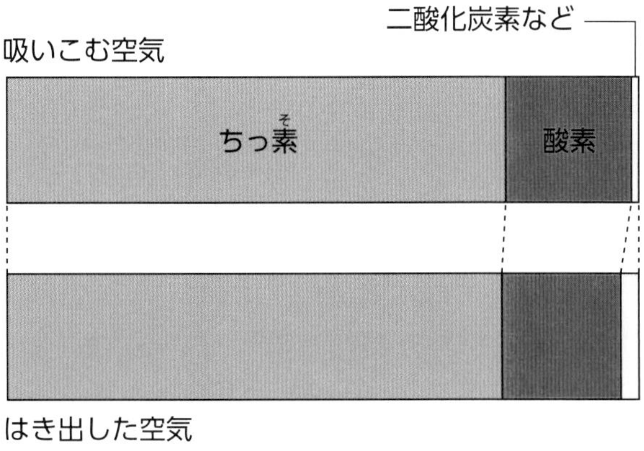
二酸化炭素など
吸いこむ空気
ちっ素《そ》
酸素
はき出した空気

ここがだいじ! ①はき出した空気は、吸いこむ空気(周りの空気)より二酸化炭素の体積の割合が大きくなっている。

ぴたトリビア はき出した空気は、吸いこむ空気より酸素が減り、二酸化炭素が増えます。減るだけで、酸素もふくまれています。

1 吸《す》いこむ空気と、はき出した空気のちがいを調べます。

㋐

㋑

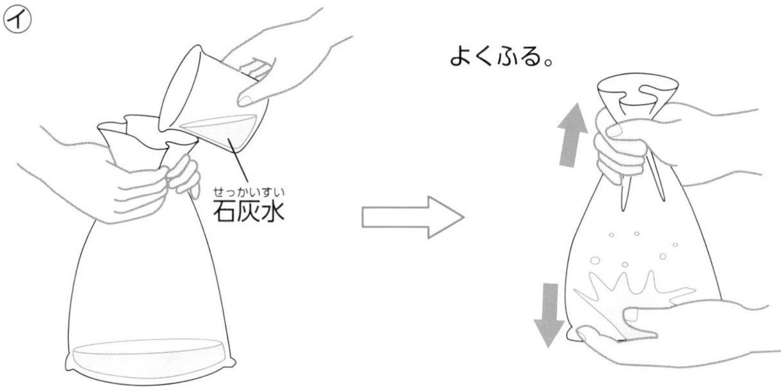

(1) ㋐のふくろの中に息をふきこみ、石灰水を入れて㋑のようにすると、石灰水はどうなりますか。

（　　　　　　　　）

(2) 吸いこむ空気をふくろにとって㋑のようにすると、石灰水はどうなりますか。

（　　　　　　　　）

(3) (1)、(2)より、どんなことがわかりますか。次の文の（　　）にあてはまる言葉を答えましょう。

はき出した空気は、吸いこむ空気にくらべて、（　　　　　　　　）が増える。

2 吸いこむ空気とはき出した空気の、酸素と二酸化炭素の体積の割合《わりあい》を、気体検知管《きたいけんちかん》を使って調べます。

㋐

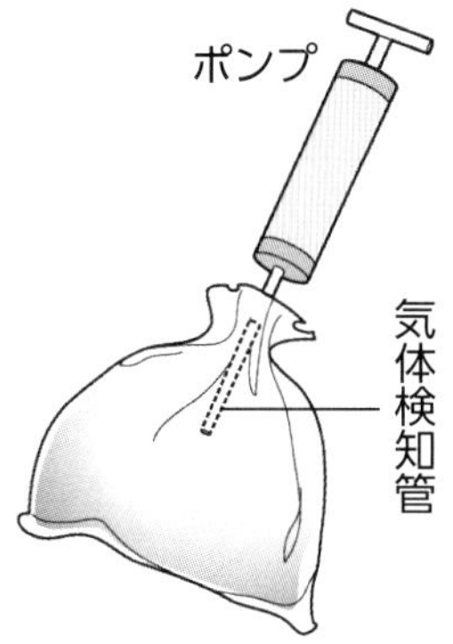

㋑

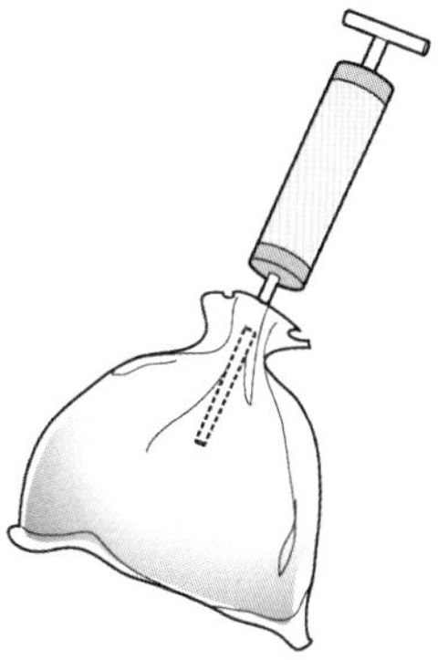

(1) 吸いこむ空気とはき出した空気をそれぞれふくろにつめて、酸素の体積の割合を調べると、㋐は約18％、㋑は約21％でした。はき出した空気は、㋐、㋑のどちらですか。

（　　）

(2) ㋐、㋑の中の空気のうち、二酸化炭素の体積の割合が大きいのは、どちらと考えられますか。

（　　）

(3) ㋐、㋑の中の空気のうち、体積の割合が一番大きい気体は何ですか。（　　　　　　）

ぴったり1
準備
2. 人や動物の体
①呼吸のはたらき②

学習日　　月　　日

めあて
人の肺とそのはたらきや、魚などの動物の呼吸についてかくにんしよう。

教科書 35〜36ページ　答え 8ページ

次の(　　)にあてはまる言葉を書こう。

1 息をするしくみはどうなっているのだろうか。

教科書 35〜36ページ

- 生物は息をしている。このしくみを調べる。
- 鼻や口から入った空気は、気管《きかん》を通って(①　　　　　)に入る。
- (①)に取りこまれた空気にふくまれる(②　　　　　)は、(①)にある血管の中の血液に取り入れられて、体全体に運ばれる。
- 体内の(③　　　　　　　　　)は、(①)で血液から取り出され、体からはき出される。
- (②)を体の中に取り入れて、(③)を体からはき出すことを(④　　　　　　)という。

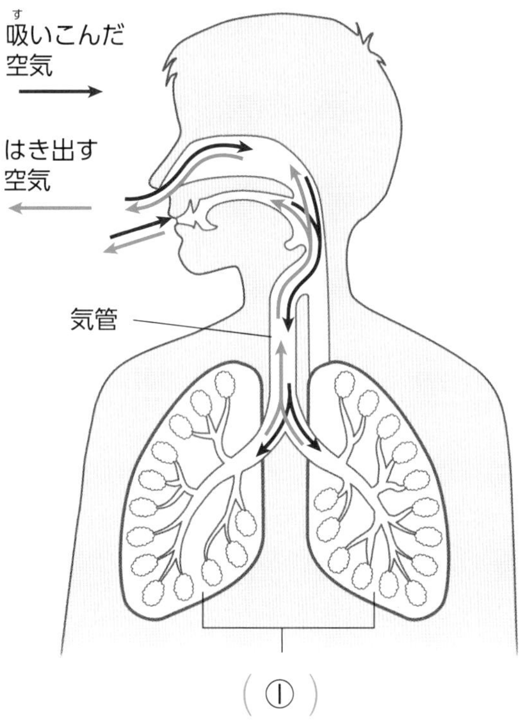

(①)がない動物はいるのかな。

- ウサギやイヌ、鳥などは、人と同じように(①)で(④)している。クジラも海で生活しているが(①)で(④)し、ときどき海面から鼻を出して空気を出し入れしている。
- 魚は肺をもたず、(⑤　　　　　)で呼吸《こきゅう》している。(⑤)で水中の酸素《さんそ》を取り入れて、不要な二酸化炭素《にさんかたんそ》を水中に出す。

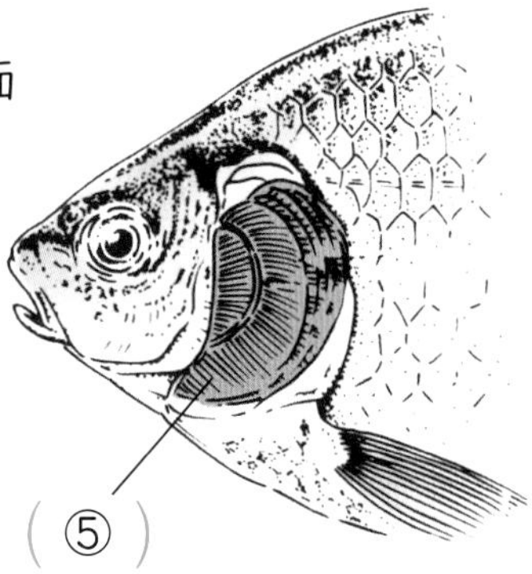

人などの動物は(①)で呼吸しているけど、魚などは(⑤)で呼吸しているよ。

ここが、だいじ!
①鼻や口から入った空気は、気管を通って、肺に入る。
②酸素を体に取り入れて、二酸化炭素を体からはき出すことを呼吸という。
③魚には肺はなく、えらで呼吸している。

ぴたトリビア 多くのこん虫の胸や腹には「気門」という穴があります。こん虫はこの気門から空気を取り入れて呼吸しています。

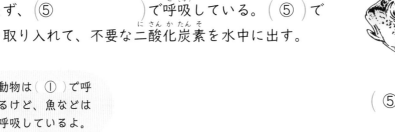

1 図は、人の呼吸《こきゅう》しているようすを簡単に表したものです。

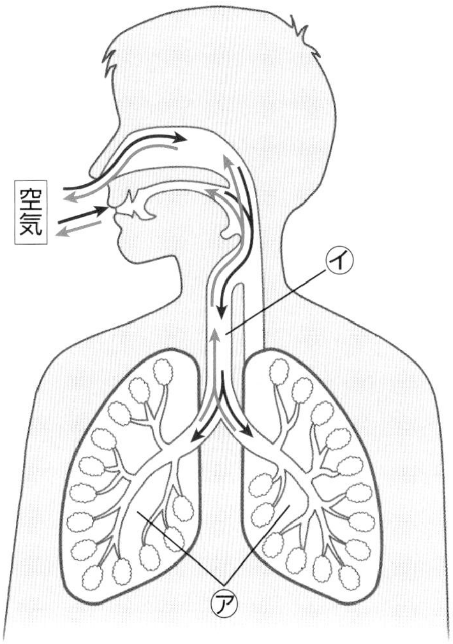

(1) 人は㋐で呼吸しています。㋐を何といいますか。

（　　　　　　）

(2) 口や鼻と㋐とをつなぐ㋑の管を何といいますか。

（　　　　　　）

(3) 呼吸で㋐に出入りする空気について、正しいものに○をつけましょう。

ア（　　）二酸化炭素《にさんかたんそ》が血液中に取り入れられ、不要な酸素《さんそ》が体の外へ出される。

イ（　　）酸素が血液中に取り入れられ、不要な二酸化炭素が体の外へ出される。

ウ（　　）ちっ素《そ》が血液中に取り入れられ、不要な酸素が体の外へ出される。

エ（　　）ちっ素が血液中に取り入れられ、不要な二酸化炭素が体の外へ出される。

オ（　　）二酸化炭素が血液中に取り入れられ、不要なちっ素が体の外へ出される。

(4) 人と同じように㋐で呼吸する動物に○、㋐で呼吸しない動物に×をつけましょう。

①（　　）イヌ
②（　　）メダカ
③（　　）ウサギ

2 魚の呼吸のしくみを調べます。

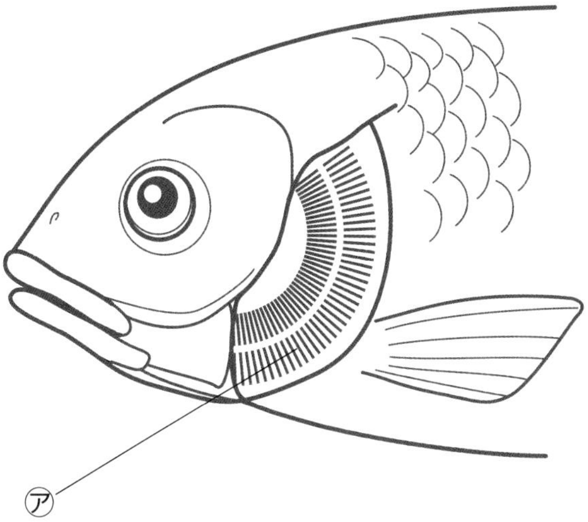

(1) 図の㋐を何といいますか。

（　　　　　　）

(2) 魚は、㋐によって、水中の何を体の中に取り入れていますか。

（　　　　　　）

(3) 魚は、㋐から、体の中の何を水中に出していますか。

（　　　　　　）

ヒント　1 (4)水中で生活している魚は、人と呼吸するところがちがいます。

ぴったり1 準備

2. 人や動物の体

②消化のはたらき①

学習日 月 日

めあて
だ液によるでんぷんの変化や、食べ物の通り道についてかくにんしよう。

教科書 37～41ページ 答え 9ページ

次の(　)にあてはまる言葉を書くか、あてはまるものを○で囲もう。

1 だ液はどんなはたらきをしているのだろうか。

教科書 37～39ページ

▶でんぷんの液にだ液と水を入れる。

▶でんぷんの液にだ液を入れたものと水だけを入れたものを10分間ぐらい(①　　　　　)に近い温度(約(② 25・40)℃)の湯につける。

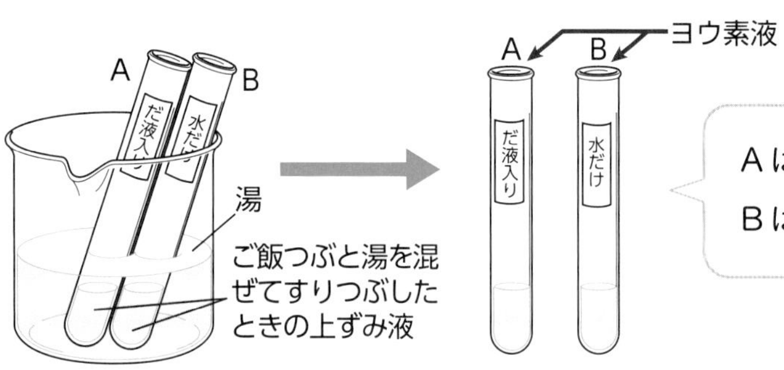

Aは色が(③ 変わった・変わらなかった)。
Bは色が(④ 変わった・変わらなかった)。

・ヨウ素液は、(⑤　　　　　)がある液に混ぜると、青むらさき色になる。
したがって、(⑥　　　　　)を入れた方の(⑤)は別のものに変化したことがわかる。

2 食べ物の通り道はどうなっているのだろうか。

教科書 40～41ページ

▶食べ物は体の中のどこを通っているのだろうか。

▶食べ物は、体の中で吸収《きゅうしゅう》されやすい養分に変えられる。
このはたらきを(①　　　　　)という。

▶体の中の食べ物の通り道を(②　　　　　)という。

▶(②)は、口→食道→胃→(③　　　　　)→大腸→こう門でできている。

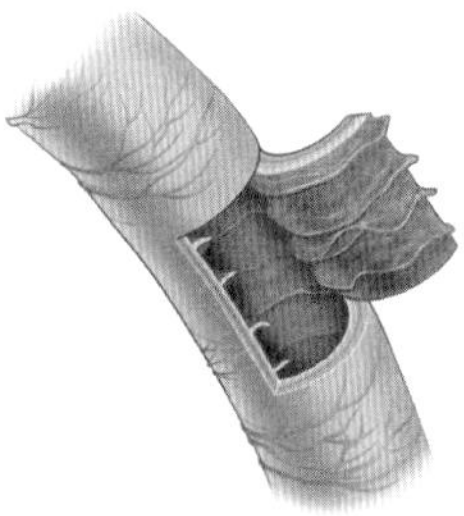

小腸の内側には、たくさんのひだがある。

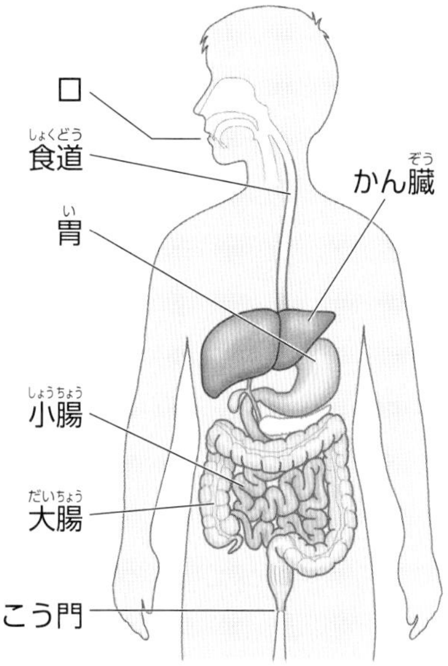

ここがだいじ!

①でんぷんの液にだ液を混ぜて温めると、でんぷんが別のものに変化する。
②食べ物を吸収しやすい養分に変えるはたらきを消化《しょうか》という。
③食べ物の通り道を消化管《しょうかかん》といい、口→食道→胃→小腸→大腸→こう門でできている。

ぴたトリビア 養分は体をつくる材料となったり、体を動かすエネルギーとして使われたりします。

2. 人や動物の体

②消化のはたらき①

学習日　　月　　日

教科書 37～41ページ　答え 9ページ

1 A、Bの試験管それぞれに、40℃くらいの湯の中ですりつぶしたご飯つぶの上ずみ液を入れます。Aにはだ液を加え、Bには水だけを加えて、しばらく40℃くらいの湯で温めます。

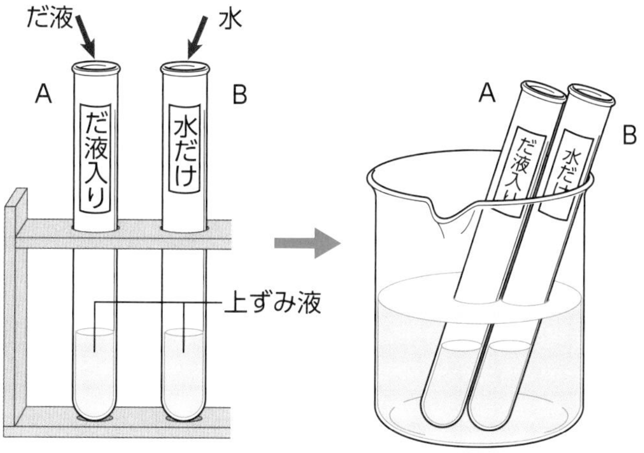

(1) ご飯つぶにヨウ素液をつけるとどうなりますか。　（　　　　　　）

(2) (1)のようになったのは、ご飯つぶに何がふくまれているからですか。

（　　　　　　）

(3) 湯につけた後、A、Bの試験管にヨウ素液を入れたとき、それぞれどうなりましたか。

A（　　　　　　）

B（　　　　　　）

(4) (3)から、試験管の中にあるものが別のものに変わったのは、A、Bのどちらですか。

（　　　　　　）

2 図は、人の食べ物の通り道を簡単に表したものです。

(1) ㋐、㋑、㋒の名前を書きましょう。

㋐（　　　　　　）

㋑（　　　　　　）

㋒（　　　　　　）

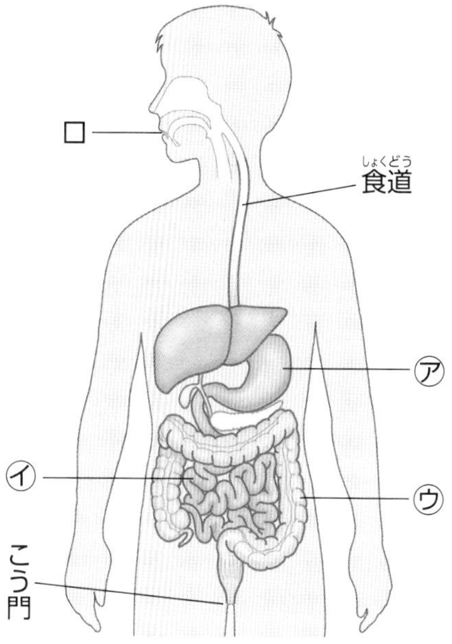

(2) 口から入った食べ物が通っていく順を、㋐～㋒の記号で答えましょう。

口→食道→（　　　）→（　　　）→（　　　）→こう門

(3) 口からこう門までの食べ物の通り道を何といいますか。

（　　　　　　）

(4) 食べ物は、口からこう門までの食べ物の通り道を通りながら、体に吸収されやすい養分に変えられます。このはたらきを何といいますか。

（　　　　　　）

ヒント ❶ (3)Aの試験管では、だ液のはたらきで、でんぷんが別のものに変わっています。

2. 人や動物の体

②消化のはたらき②
③血液のはたらき①

3分でまとめ

学習日　　月　　日

めあて　食べ物が消化・吸収されるしくみ、血液の流れとはたらきをかくにんしよう。

教科書　40～45ページ　　答え　10ページ

次の（　）にあてはまる言葉を書こう。

1 食べ物が消化《しょうか》・吸収《きゅうしゅう》されるしくみはどうなっているのだろうか。　教科書 40ページ

- 食べ物は体の中の消化管《しょうかかん》を通る。
- 食べ物は、口、食道《しょくどう》、胃《い》、小腸《しょうちょう》を通るときに、（①　　　　）、胃液、腸液などで消化される。これらの、食べ物を消化するはたらきをもつ液を（②　　　　）という。
- 水や消化された養分は（③　　　　）で吸収される。
- （③）で吸収されなかったものは（④　　　　）に送られる。
- （④）で主に水が吸収され、残ったものは便としてこう門から出される。

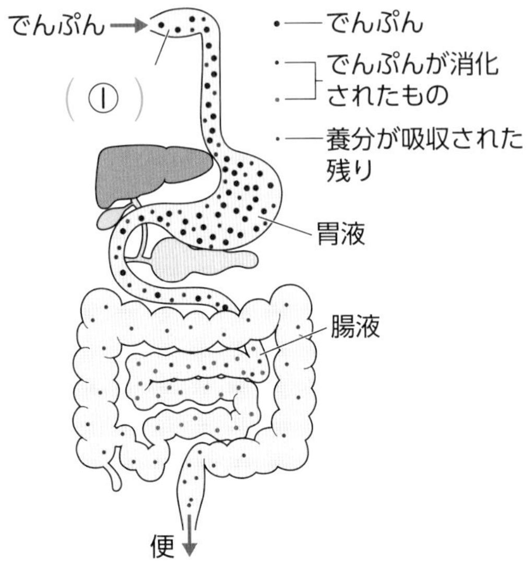
でんぷん
（①）
でんぷん
でんぷんが消化されたもの
養分が吸収された残り
胃液
腸液
便

2 血液の流れと、はたらきはどうなっているのだろうか。　教科書 43～45ページ

- 血液は全身の血管を通って流れている。
- 血液は胸のところにある（①　　　　）が縮《ちぢ》んだりゆるんだりすることで、全身に送り出されている。この動きをはく動という。
- （①）から出た血液は、全身に送り出され、小腸で吸収した（②　　　　）や肺《はい》で取りこんだ（③　　　　）を体のすみずみまで運ぶ。
- 血液は、体の各部でいらなくなった（④　　　　）を受け取り、肺で（③）と交かんする。

（①）はにぎりこぶしくらいの大きさだよ。

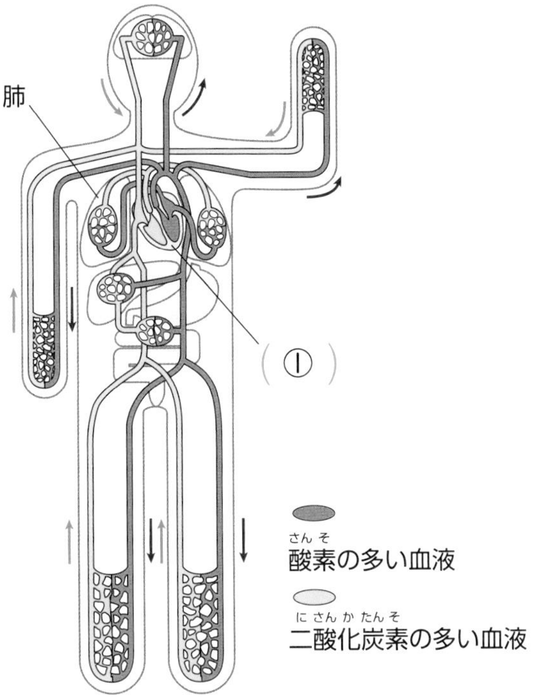
肺
（①）
酸素《さんそ》の多い血液
二酸化炭素《にさんかたんそ》の多い血液

ここがだいじ！
①食べ物は消化液のはたらきで消化され、消化された養分は小腸で吸収される。
②血液は心臓《しんぞう》から送り出され、体のすみずみに酸素や養分を運んでいる。

ぴたトリビア　血液は液体のようですが、赤血球などの固形成分もふくまれます。赤血球は酸素を運ぶはたらきがあります。

学習日　月　日

2. 人や動物の体

②消化のはたらき②
③血液のはたらき①

教科書 40～45ページ　答え 10ページ

1 図は、消化管(しょうかかん)を表しています。

(1) ㋐、㋑から出る液は何ですか。

㋐(　　　　)
㋑(　　　　)

(2) 食べ物が体に吸収(きゅうしゅう)されやすい養分に変えられることを何といいますか。

(　　　　)

(3) (1)の液は、食べ物を体に吸収されやすい養分に変えるはたらきをもっています。このような液を何といいますか。

(　　　　)

(4) 養分は、主にどこで吸収されますか。

(　　　　)

(5) 水は消化管のどこで吸収されますか。2つ書きましょう。

(　　　　)
(　　　　)

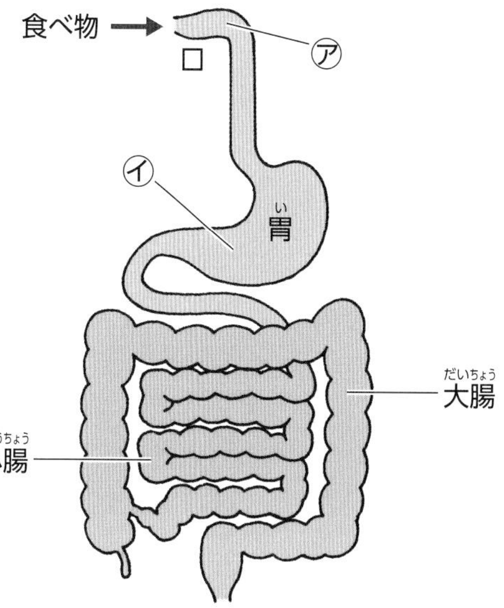

2 人の血液は、図のようにして全身をめぐります。

(1) 脈(みゃく)はくは、心臓(しんぞう)の動きがもとになっています。この心臓の動きのことを何といいますか。

(　　　　)

(2) 血液が全身をめぐる間に、体のすみずみに運ぶものは何ですか。2つ書きましょう。

(　　　　)
(　　　　)

(3) 図の赤色と青色はそれぞれあるものが多い血液を表しています。それぞれ何か答えましょう。

赤色(　　　　)
青色(　　　　)

(4) 血液は全身をめぐる間に、体の各部でいらなくなった二酸化炭素(にさんかたんそ)を受け取ります。これは、どこで酸素(さんそ)と交かんされますか。

(　　　　)

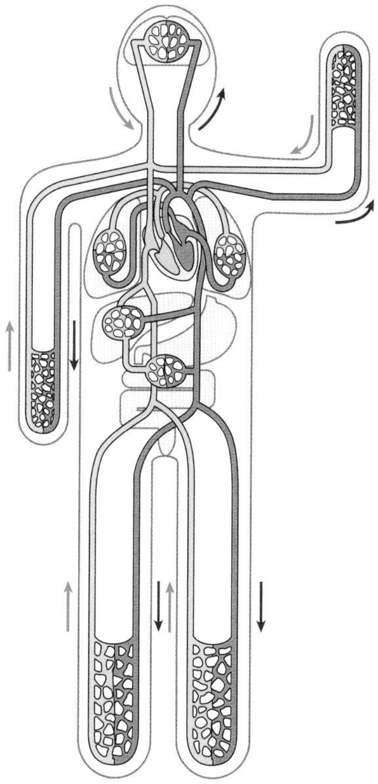

ヒント ❷ (3)心臓から体全体(肺以外)へ向かう血液には酸素が多く、体全体から心臓にもどる血液には二酸化炭素が多くふくまれています。

2. 人や動物の体

③血液のはたらき②

学習日　　月　　日

めあて
吸収された養分のゆくえや、不要になったもののゆくえをかくにんしよう。

教科書　45～49ページ　答え　11ページ

次の(　)にあてはまる言葉を書こう。

1 吸収《きゅうしゅう》された養分はどうなるのだろうか。

教科書　45～46ページ

- 小腸《しょうちょう》の血管から吸収された養分は血液によって、まず(①　　　　)に運ばれる。
- (①)に運ばれた養分の一部は(①)にたくわえられ、必要なときに使われる。
- 養分は、成長するためや生きていくために使われる。
- 胃《い》、小腸、大腸《だいちょう》、肺《はい》、心臓《しんぞう》、かん臓、じん臓《ぞう》などを(②　　　　)という。

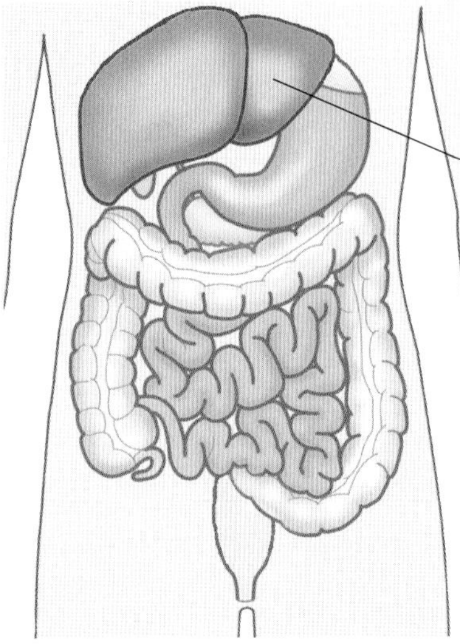

2 不要になったものはどうなるのだろうか。

教科書　46ページ

- 血液は体の各部で二酸化炭素《にさんかたんそ》を受け取るとともに、いらなくなったものを受け取る。
- 体の中の余分な水やいらなくなったものは(①　　　　)で血液からこし出される。
- こし出された水やいらなくなったものは、(②　　　　)となる。
- (②)は(③　　　　)にためられてから、体の外へ出される。

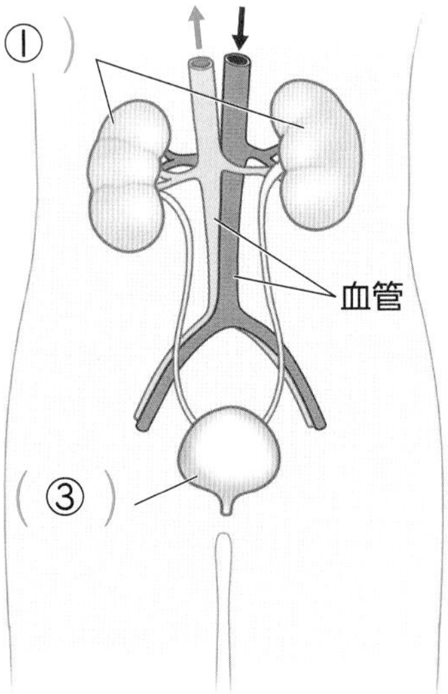

(①)は背中《せなか》側のこしくらいの高さのところに左右ひとつずつあるよ。

ここが、だいじ！
①吸収された養分は、まずかん臓に運ばれ、一部はたくわえられる。
②血液は、体のすみずみから二酸化炭素や不要なものを受け取っている。

ぴたトリビア
昔の日本では、人の内臓には体調や心の状態を変化させる虫がすみついているという考えがありました。「虫の知らせ」などの慣用句はその考え方の名残という説があります。

2. 人や動物の体

③血液のはたらき②

学習日　月　日

教科書 45～49ページ　答え 11ページ

1 人の消化とかん臓《ぞう》のはたらきについて調べました。

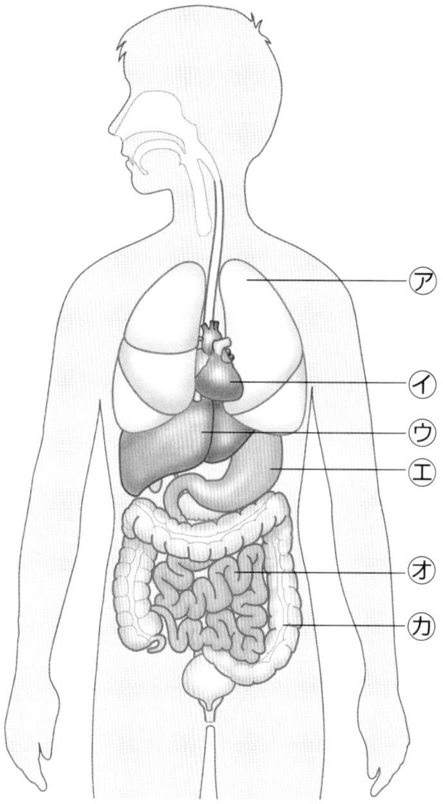

ア
イ
ウ
エ
オ
カ

(1) 次の文の（　）にあてはまる言葉を書きましょう。

取り入れた食べ物は、口から胃《い》、小腸《しょうちょう》を通る間に、だ液、胃液、（　　　　　）などによって消化されます。このような消化のはたらきをもつ液を消化《しょうか》液《えき》といいます。

(2) かん臓は、ア～カのどれですか。

（　　）

(3) 次の文の（　）にあてはまる言葉を書きましょう。

かん臓に運ばれた養分の一部はかん臓にたくわえられ、必要に応じて再び（　　　　　）中に送り出されます。

(4) かん臓に運ばれる養分は主にどの臓器で吸収されたものですか。ア～カの中から１つ選びましょう。

（　　）

2 人が不要になったものを体の外に出すしくみについて調べます。

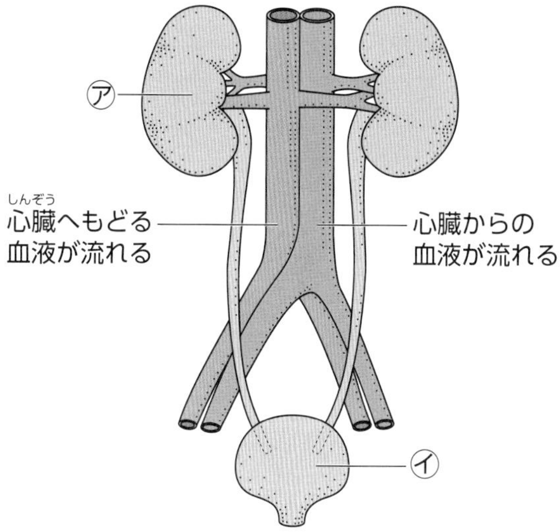

ア
心臓《しんぞう》へもどる
血液が流れる
心臓からの
血液が流れる
イ

(1) 図のア、イの名前を書きましょう。

ア（　　　　　）

イ（　　　　　）

(2) 血液は、体の各部で二酸化炭素を受け取るとともに、何を受け取りますか。

（　　　　　）

(3) 血液が受け取った(2)は、水とともにこし出され、何となって体の外へ出されますか。

（　　　　　）

(4) (3)は、ア、イのどちらにたまりますか。

（　　）

2. 人や動物の体

時間 30 分
／100
合格 70 点

教科書 30〜49ページ　答え 12ページ

1 図は、人の呼吸《こきゅう》のしくみを簡単に表したものです。

各5点(25点)

(1) 図の㋐、㋑の部分をそれぞれ何といいますか。

㋐(　　　　　)
㋑(　　　　　)

(2) ㋑に出入りする空気A、Bのうち、石灰水《せっかいすい》を白くにごらせる気体が多くふくまれているのはどちらですか。また、その気体を何といいますか。

記号(　　　)
名前(　　　　　)

(3) 空気A、Bを体に吸いこんだり、はき出したりするときに、これらにふくまれている気体を体の中で運ぶものは何ですか。

(　　　　　)

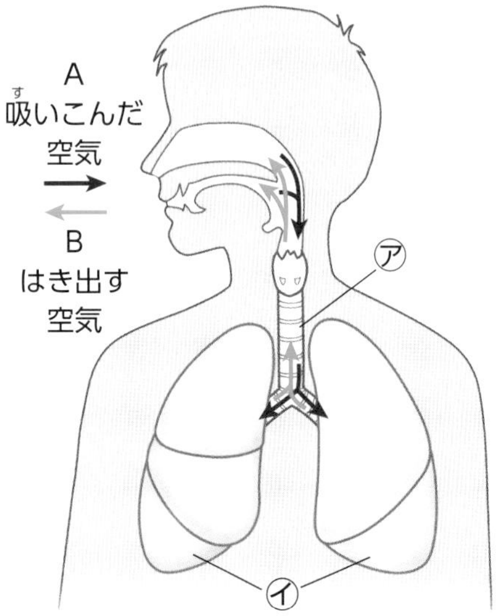

よく出る

2 図は、人の消化管《しょうかかん》などのつくりを簡単に表したものです。

各5点(25点)

(1) 食べ物がしだいに体の中に吸収《きゅうしゅう》されやすいものに変わっていくことを何といいますか。

(　　　　　)

(2) ㋐〜㋔の消化管のうち、(1)のようにされた食べ物の養分を体内に吸収しているのはどれですか。記号とその臓器《ぞうき》の名前を書きましょう。

記号(　　　　　)
名前(　　　　　)

(3) 吸収された養分は、何によって全身に運ばれますか。

(　　　　　)

(4) (2)で、吸収された養分は、まず、どこに運ばれますか。

(　　　　　)

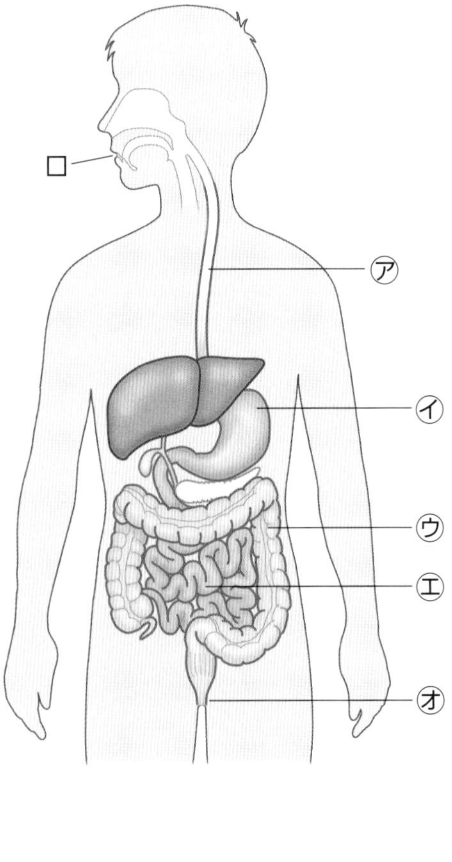

よく出る

3 図のように、だ液のはたらきを調べる実験をします。　技能　各4点(20点)

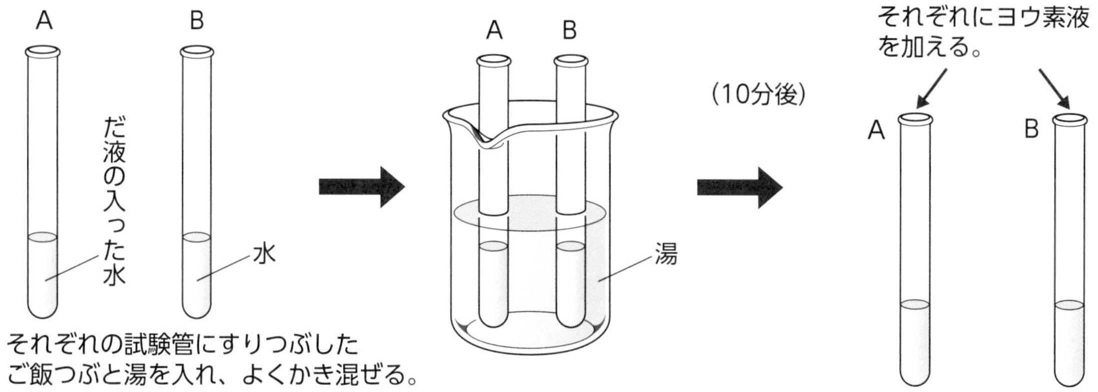
A
B
だ液の入った水
水
それぞれの試験管にすりつぶしたご飯つぶと湯を入れ、よくかき混ぜる。
A
B
湯
(10分後)
それぞれにヨウ素液を加える。
A
B

(1) 実験に使った湯は何℃くらいですか。正しいものに○をつけましょう。

ア(　　)20～21℃　イ(　　)40～41℃

ウ(　　)50～51℃　エ(　　)80～81℃

(2) 試験管Aの液と試験管Bの液で、ヨウ素液を加えて色が変わったのはどちらですか。

(　　　　)

(3) (2)の試験管の液は何色になりましたか。(　　　　)

(4) ヨウ素液の変化から、(2)の試験管の液には何がふくまれていたことがわかりますか。

(　　　　)

(5) だ液のような、食べ物を消化《しょうか》するはたらきをもつ液を何といいますか。(　　　　)

できたらスゴイ!

4 人の血液は、図のようにして全身をめぐります。　思考・表現

各10点、(2)は全部できて10点(30点)

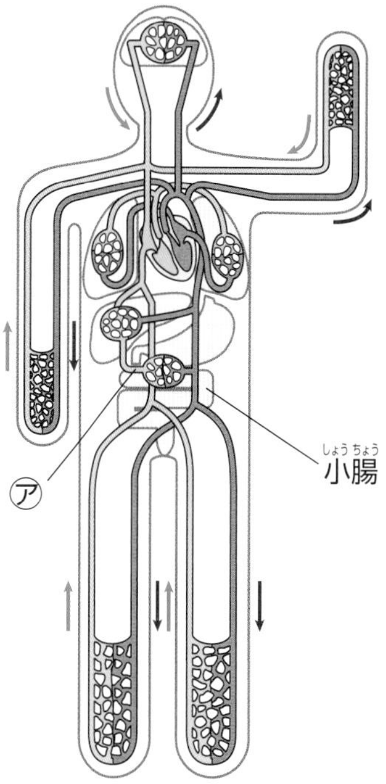
ア
小腸《しょうちょう》

(1) 図の赤色の血液と青色の血液で、全身(手足など)から心臓《しんぞう》にもどる血液はどちらですか。

(　　　　)

(2) 記述 (1)の血液には、心臓から全身へ向かう血液に比べ、酸素《さんそ》と二酸化炭素《にさんかたんそ》のどちらが増えていますか。また、そのように考えた理由を書きましょう。

気体名(　　　　)

理由(　　　　)

(3) 記述 ㋐では養分を多くふくむ血液が流れています。その理由を説明しましょう。

(　　　　)

ふりかえり
3がわからないときは、16ページの1、18ページの1にもどってかくにんしましょう。
4がわからないときは、18ページの2にもどってかくにんしましょう。

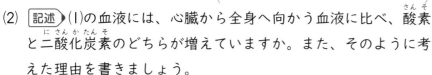

3. 植物の養分と水

①植物と日光の関係①

めあて
アルミニウムはくやヨウ素液を用いて、植物と日光の関係をかくにんしよう。

教科書 50～55ページ　答え 13ページ

次の(　　)にあてはまる言葉を書こう。

1 植物と日光の関係はどのようなものだろうか。

教科書 50～53ページ

▶日光のはたらきを調べる。

日光をよく当てたジャガイモと当てなかったジャガイモでは、日光をよく当てた方が、育ちが(①　　　　　)。

▶植物は、(②　　　　　)が当たると、よく育つ。

▶植物は、日光が当たることによって、(③　　　　　　　)をつくり出し、それを養分として育っていると考えられる。

日光を当てたジャガイモ

日光を当てなかったジャガイモ

2 植物と日光の関係を調べるにはどうすればよいだろうか。

教科書 53～55ページ

▶日光の当たった葉と当たっていない葉を調べた。

- 実験をする前の日の午後に、調べる葉に(①　　　　　　　　　　)でおおいをする。
- 晴れた日の午前中、日光を当てたい葉から(①)を外す。
- でんぷんがあるかどうかを調べるには、(②　　　　　　　)を使う。
- ヨウ素液はでんぷんがあると(③　　　　　　　)色に変わる。

おおいをすると、葉に日光が当たらなくなる。

前の日から日光を当てていなかった葉にはでんぷんがふくまれていないよ。

ここがだいじ!
①植物と日光の関係を調べるには、ひとつは日光に当て、もうひとつは当てないようにし、それ以外の条件は同じにする。
②でんぷんがふくまれているかどうかは、ヨウ素液で調べる。

ぴたトリビア　植物の葉に日光が当たるとでんぷんができるはたらきを光合成といいます。

3. 植物の養分と水

①植物と日光の関係①

教科書 50～55ページ　答え 13ページ

1 植物と日光の関係について調べます。

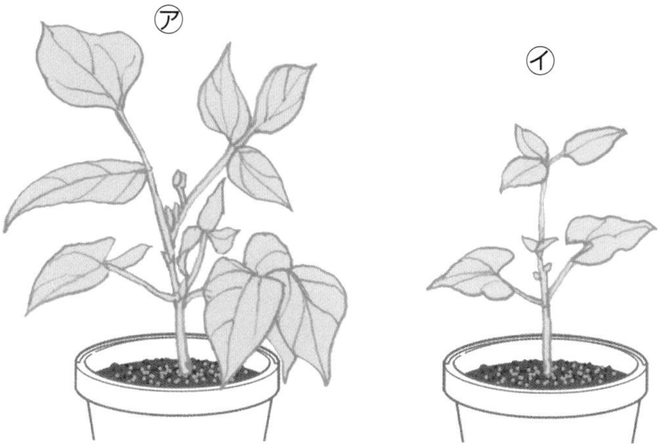

(1) 日光によく当てて育てた方のインゲンマメは、㋐と㋑のどちらですか。

(　　　　)

(2) 記述 (1)から、植物と日光の関係についてどのようなことがいえますか。簡単に書きましょう。

(　　　　)

2 植物に日光が当たると、でんぷんがつくられるかどうかを調べます。

(1) この実験では、どのような葉とどのような葉を比べるとよいですか。正しいものに○をつけましょう。

水をたくさんあたえて日光に当てた葉と、水を少しもあたえずに日光に当てた葉かな。

ア(　　)

日光に当てた葉とおおいをして日光に当てなかった葉かな。

イ(　　)

(2) でんぷんがあるかどうかを調べるときに使う図の㋐の薬品は何ですか。

(　　　　)

(3) (2)の薬品は、でんぷんがあると何色に変化しますか。

(　　　　)

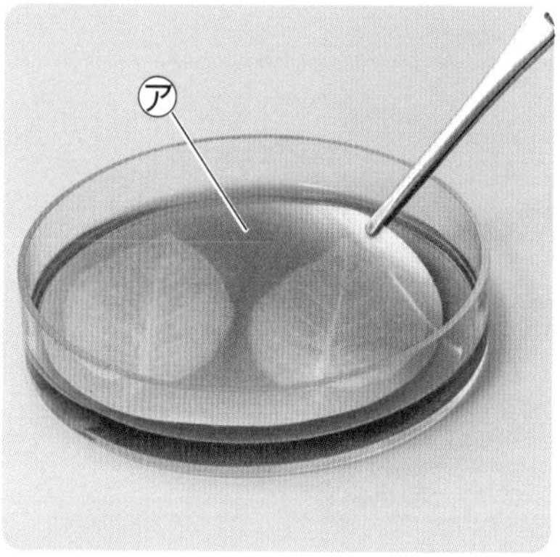

3. 植物の養分と水

①植物と日光の関係②

学習日　月　日

めあて
たたきぞめや葉の色をぬいて、でんぷんがふくまれているかかくにんしよう。

教科書 54〜57ページ　答え 14ページ

次の（　）にあてはまる言葉を書くか、あてはまるものを○で囲もう。

1 でんぷんがふくまれているかはどう調べたらよいだろうか。

教科書 55ページ

▶ 2通りの方法で葉にでんぷんがふくまれているか調べる。

▶ たたきぞめで調べる。

葉をはさむ。
たたく。
ろ紙
プラスチック板
エタノール
湯
（①　　　　）
ろ紙

▶ 葉の色をぬいて調べる。

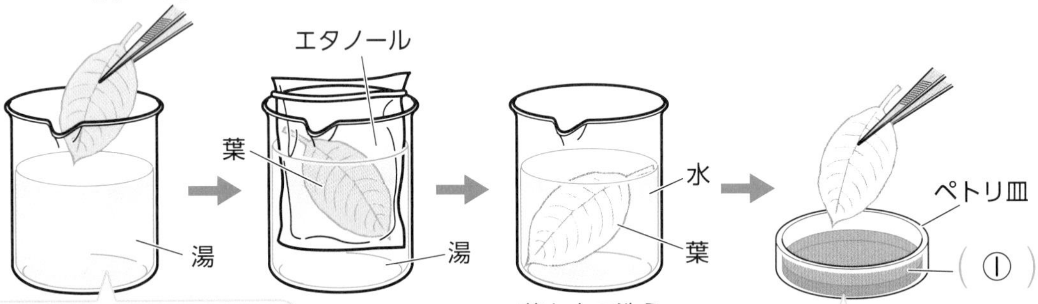

エタノール
葉
湯
湯
水
葉
葉を水で洗う。
ペトリ皿
（①）

葉を湯に入れて、（②　　　　　）する。

（①）にひたす。

2 葉に日光が当たると何ができるのだろうか。

教科書 54〜56ページ

▶ 日光を当てた葉と当てなかった葉をたたきぞめで調べる。

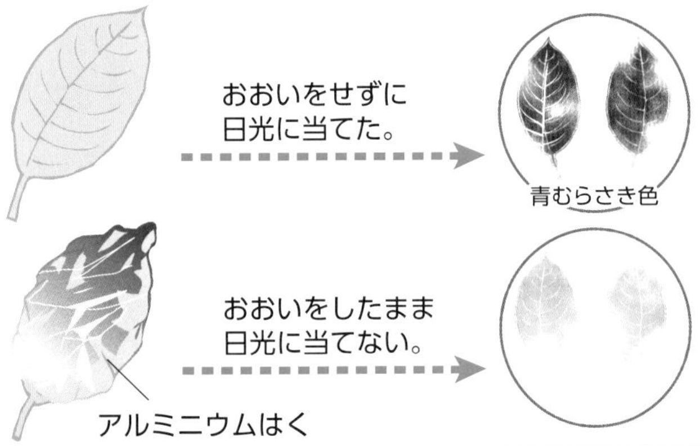

おおいをせずに
日光に当てた。
青むらさき色
おおいをしたまま
日光に当てない。
アルミニウムはく

葉に日光が当たると、でんぷんが（①　できる・できない　）。

葉に日光が当たらないと、でんぷんが（②　できる・できない　）。

ここがだいじ!

①植物の葉に日光が当たると、でんぷんができる。

②ヨウ素液ででんぷんがあるかどうかを調べる前に葉の色をぬき、色の変化がよく見えるようにする。

ぴたトリビア エタノールに入れて葉の緑色をぬくと、ヨウ素液による色の変化がわかりやすいです。

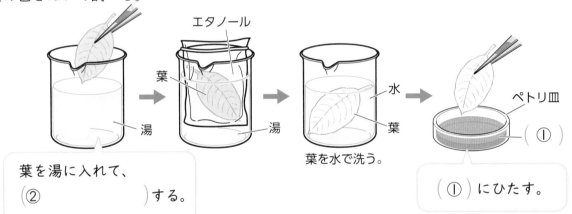

3. 植物の養分と水

①植物と日光の関係②

教科書　54〜57ページ　答え　14ページ

1 日光に当てた葉と日光に当てない葉を使って、次の図のような方法で葉のようすを調べて、比べます。

①湯に入れてやわらかくした葉を、エタノールに入れてふくろごと温める。

②葉をエタノールから取り出して、水で洗《あら》う。

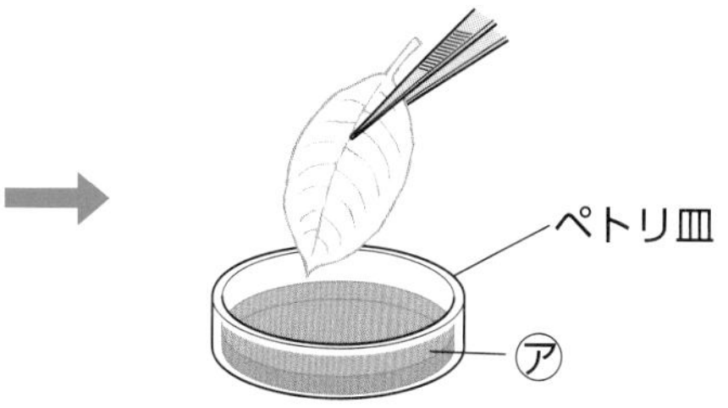

③洗った葉を㋐の液にひたして、色の変化を見る。

(1) エタノールに入れて温めると、葉にはどのような変化が見られますか。

（　　　　　　　　　　）

(2) ㋐の液の名前を答えましょう。（　　　　　　　　　　）

(3) ㋐の液にひたして、葉の色が変わったのは、日光に当てた葉と日光に当てない葉のどちらですか。

（　　　　　　　　　　）

(4) 次の文の（　　）にあてはまる言葉を書きましょう。

(3)より、㋐の液にひたして、葉の色が変わった方の葉では、（　　　　　　　　）ができている。

2 日光に当てた葉と日光に当てない葉を使って、葉にでんぷんができているかどうかを、たたきぞめで調べます。

(1) 葉にでんぷんがたくさんできているのは、㋐と㋑のどちらですか。

（　　　　　　）

(2) 日光に当てた葉は、㋐と㋑のどちらですか。

（　　　　　　）

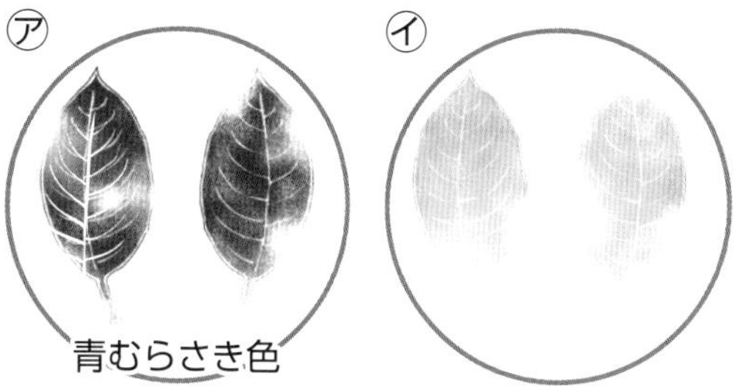

(3) 記述 葉をそのままヨウ素液にひたさずに、1や上の図のようにしたのはなぜですか。

（　　　　　　　　　　　　　　　　　　　　）

ヒント 2 (1)たたきぞめでは、でんぷんの量が多い方が、1の㋐の液で青むらさき色がこくなることから考えましょう。

3. 植物の養分と水

②植物の中の水の通り道

学習日　　月　　日

めあて
植物が水を根から取り入れ、葉から出るまでの流れをかくにんしよう。

教科書 58〜65ページ　答え 15ページ

次の（　）にあてはまる言葉を書くか、あてはまるものを○で囲もう。

1 植物が根から取り入れた水の通り道はどうなっているだろうか。　教科書 58〜60ページ

▶植物の根から、切り花着色ざいや食用色素をとかした色水を吸《す》わせて、水の通り道を調べる。

▶色水にさしたホウセンカのくきを切ったとき、横切りの切り口は、図の（① ㋐・㋑ ）で、縦切りの切り口は、図の（② ㋒・㋓ ）である。

▶植物の根から取り入れられた水は、くきや葉の（③　　　　　）を通って、植物の体全体に運ばれる。

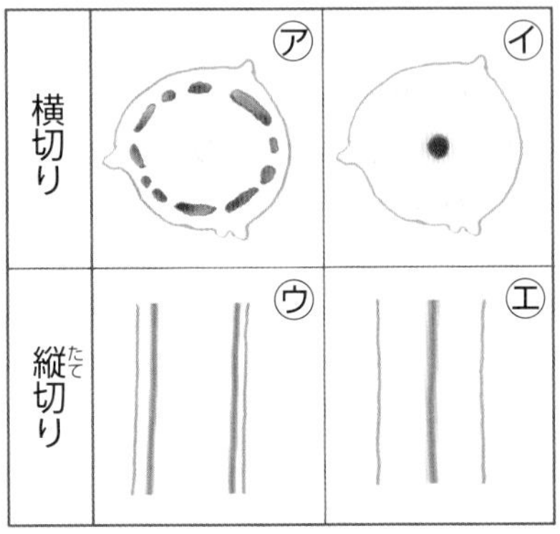

2 葉まで運ばれた水はどうなるのだろうか。　教科書 62〜63ページ

▶晴れた日に葉のついた植物と葉を全部取った植物にポリエチレンのふくろをかぶせた。

▶２時間後、㋐と㋑のポリエチレンのふくろの中を比べると、（① ㋐・㋑ ）のポリエチレンのふくろの内側の方が、よりくもった。
- 主に葉から（②　　　　）が出ていることがわかる。

▶根からくきを通って葉にきた水は、（③　　　　　）となって、空気中に出ていく。

▶植物の体の中の水が（ ③ ）となって空気中に出ていくことを（④　　　　）という。

主に葉から水蒸気《すいじょうき》が出るから、葉を全部取ったものからは水蒸気がほとんど出ないね。

ここが だいじ！
①植物の根から取り入れられた水は、くきや葉の細い管を通る。
②根から植物の体に取り入れられた水は、主に葉から水蒸気となって出ていく。このことを蒸散《じょうさん》という。

ぴたトリビア 植物の根から取り入れられた水が通る細い管のことを道管といいます。ホウセンカの道管は、くきでは輪の形に並んでいますが、トウモロコシなどでは全体に散らばっています。

3. 植物の養分と水

②植物の中の水の通り道

1 色水に、根がついたホウセンカをさして、植物の水の通り道について調べます。

(1) 右の図は、色水にさしてから数時間後に切ったくきの横や縦《たて》の切り口です。色がついているのは、図の㋐～㋕のどの部分ですか。すべて書きましょう。

（　　　　）

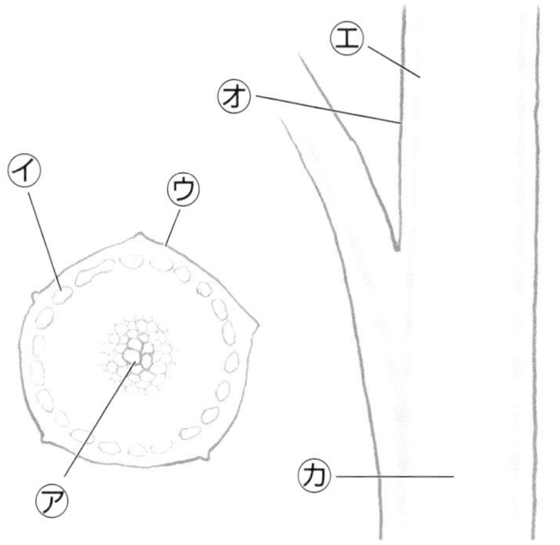

(2) この実験から、くきには、何の通り道があることがわかりますか。

（　　　　）

(3) 根から取り入れられた水は、植物のどこにいきますか。正しいものに○をつけましょう。

ア（　　）葉だけにいく。

イ（　　）体のすみずみにいく。

2 図のように、葉のついた植物と葉をすべて取った植物にポリエチレンのふくろをかぶせます。しばらくして、ふくろのようすを調べます。

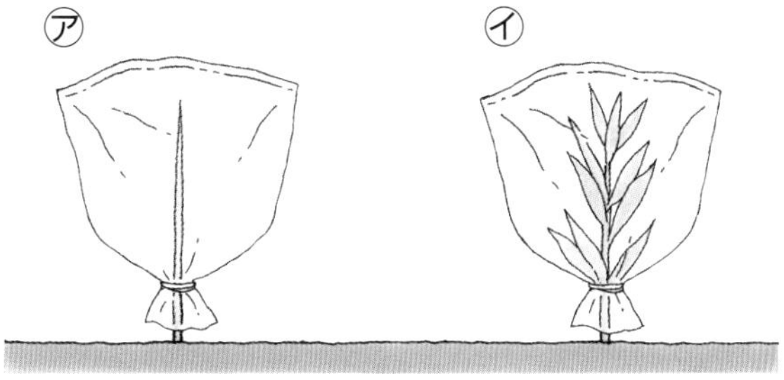

(1) ふくろの内側がよりくもったのは図の㋐、㋑のどちらですか。

（　　　　）

(2) ふくろの内側がくもったのは、内側に何がついたからですか。

（　　　　）

(3) (2)の元となるものは、どこから出たものですか。正しいものに○をつけましょう。

ア（　　）ふくろの中にもともとあった。

イ（　　）根から吸《す》い上げたものが主に葉から出た。

ウ（　　）地面から蒸発《じょうはつ》した。

(4) 植物の体の中の水が水蒸気《すいじょうき》になって出ていくことを何といいますか。（　　　　）

ぴったり3
確かめのテスト

3. 植物の養分と水

時間 30 分

／100

合格 70 点

教科書 50〜65ページ　答え 16ページ

よく出る

1 赤い色水にジャガイモの根を入れてしばらく置きます。　各4点(20点)

(1) くきを切ったようすで、正しい方に○をつけましょう。

①くきの切り口(横)　　②くきの切り口(縦《たて》)

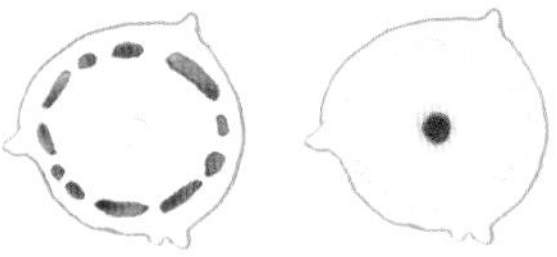

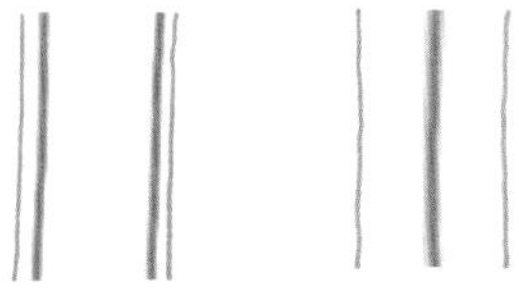

ア(　　)　イ(　　)　　ウ(　　)　エ(　　)

(2) 赤い色水でそまったところは根から葉までつながっていますか。

(　　　　　)

(3) この実験から、くきには何の通り道があることがわかりますか。

(　　　　　)

(4) 水は植物のどこに運ばれていますか。

(　　　　　)

2 植物と水、養分、日光の関係について調べます。　各5点(15点)

(1) インゲンマメの発芽には水が必要ですか。正しいものに○をつけましょう。

日光さえあれば水はなくても発芽すると思うよ。

ア(　　)

水がないと発芽しないから、水は必要だと思うな。

イ(　　)

(2) 日光をよく当てたインゲンマメと、当てなかったインゲンマメではどちらの方がよく育ちますか。

(　　　　　)

(3) 植物は、日光が当たることによって、何をつくり出していますか。

(　　　　　)

できたらスゴイ！

3 よく晴れた日の早朝と、その日の午後とで、葉を１枚ずつ取り、でんぷんがあるかを調べます。

技能　各5点(25点)

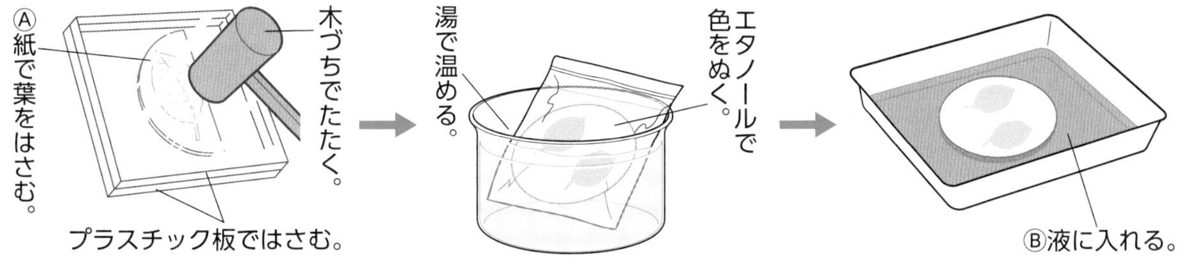
Ⓐ紙で葉をはさむ。
木づちでたたく。
プラスチック板ではさむ。
湯で温める。
エタノールで色をぬく。
Ⓑ液に入れる。

(1) 実験で使った、Ⓐ紙とⒷ液とは何ですか。

Ⓐ…(　　　　)紙

Ⓑ…(　　　　　　)液

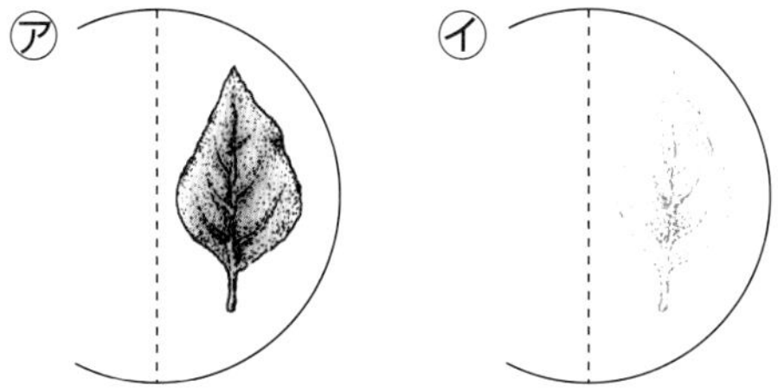
ア
イ

(2) 実験の結果は左のようになりました。早朝に取った葉は、ア、イのどちらですか。

(　　　　　)

(3) この実験からわかったことを２つ選んで、○をつけましょう。

ア(　　)葉は、一度養分をつくると、次の日の朝まで、その多くをたくわえている。

イ(　　)葉は、つくった養分のほとんどを夜の間に、どこかに移しているか使ってしまっている。

ウ(　　)葉は、日光がよく当たる昼より、夜にたくさん養分をつくっている。

エ(　　)葉は、日光が当たると養分をつくるが、いつまでも葉にたくわえていることはない。

よく出る

4 根から吸《す》い上げられた水が葉まで運ばれ、その後どうなるか実験します。

思考・表現　各10点(40点)

(1) 図のようにして、サクラの葉から水が出ているかどうか調べようとしました。正しく調べるためには、どのような枝と比べればよいでしょうか。

(　　　　　　　　　　　　　　)

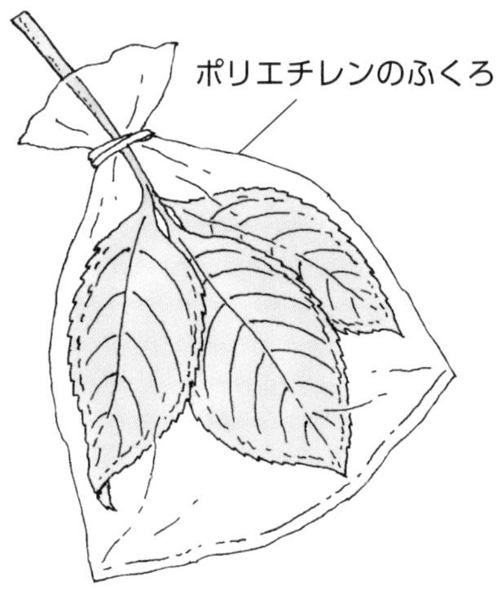
ポリエチレンのふくろ

(2) 記述 ポリエチレンのふくろの中が白くくもりました。このことから、どのようなことがいえますか。

(　　　　　　　　　　　　　　)

(3) (2)のような植物のはたらきを何といいますか。漢字で書きましょう。

(　　　　　)

(4) 葉にある水蒸気《すいじょうき》が出ていく小さな穴《あな》を何といいますか。

(　　　　　)

ふりかえり

1がわからないときは、28ページの1にもどってかくにんしましょう。
3がわからないときは、26ページの1、2にもどってかくにんしましょう。

4. 生物のくらしと環境《かんきょう》

①食物を通した生物どうしの関わり

3分でまとめ

学習日　　月　　日

めあて
植物は養分をつくり出し、動物は生物を食べていることをかくにんしよう。

教科書 66～74ページ　答え 17ページ

次の(　　)にあてはまる言葉や記号を書くか、あてはまるものを○で囲もう。

1 動物はどのようなものから養分を取り入れているのだろうか。

教科書 68ページ

- 食物による生物どうしの関係を調べた。
- 動物は自分で養分をつくることが(①　できる・できない　)。
- 動物は、(②　　　　　　)やほかの動物を食べて、生きている。

バッタは草を食べている動物だね。

2 食物による生物どうしの関係はどのようになっているのだろうか。

教科書 68～72ページ

- すべての生物はある関係でつながっている。

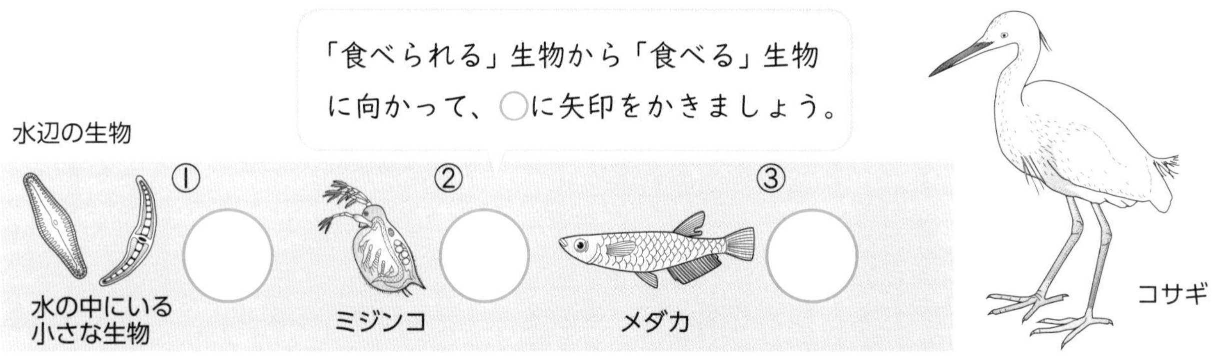

「食べられる」生物から「食べる」生物に向かって、○に矢印をかきましょう。
水辺の生物
①
②
③
水の中にいる小さな生物
ミジンコ
メダカ
コサギ

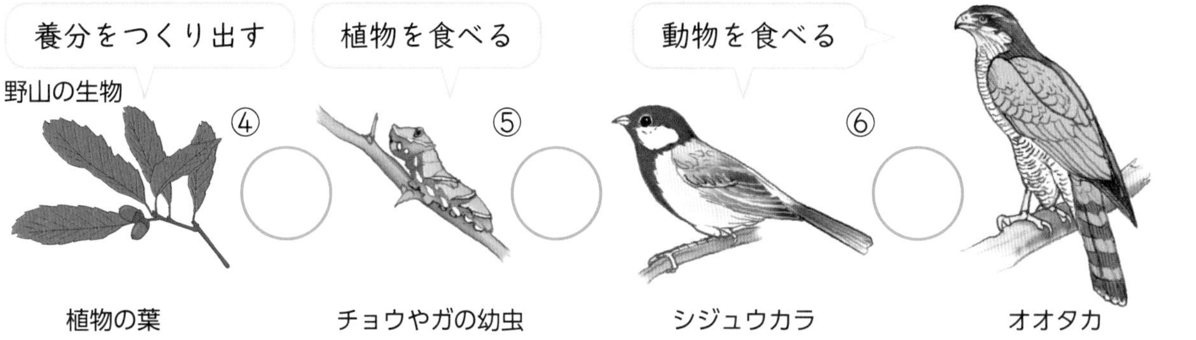

養分をつくり出す
植物を食べる
動物を食べる
野山の生物
④
⑤
⑥
植物の葉
チョウやガの幼虫
シジュウカラ
オオタカ

- 生物どうしは、「(⑦　　　　　　)」「食べられる」の関係でつながっている。
- このような関係を(⑧　　　　　　)という。

ここがだいじ!

①生物どうしは、「食べる」「食べられる」の関係にあり、１本のくさりのようにつながっている。このような関係を食物《しょくもつ》れんさという。

②植物は養分をつくり、動物は、植物やほかの動物を食べて養分を取り入れている。

ぴたトリビア　多くの動物はいろいろな植物や動物を食べます。このため、１種類の生物が多くの食物れんさに関係し、食物れんさは複雑にからみ合っています。

ぴったり2 練習

4. 生物のくらしと環境《かんきょう》

①食物を通した生物どうしの関わり

学習日　　月　　日

教科書 66～74ページ　答え 17ページ

1 右の図のように穴《あな》があいているキャベツの葉があります。

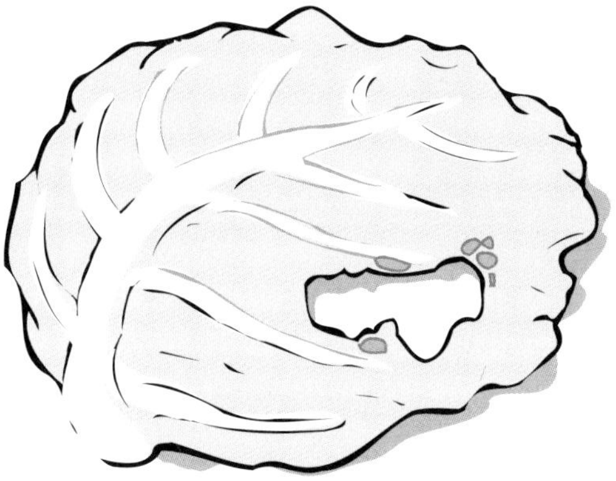

(1) キャベツの葉に穴があいていたのはなぜですか。正しいものに○をつけましょう。

ア(　　)強い雨が当たったから。

イ(　　)ほとんど水をあたえていなかったために、かれかかっていたから。

ウ(　　)動物に食べられたから。

(2) 次の動物の中で、植物を食べる動物には○、植物以外のものを食べる動物には×をつけましょう。

①(　　)リス　②(　　)バッタ

③(　　)ライオン　④(　　)ウサギ

⑤(　　)トラ　⑥(　　)ウマ

⑦(　　)ウシ　⑧(　　)チョウの幼虫

(3) 右の図の生物を何といいますか。名前を書きましょう。

(　　　　　)

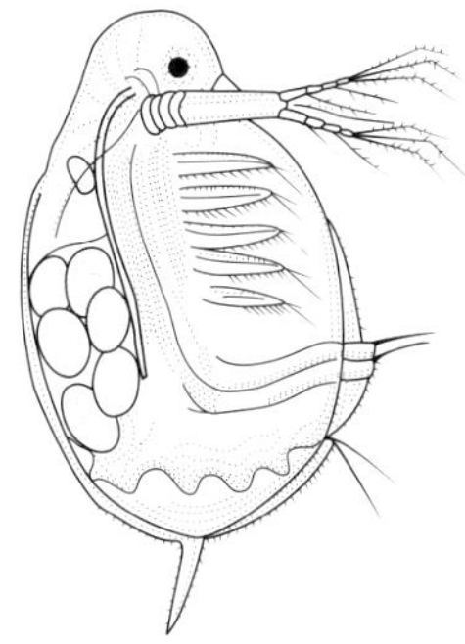

(4) (3)の生物について、正しいものに○をつけましょう。

ア(　　)何も食べないで生きている。

イ(　　)アブラナなど、陸の上で生活している植物に食べられる。

ウ(　　)コサギなど、大きめの動物に食べられる。

エ(　　)メダカなど、小さめの動物に食べられる。

2 次の文の中で、正しいものに○をつけましょう。

ア(　　)動物も植物と同じように、日光が当たることによってでんぷんをつくり出すことができる。

イ(　　)植物は、虫だけに食べられ、虫はネズミやウサギなどの自分よりも大きい動物に食べられている。

ウ(　　)植物は、こん虫やウシやウサギなどいろいろな動物によって食べられている。

エ(　　)すべての動物は、植物だけを食べて養分を取り入れている。

オ(　　)すべての植物は動物を食べて生きている。

カ(　　)食物《しょくもつ》れんさは、陸の上の生物どうしでは見られるが、水の中の生物どうしには見られない。

ヒント ② 植物以外にも私たちは肉などを食べています。

ぴったり1 **準備**

4. 生物のくらしと環境《かんきょう》

②生物と水との関わり

学習日　月　日

めあて
生物は水を得て生きており、水は自然をめぐっていることをかくにんしよう。

教科書 75～76ページ　答え 18ページ

次の(　)にあてはまる言葉を書こう。

1 動物や植物は、水とどのように関わっているのだろうか。

教科書 75～76ページ

▶動物や植物と水の関わりを調べてみよう。

シマウマたちが水を飲んでいるね。水は、食物を消《しょう》化《か》・吸《きゅう》収《しゅう》するのに使われたり、吸収した養分を体全体に運ぶのに使われたりするよ。

▶動物は常に外から(①　　　　)を取り入れている。
▶水は、体にたくさんふくまれており、(②　　　　)を支えるはたらきをしている。
▶人(成人)の体のおよそ(③　　　　)%は水でできている。
▶動物や植物は、(④　　　　)が無いと生きていけない。

2 自然の中で水はどのようにめぐっているのだろうか。

教科書 76ページ

▶水は、自然の中をさまざまな姿《すがた》でめぐっている。

- 水は、自然の中で、固体、液体、(①　　　　)とその姿を変えながらめぐっている。
- 雲は、海や地表などから蒸発《じょうはつ》した水が、上空で(②　　　　)や(③　　　　)になったものである。

▶冬に息をはくと白くくもるのは水が(④　　　　)になっているからである。

①～④の(　)の中に、固体、液体、気体のどれかを書こう。

ここが、だいじ!
①動物や植物は、水を取り入れないと生きていけない。
②動物や植物の体の中には、多くの水がふくまれている。
③水は、固体、液体、気体と姿を変えながら自然をめぐっている。

ぴたトリビア 地球上にある水の97%以上は海にあります。水は地球のすべての生物の命を支える大切なものです。

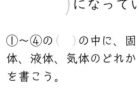

4. 生物のくらしと環境《かんきょう》

②生物と水との関わり

教科書 75～76ページ　答え 18ページ

1 人や動物、植物と水の関わりについて調べます。

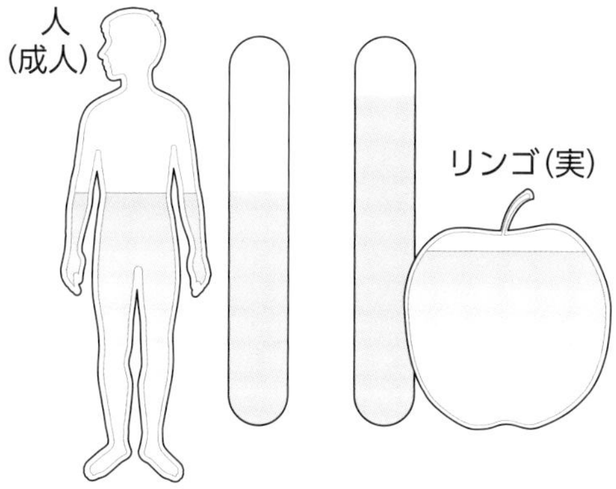

(1) 人の体にはおよそ何％の水がふくまれていますか。正しいものに○をつけましょう。

ア(　　)30％　イ(　　)60％　ウ(　　)90％

(2) 人や動物の体の中で、水はどんなことに使われていますか。正しいもの2つに○をつけましょう。

ア(　　)食物を消化《しょうか》・吸収《きゅうしゅう》するのに使われる。

イ(　　)ものを見るときに使われる。

ウ(　　)吸収した養分を体のすみずみに運ぶのに使われる。

エ(　　)骨と骨をつないで、動かすのに使われる。

(3) 植物は、体のどこから水を取り入れていますか。　(　　　　)

2 自然をめぐる水について調べます。

(1) 自然の中で、水は姿を変えてめぐっています。次の文のとき、水はどのような姿をしていますか。(　　)に、固体、液体、気体のいずれかを書きましょう。

①(　　　　)冬に息をはいたら、白く見えた。

②(　　　　)雨が降ってきた。

③(　　　　)冬、湖の表面がこおった。

④(　　　　)葉のついた枝にふくろをかぶせ、日光に当てたら内側が白くなった。

⑤(　　　　)海から、水が蒸発《じょうはつ》した。

(2) 水は動物や植物にとって、何を支える無くてはならないものですか。

(　　　　)

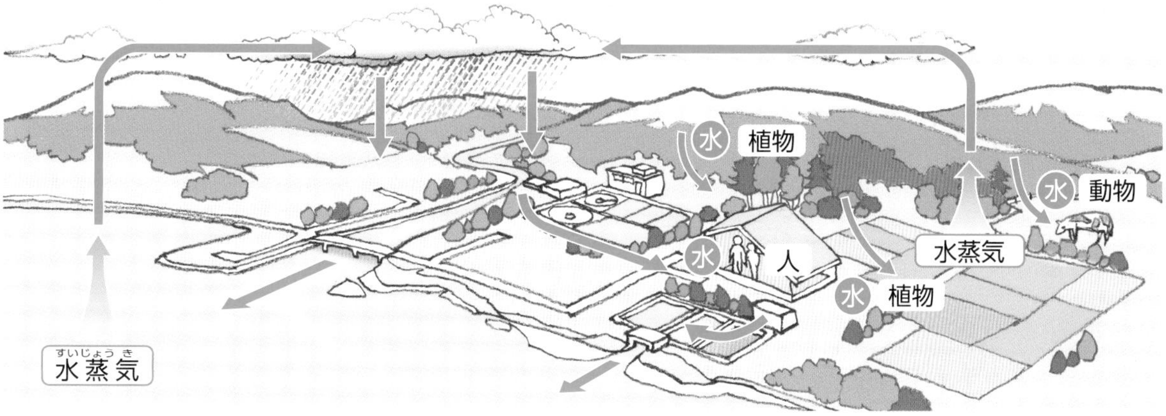

4. 生物のくらしと環境《かんきょう》

③生物と空気との関わり

学習日　　月　　日

めあて
植物に日光が当たると、二酸化炭素を取り入れることをかくにんしよう。

教科書 77〜81ページ　答え 19ページ

次の(　　)にあてはまる言葉を書くか、あてはまるものを○で囲もう。

1 植物は、空気とどのように関わっているのだろうか。

教科書 77〜79ページ

▶植物が酸素《さんそ》を出しているか調べる。

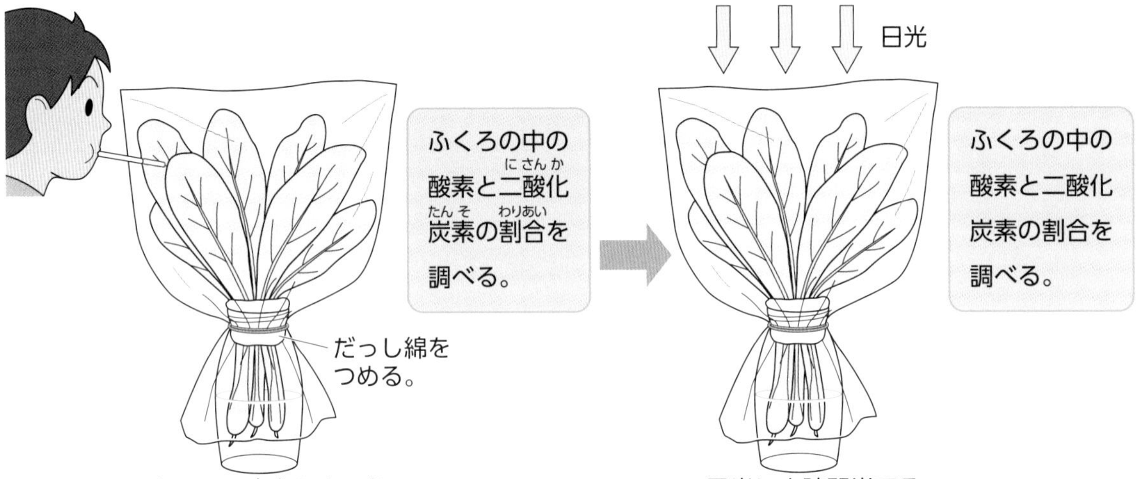

ふくろの中の酸素と二酸化《にさんか》炭素《たんそ》の割合《わりあい》を調べる。
だっし綿をつめる。
日光
ふくろの中の酸素と二酸化炭素の割合を調べる。

ストローで息をふきこむ。　　日光に1時間当てる。

結果	酸素の割合	二酸化炭素の割合
日光に当てる前	16％	5％
1時間後	18％	3％

二酸化炭素の割合は(① 増え ・ 減り)、酸素の割合は(② 増える ・ 減る)。

▶植物は、日光が当たると
(③　　　　　　　　)を取り入れ、(④　　　　　　　　)を出している。

2 動物は、空気とどのように関わっているのだろうか。

教科書 77、79ページ

▶動物と空気の関係を調べた。

▶動物は、呼吸によって、
(①　　　　　　　　)を取り入れて、
(②　　　　　　　　)を出している。

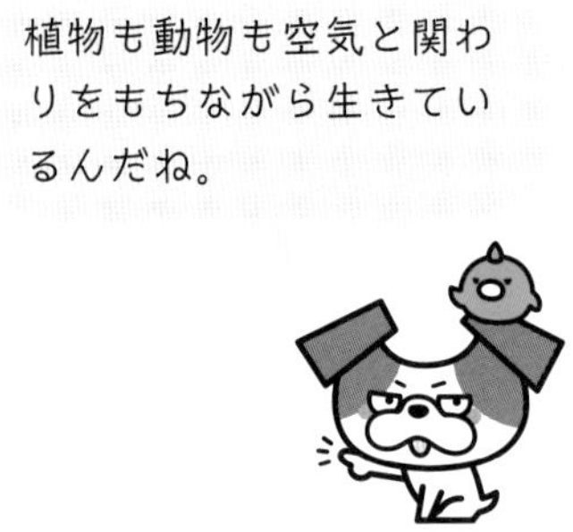

植物も動物も空気と関わりをもちながら生きているんだね。

ここがだいじ!
①植物は、日光に当たると、空気中の二酸化炭素を取り入れ、酸素を出す。
②人や動物の呼吸では、酸素が使われ、二酸化炭素が出される。
③動物と植物は、空気を通してたがいに関わり合っている。

ぴたトリビア 植物に日光をじゅうぶんに当てると呼吸より光合成の方がさかんですが、日光が弱いと、呼吸と光合成がつり合うこともあります。

学習日　月　日

4. 生物のくらしと環境《かんきょう》

③生物と空気との関わり

教科書　77～81ページ　答え　19ページ

1 **はちに植えた同じ大きさの植物にふくろをかぶせ、息を数回ふきこんだものを2つ(㋐、㋑)つくります。そして、ふくろの中の空気中にふくまれる気体の割合をはかってから、㋑のみ日光によく当てた後、再びふくろの中の空気中にふくまれる気体の割合をはかります。**

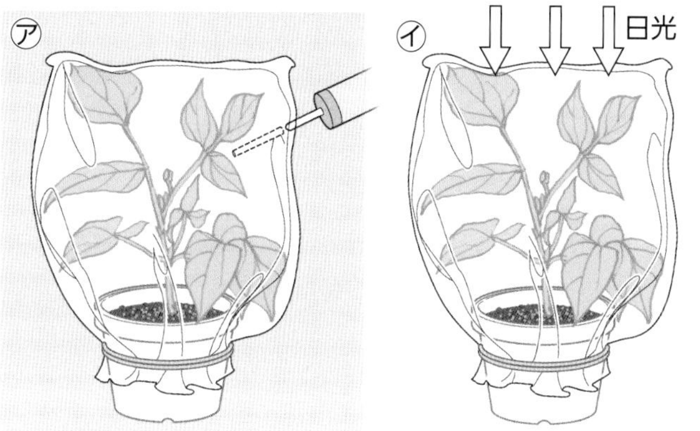

日光に当てない。　日光に当てる。

(1) ふくろに息をふきこんだのは、何の割合の変化を見やすくするためですか。

(　　　　　　　　)

(2) ㋑のふくろの中の空気中にふくまれる気体の割合を比べるとどうなりますか。正しいもの2つに○をつけましょう。

ア(　　)日光に当てると、酸素《さんそ》の割合が多くなっている。

イ(　　)日光に当てると、酸素の割合が少なくなっている。

ウ(　　)日光に当てると、二酸化炭素《にさんかたんそ》の割合が多くなっている。

エ(　　)日光に当てると、二酸化炭素の割合が少なくなっている。

オ(　　)日光に当てても、二酸化炭素の割合は変わらない。

(3) (2)より、どんなことがわかりますか。正しいものに○をつけましょう。

ア(　　)植物は日光が当たると、二酸化炭素を取り入れて、酸素を出す。

イ(　　)植物は日光が当たると、酸素を取り入れて、二酸化炭素を出す。

ウ(　　)植物はいつも二酸化炭素を取り入れて、酸素を出す。

(4) ㋐のふくろの中の酸素と二酸化炭素の割合は、どうなりますか。

酸素(　　　　　　)

二酸化炭素(　　　　　　)

2 **次の文で、正しいものには○、まちがっているものには×をつけましょう。**

①(　　)植物は、日光が当たるときだけ、空気中の酸素を取り入れ、二酸化炭素を出している。

②(　　)人が海へもぐるときは、二酸化炭素だけが入ったボンベを用意する。

③(　　)木が燃えるときには、酸素を使い、二酸化炭素を出している。

④(　　)動物は、常に呼吸《こきゅう》をしているが、植物は、昼は呼吸をしていない。

⑤(　　)動物は、酸素をつくり出すことができる。

⑥(　　)植物は、日光が当たっていても呼吸をしている。

ぴったり3

確かめのテスト

4. 生物のくらしと環境《かんきょう》

時間 30分

／100

合格 70点

教科書 66～81ページ　答え 20ページ

1 次の文のとき、水はどのように姿を変えていますか。（　　）に、固体、液体、気体のいずれかを書きましょう。

各3点（18点）

①（　　　　　）ポリエチレンのふくろに息をふきこむと、内側が白くくもった。

②（　　　　　）温泉に行くと、湯気が出ていた。

③（　　　　　）水たまりの水が蒸発《じょうはつ》した。

④（　　　　　）冬に池に行くと水がこおっていた。

⑤（　　　　　）外で遊んでいると雨が降ってきた。

⑥（　　　　　）かき氷を置いておくととけた。

よく出る

2 私《わたし》たちは、常に呼吸《こきゅう》をくり返し、食物を食べたり、水を飲んだりしています。

各3点、(2)～(4)は全部できて3点（12点）

(1) 私たちの呼吸によって、体の中に取り入れられる気体は何ですか。

（　　　　　　　　　　）

(2) 植物や人や動物は、どのようにして生きるための養分を得ていますか。次の文の（　　）にあてはまる言葉を書きましょう。

植物は、（①　　　　　）を受けてでんぷんをつくり出す。自分では養分をつくることのできない人や動物は、ほかの動物や（②　　　　　）を食べることによって、生きるための養分を得ている。

(3) 下の図は、生物の「食べる」「食べられる」の関係を表したものです。（　　）に食べられるものの側から、食べるものの側へ矢印をかきましょう。

木の実

（①　　）

リス

（②　　）

ヘビ

（③　　）

イタチ

(4) 私たちの体の中で、水はどのようなことに使われますか。次の文の（　　）にあてはまる言葉を書きましょう。

水は、体の中で食物の（①　　　　　）・吸収《きゅうしゅう》や、吸収した養分を体のすみずみに（②　　　　　）ことに使われる。

3 植物を右の図のように、ポリエチレンのふくろに入れます。ポリエチレンのふくろに息をふきこんで、気体の割合《わりあい》を調べます。日光に当てて1時間置いた後、再びポリエチレンのふくろの中の気体の割合を調べます。

技能　各5点(30点)

(1) 酸素《さんそ》や二酸化炭素《にさんかたんそ》の割合を調べる器具は、検流計、気体検知管《きたいけんちかん》のどちらですか。

（　　　　　　　）

(2) (1)の器具を使って、実験前と1時間置いた後の二酸化炭素の割合を調べました。1時間置いた後の結果はどちらですか。正しい方に○をつけましょう。（0.5～8％用の二酸化炭素用検知管）

ア（　　）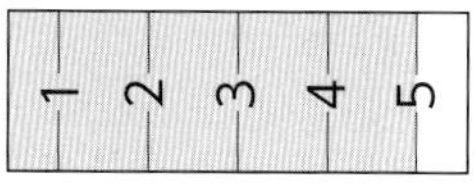

イ（　　）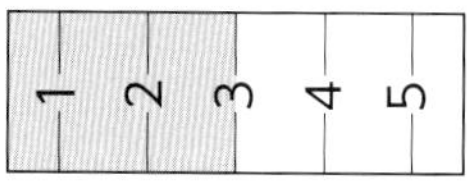

(3) (2)から、1時間置いた後、二酸化炭素は増えていますか、減っていますか。

（　　　　　　　）

(4) (1)の器具を使って、(2)と同じように酸素の割合も調べました。1時間置いた後の酸素の割合は増えていますか、減っていますか。

（　　　　　　　）

(5) 植物は、日光が当たると、何を取り入れて、何を出しているといえますか。

取り入れているもの（　　　　　　　）

出しているもの（　　　　　　　）

4 生物どうしの関わりについて調べました。

思考・表現

各10点、(3)は全部できて10点(40点)

(1) 動物は、自分で養分をつくり出すことができますか。

（　　　　　　　）

(2) 記述 (1)のために、動物はどのようにして養分を取り入れていますか。

（　　　　　　　　　　　　　　　　　　　）

(3) 下の動物のうち、植物を食べるもの2つに○をつけましょう。

ア（　　）キツネ　イ（　　）ライオン　ウ（　　）ウマ　エ（　　）ウシ

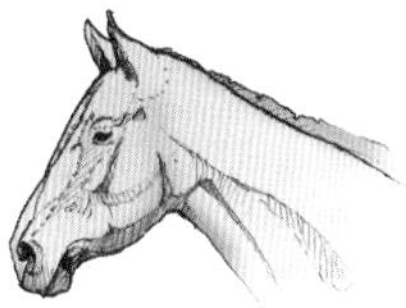

(4) 生物どうしの「食べる」「食べられる」の関係を何といいますか。

（　　　　　　　）

この本の終わりにある「夏のチャレンジテスト」をやってみよう！

ふりかえり　2がわからないときは、32ページの1、2、34ページの1、36ページの2にもどってかくにんしましょう。

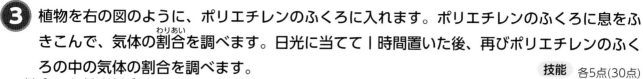

ぴったり1 準備

5. てこのしくみとはたらき

①てこのはたらき①

3分でまとめ

学習日　　月　　日

めあて
支点から力点までのきょりを変えたときの、手ごたえをかくにんしよう。

教科書 84～90ページ　答え 21ページ

次の(　)にあてはまる言葉を書こう。

1 てこはどのような道具だろうか。 教科書 86ページ

▶てこについて調べた。

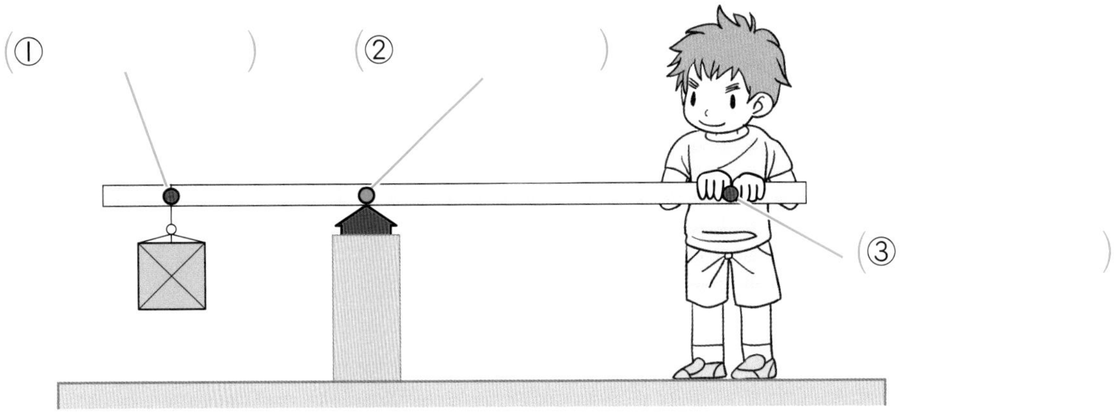

▶棒《ぼう》の１点を支えにして、棒の一部に力を加えてものを動かせるようにした道具を(④　　　　　)という。

▶(④)には、次の３つの点がある。

棒を支えている点…(⑤　　　　　)

棒に力を加えている点…(⑥　　　　　)

ものに力がはたらいている点…(⑦　　　　　)

てこを使うと、楽にものを持ち上げることができるのかな。

2 支点《してん》から力点《りきてん》までのきょりを変えると、力点の手ごたえはどうなるだろうか。 教科書 86～90ページ

▶支点から力点までのきょりを変えて、力点での手ごたえが変わるのかを調べる。

▶支点から力点までのきょりを長くするほど、(①　　　　　)力でものを持ち上げられる。

力点の位置を変えると、手ごたえが変わる。

ここが だいじ!

①てこを支える点を支点、力を加える点を力点、ものに力がはたらいている点を作用点《さようてん》という。

②支点から力点までのきょりを長くするほど小さい力でものを持ち上げられる。

ぴたトリビア　支点から力点までのきょりが短くなると、より大きな力が必要になります。

5. てこのしくみとはたらき

①てこのはたらき①

1 棒《ぼう》を使って重いものを動かします。

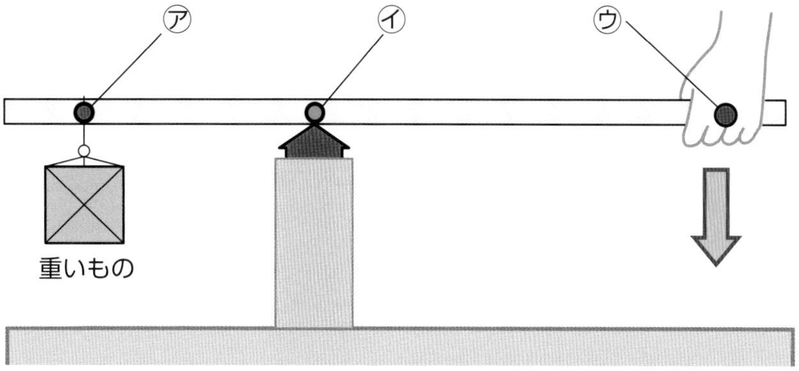

(1) 棒で、重いものを楽に持ち上げたり動かしたりする道具を何といいますか。

(　　　　　)

(2) ㋐～㋒の3つの点をそれぞれ何といいますか。

㋐(　　　　　)
㋑(　　　　　)
㋒(　　　　　)

(3) 棒の㋒を矢印の向きに下げると、重いものはどの向きに動きますか。正しいものに○をつけましょう。

ア(　　)上の方に動く。
イ(　　)下の方に動く。

2 力を加える位置をいろいろと変えて、ものを持ち上げるときの手ごたえを比べます。

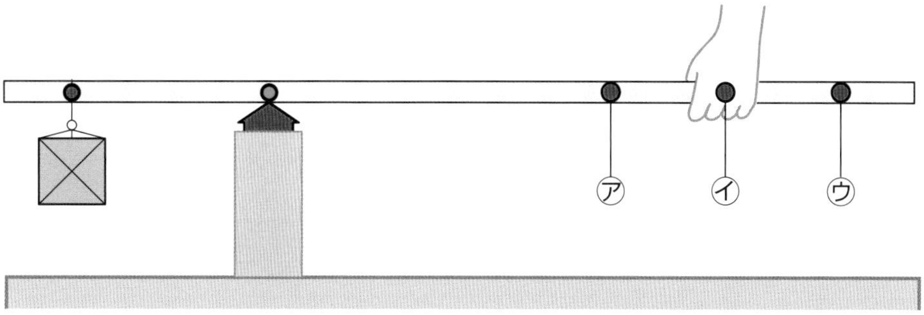

(1) 手で力を加える点を㋑から㋐に移すと、手ごたえはどうなりますか。正しいものに○をつけましょう。

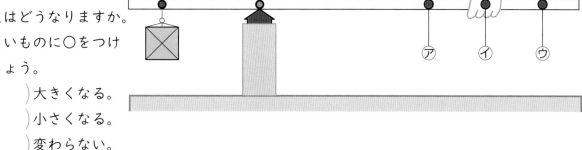

ア(　　)大きくなる。
イ(　　)小さくなる。
ウ(　　)変わらない。

(2) 手で力を加える点を㋑から㋒に移すと、手ごたえはどうなりますか。正しいものに○をつけましょう。

ア(　　)大きくなる。
イ(　　)小さくなる。
ウ(　　)変わらない。

(3) 次の(　　)にあてはまる言葉を書きましょう。

てこでは、支点《してん》から作用点《さようてん》までのきょりが同じときは、支点から(①　　　　　)までのきょりが(②　　　　　)ほど、小さい力でものを持ち上げることができる。

学習日　　月　　日

5. てこのしくみとはたらき

①てこのはたらき②

めあて
支点から作用点までのきょりを変えたときの、手ごたえをかくにんしよう。

教科書 86～91ページ　答え 22ページ

次の(　　)にあてはまる言葉を書くか、あてはまるものを○で囲もう。

1 支点《してん》から作用点《さようてん》までのきょりを変えると、力点《りきてん》の手ごたえはどうなるだろうか。

教科書 86～90ページ

作用点の位置を変える

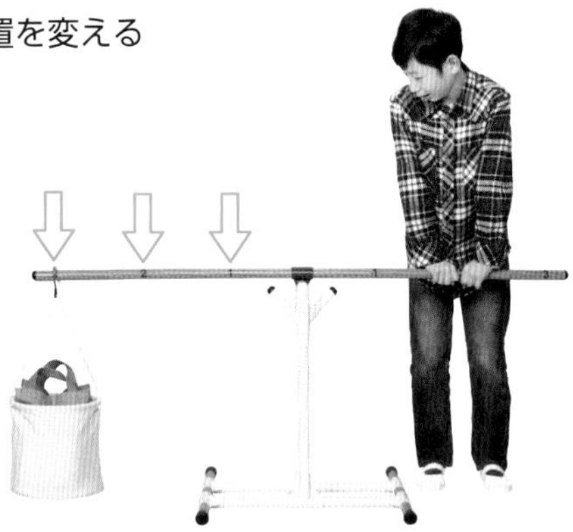

▶支点から作用点までのきょりを長くするほど、ものを持ち上げるのには(①　　　　　　)力が必要である。

作用点の位置を変えると、手ごたえが変わるね。

2 力点に加える力の大きさはどうなるだろうか。

教科書 91ページ

▶力点に加わる力の大きさを、おもりを使って調べる。

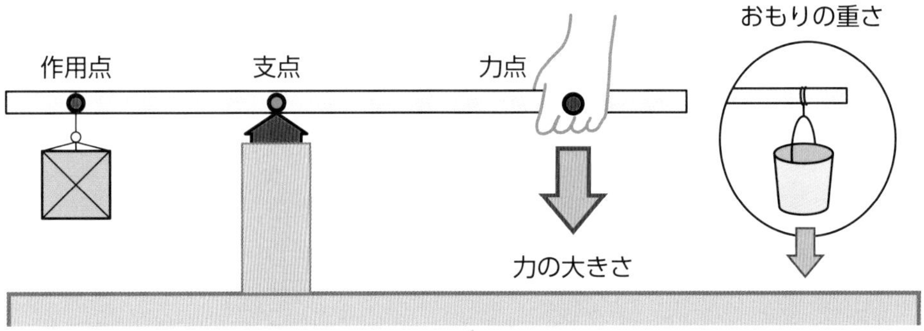

力点に加える力の大きさは、手ごたえだけでは、はっきりと(①　表せる・表せない　)。

▶力点に加える力の大きさは、おもりの(②　　　　　　)で表すことができる。

▶てこがつり合うとき、力点に加わるおもりの重さは、支点から力点までのきょりが(③　　　　　　)なるほど軽くなる。

手で力を加えるのだと、力の大きさがどのくらいなのか、わかりにくいな。

ここが だいじ!
①支点から作用点までのきょりが長いほど、ものを持ち上げるのに大きな力が必要になる。
②力の大きさは、おもりの重さ(単位：g や kg)で表すことができる。

ぴたトリビア　支点から作用点までのきょりを短くするほど、楽にものを持ち上げることができます。

5. てこのしくみとはたらき

①てこのはたらき②

1 おもりをつり下げる位置をいろいろ変えて、ものを持ち上げるときの手ごたえを比べます。

(1) 右の図で、最も手ごたえが小さいのは、おもりを㋐〜㋒のどこにつり下げたときですか。記号で答えましょう。

(　　)

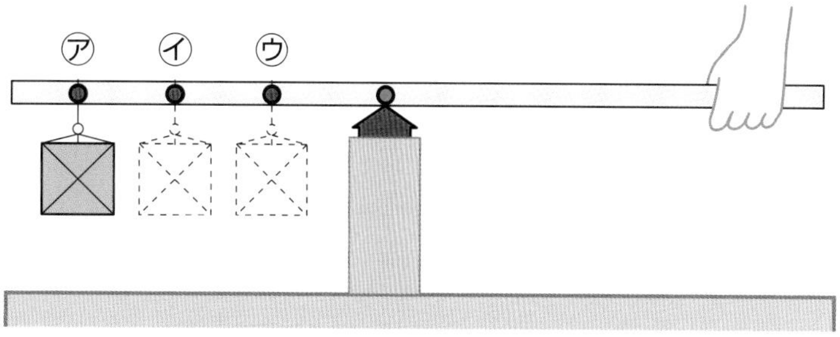

(2) 次の(　　)にあてはまる言葉を書きましょう。

支点《してん》から(①　　　　)までのきょりが(②　　　　)ほど、小さい力でものを持ち上げることができる。

支点の位置が動いてしまうと、正しい結果が得られないよ。実験を始める前に、しっかり固定しておこう。

2 手ごたえでは、力点《りきてん》に加えている力の大きさがはっきりしないので、下の図のように、おもりを使って調べることにします。

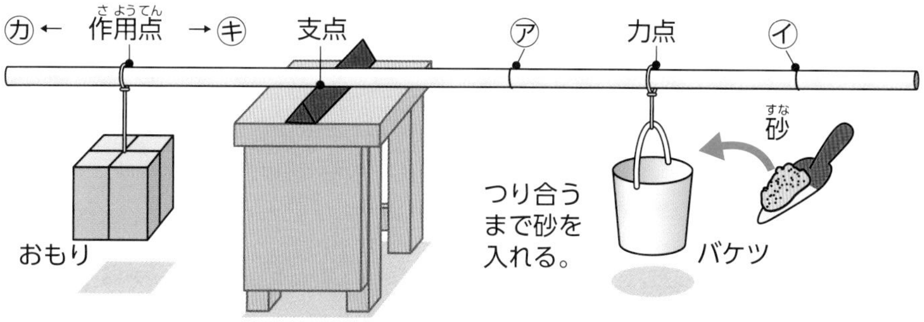

(1) どのようにして力点に加わる力の大きさを調べましたか。上の図を見て、(　　)にあてはまる言葉を書きましょう。

(①　　　　)に、バケツをつるし、棒《ぼう》がつり合うまで、(②　　　　)を入れ、そのときのバケツの重さを体重計ではかって、力点に加わる力の大きさを調べた。

(2) 力点を、㋐、㋑に移して、棒をつり合わせたときのバケツの重さは、図の場合と比べて、重いですか。軽いですか。

㋐(　　　　)

㋑(　　　　)

(3) 棒をつり合わせるとき、バケツをできるだけ軽くするには、作用点の位置を㋕、㋖のどちら向きに移しますか。

(　　　　)

ヒント **2** (2)支点から力点までのきょりが長いほど、力点に加えている力の大きさ(バケツに入れる砂の重さ)は小さくなります。

ぴったり1 準備

5. てこのしくみとはたらき

②てこがつり合うときのきまり

学習日　　月　　日

めあて
てこが水平につり合うときのきまりについてかくにんしよう。

教科書 92~97ページ　答え 23ページ

次の(　)にあてはまる言葉を書くか、あてはまるものを○で囲もう。

1 てこが水平につり合うときのきまりは何なのだろうか。

教科書 92~95ページ

▶てこの両側におもりをつるして調べた。

- てこのうでをかたむけるはたらきは、次のように表すことができる。
  おもりの(①　　　　　)×支点《してん》からの(②　　　　　)
- 左のうでをかたむけるはたらきと(③　　　　　)のうでをかたむけるはたらきが等しくなったとき、てこは水平に(④　　　　　)。
- てこが水平につり合うときのきまりは、次のように表すことができる。

左のうでをかたむけるはたらき		右のうでをかたむけるはたらき
おもりの重さ×支点からのきょり	=	おもりの重さ×支点からのきょり

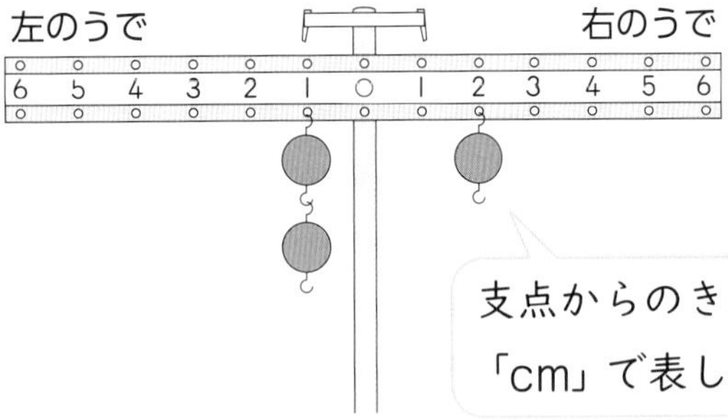

支点からのきょりは長さ「cm」で表してもよい。

つり合うとき、重さときょりの積は、左右のうでで等しくなるよ。

2 てこがつり合わないときはどうなるのだろうか。

教科書 92~95ページ

▶てこがつり合わないときはどのようなときだろうか。

- 左のうでをかたむけるはたらきが、右のうでをかたむけるはたらきよりも大きいとき、てこは水平につり合わず、てこのうでは(①　左・右　)が下にかたむく。
- 右のうでをかたむけるはたらきが、左のうでをかたむけるはたらきよりも大きいとき、てこは水平につり合わず、てこのうでは(②　左・右　)が下にかたむく。

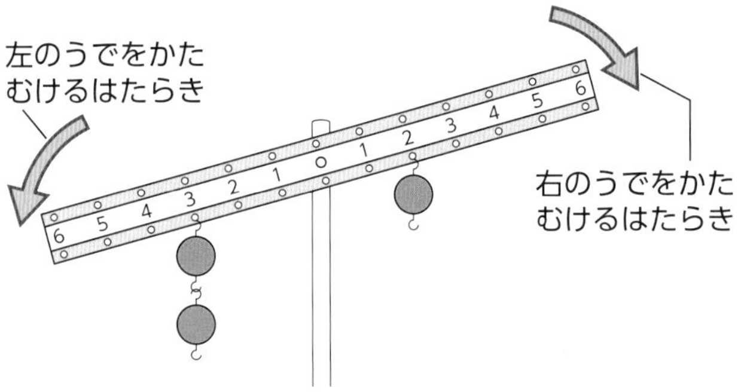

ここがだいじ!
①てこが水平につり合うとき、左右のうでで、うでをかたむけるはたらき(おもりの重さ×支点からのきょり)は等しくなっている。
②つり合わないときは、うでをかたむけるはたらきが大きい方が下にかたむく。

ぴたトリビア　上皿てんびんは、左右のうでの長さが同じなので、左右に同じ重さのものをのせると水平につり合うことを利用して、重さをはかる道具です。

ぴったり2 **練習**

学習日　　月　　日

5. てこのしくみとはたらき

②てこがつり合うときのきまり

教科書　92〜97ページ　　答え　23ページ

1 実験用てこと重さがすべて等しいおもりを使って、てこのつり合いを調べます。

(1) 左のうでの3の位置におもりを3個つるし、右のうでの4の位置におもりを2個つるしたとき、うでをかたむけるはたらきは、左右のうでで、どちらが大きいですか。

（　　　　　）

(2) 左のうでの2の位置におもりを2個つるしました。1個のおもりを、右のうでのどの数字の位置につるせば、てこは水平につり合いますか。

（　　　　　）

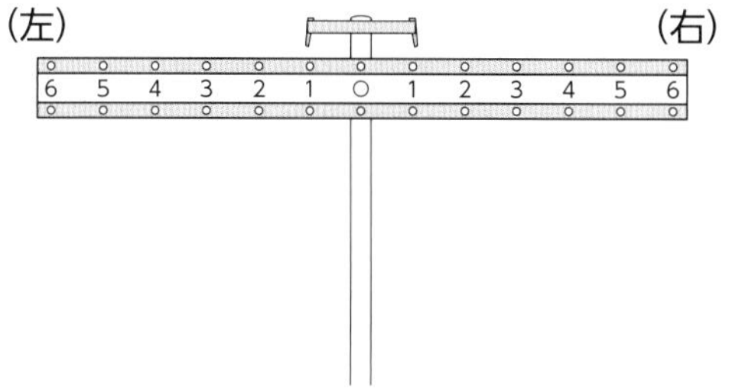

実験用てこ（おもりなしの状態）

2 次の実験用てこのうち、うでが、右が下へかたむくものには「右」を、左が下へかたむくものには「左」を、水平につり合うものには「○」を書きましょう。

①（　　）

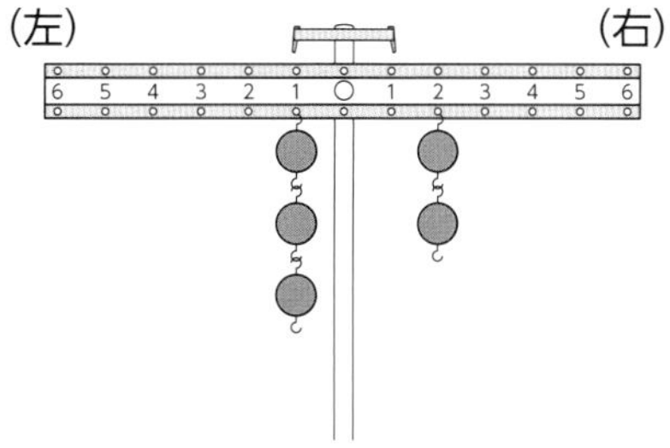

②（　　）

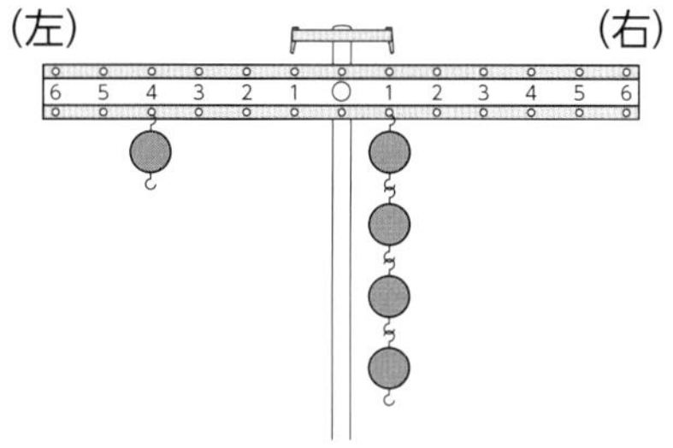

③（　　）

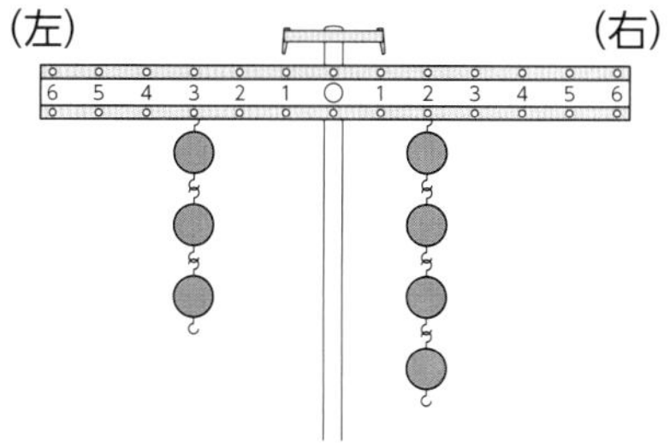

④（　　）

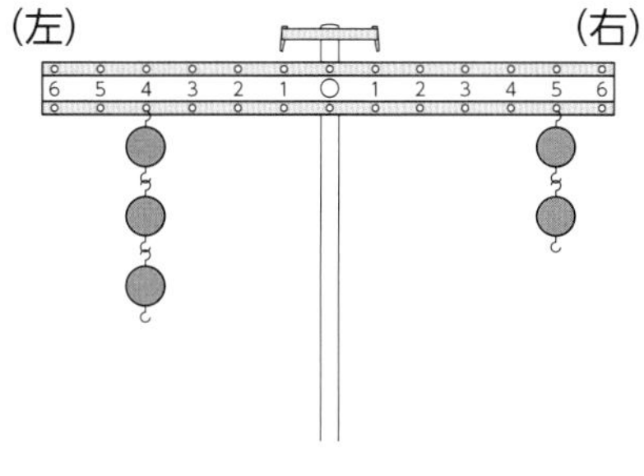

⑤（　　）

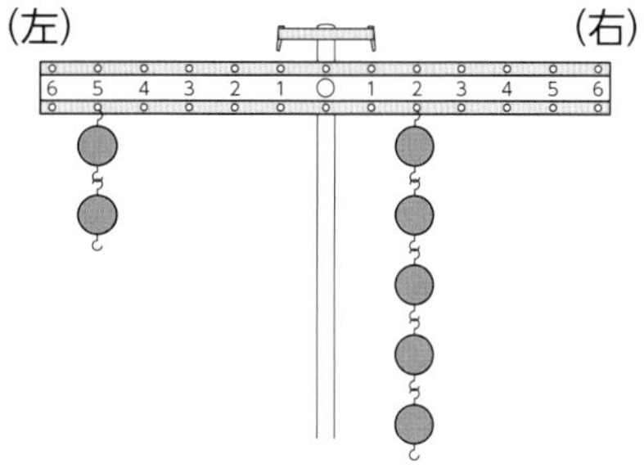

※おもりの重さはすべて等しいものとします。

3 右の図は、重さをはかる道具です。

(1) この道具を何といいますか。（　　　　　）

(2) 片方《かたほう》の皿にはかりたいものを、もう片方の皿に分銅《ふんどう》をのせたら、水平につり合いました。ものの重さと分銅の重さについて、どのようなことがいえますか。

（　　　　　）

ヒント　3 (1)ものをのせる皿がうでの上についているのが特ちょうです。

5. てこのしくみとはたらき

③てこの利用

学習日　　月　　日

めあて
てこのしくみを使っている道具について、かくにんしよう。

教科書 98〜103ページ　答え 24ページ

次の（　）にあてはまる言葉を書こう。

1 てこのしくみを使っている道具にはどんなものがあるだろうか。 教科書 98〜101ページ

▶支点《してん》が、力点《りきてん》と作用点《さようてん》の間にあるてこ

くぎぬき　（③　　　）

（①　　　）

（②　　　）

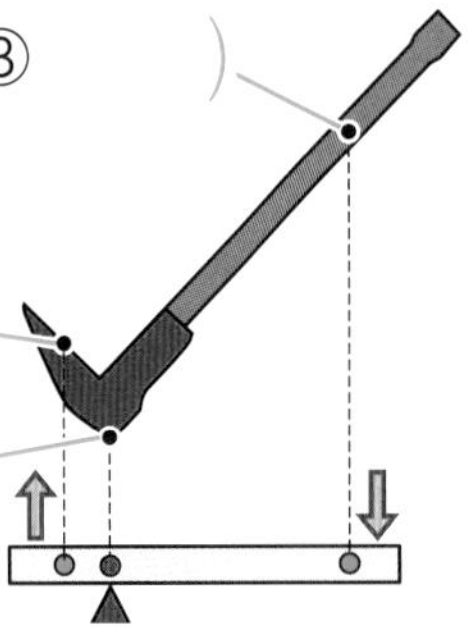

ほかの例：ペンチ、洋ばさみ

支点から力点までのきょりが、支点から作用点までのきょりより（④　　　）ので、作用点により（⑤　　　）力がはたらく。

▶作用点が、支点と力点の間にあるてこ

穴あけパンチ　（⑧　　　）

（⑦　　　）

（⑥　　　）

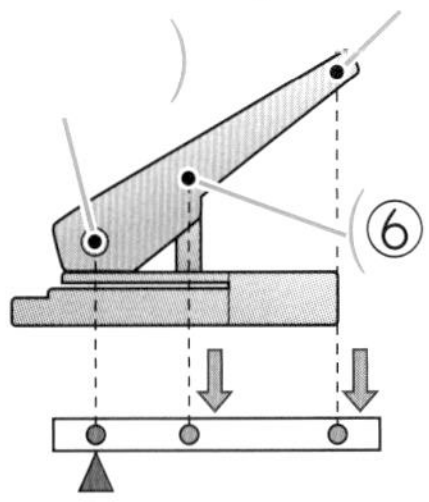

ほかの例：空きかんつぶし器、せんぬき

支点から力点までのきょりが、支点から作用点までのきょりより（⑨　　　）ので、作用点により（⑩　　　）力がはたらく。

▶力点が、支点と作用点の間にあるてこ

ピンセット　（⑫　　　）（⑬　　　）

（⑪　　　）

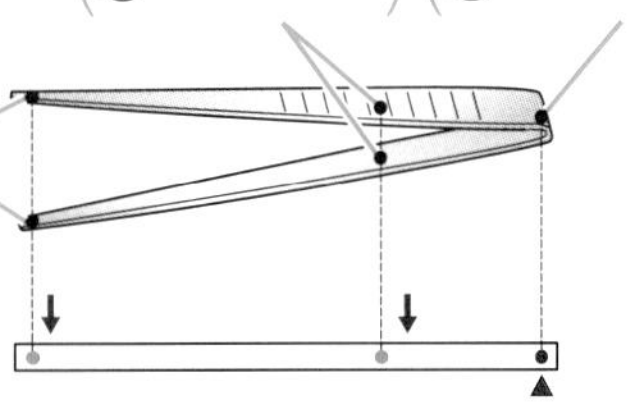

ほかの例：和ばさみ

支点から力点までのきょりが、支点から作用点までのきょりより（⑭　　　）ので、作用点により（⑮　　　）力がはたらく。

▶輪じく

ドアノブ

（⑰　　　）

（⑯　　　）　（⑱　　　）

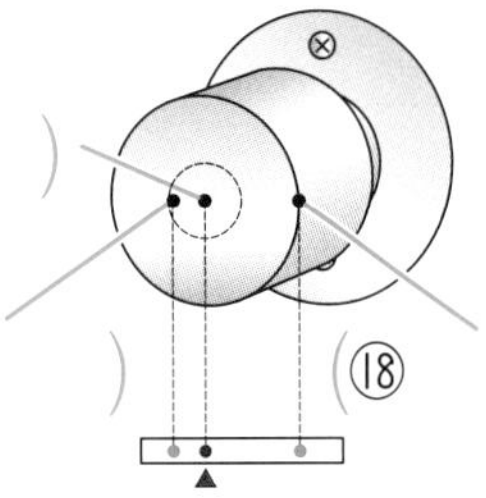

ほかの例：ドライバー、じゃ口のハンドル

大きい輪と小さい輪でできている。力点に力を加えると、作用点により（⑲　　　）力がはたらく。

・輪じくは、輪の中心が支点、大きい輪が力点、小さい輪が作用点にあたる。

ここがだいじ！

①力を加えるところが力点、力がはたらくところが作用点、動かないところが支点である。

②てこを利用した道具の力点、作用点、支点の場所はさまざまである。

ぴたトリビア　てこのしくみを利用すると、そのままでは動かすことができない重いものも、人の力で動かすことができます。

ぴったり2
練習

5. てこのしくみとはたらき

③てこの利用

学習日　　月　　日

教科書　98〜103ページ　答え　24ページ

1 てこを利用した道具について調べます。

(1) 右の図のような洋ばさみは、てこを利用した道具の1つです。

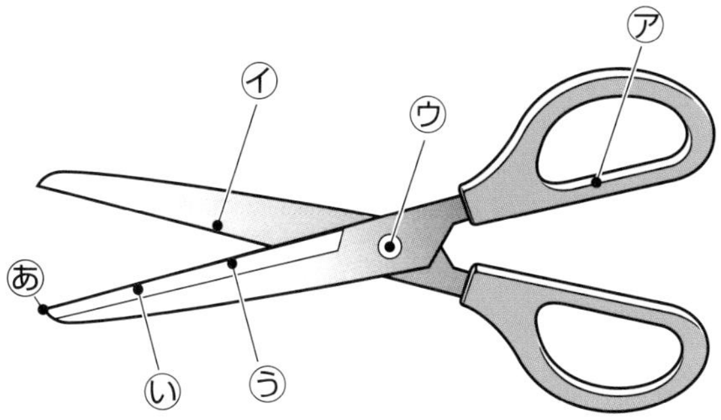

洋ばさみは支点・力点・作用点の位置が棒《ぼう》のてこと似ている。

①次のア〜ウの部分は、力点《りきてん》、支点《してん》、作用点《さようてん》のどの部分にあたりますか。

㋐にぎる部分　（　　　　）

㋑切る部分　（　　　　）

㋒真ん中のじくの部分　（　　　　）

②厚い紙を切るとき、あ〜うのどこで切ると、いちばん楽に切ることができますか。記号で答えましょう。　（　　　　）

(2) 右の図のようなじゃ口のハンドルも、てこを利用した道具の1つです。ア〜ウのうち、支点、力点、作用点はそれぞれどこですか。記号で答えましょう。

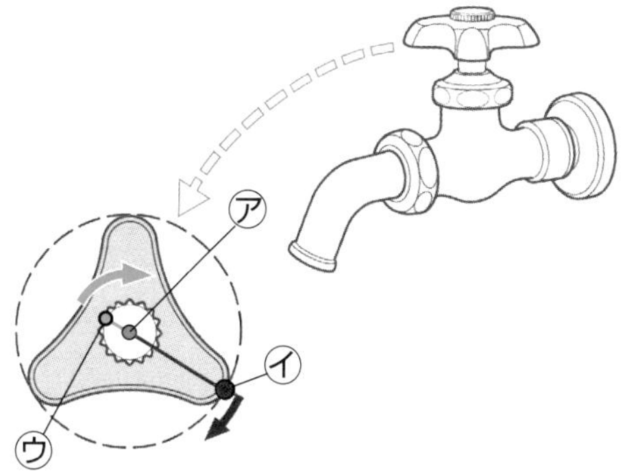

支点（　　　）

力点（　　　）

作用点（　　　）

2 次の文で、正しいものには○、まちがっているものには×をつけましょう。

①（　　）支点から力点までのきょりが、支点から作用点までのきょりより長い洋ばさみは、作用点により大きな力がはたらく。

②（　　）支点と力点の間に作用点がある空きかんつぶし器は、支点から力点までのきょりが、支点から作用点までのきょりより長いので、作用点により小さな力がはたらく。

③（　　）支点と作用点の間に力点があるピンセットは、支点から力点までのきょりが、支点から作用点までのきょりより短いので、作用点ではより大きな力がはたらく。

④（　　）穴あけパンチは、力点が、支点と作用点の間にある。

⑤（　　）和ばさみは、作用点が、支点と力点の間にある。

⑥（　　）ペンチは、支点が、力点と作用点の間にある。

ヒント　1 (2)じゃ口のハンドルは大きい輪と小さい輪でできていて、輪じくとなっています。動かない支点はどこでしょうか。

5. てこのしくみとはたらき

時間 30 分
／100
合格 70 点

教科書 84～103ページ　答え 25ページ

よく出る

1 力を加える位置やおもりをつるす位置を変えて、おもりを持ち上げるときの手ごたえを比べます。

各8点(32点)

(1) (あ)の図で、最も手ごたえが小さいのは、㋐～㋒のどの点に力を加えたときですか。記号で答えましょう。

(　　　　　)

(2) (あ)の図のように、支点から作用点までのきょりを変えないとき、より小さい力でおもりを持ち上げることができるのは、支点から力点までのきょりが、長いときですか、短いときですか。

(　　　　　)

(3) (い)の図で、最も手ごたえが小さいのは、おもりを㋐～㋒のどの点につるしたときですか。記号で答えましょう。(　　　　　)

(4) (い)の図のように、支点から力点までのきょりを変えないとき、より小さい力でおもりを持ち上げることができるのは、支点から作用点までのきょりが、長いときですか、短いときですか。(　　　　　)

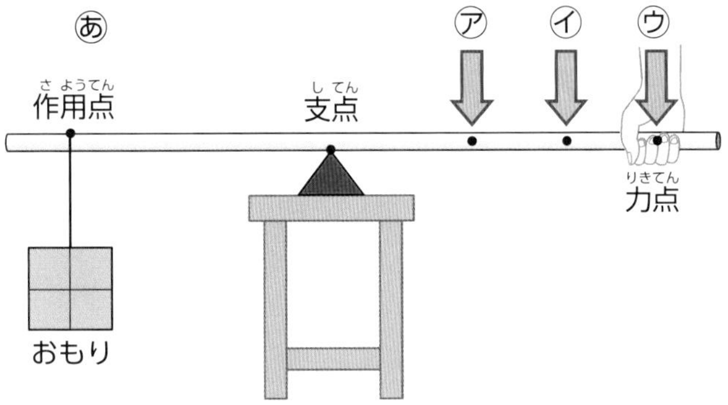
(あ)
㋐
㋑
㋒
作用点《さようてん》
支点《してん》
力点《りきてん》
おもり

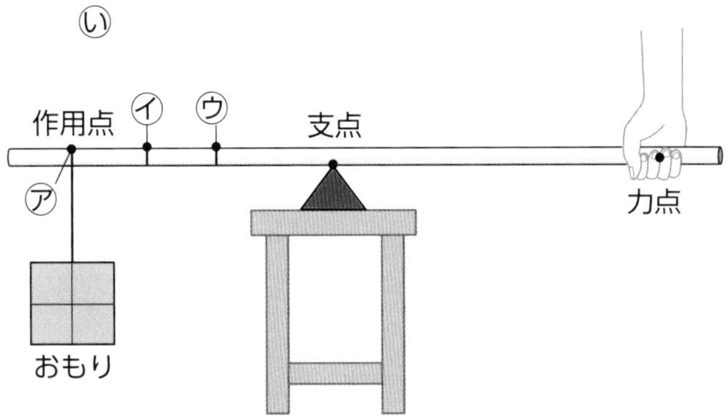
(い)
作用点
㋑
㋒
支点
㋐
力点
おもり

よく出る

2 下の実験用てこのうち、水平につり合うものには「○」、左が下へかたむくものには「左」、右が下へかたむくものには「右」と書きましょう。

各5点(10点)

(1)(　　)　　(2)(　　)

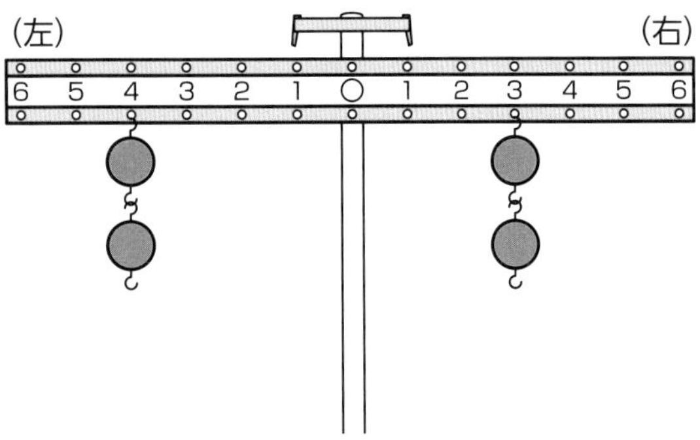
(左)
(右)
6 5 4 3 2 1 ○ 1 2 3 4 5 6

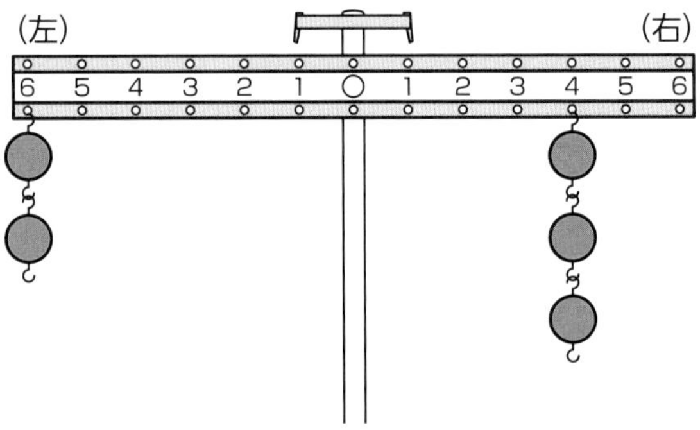
(左)
(右)
6 5 4 3 2 1 ○ 1 2 3 4 5 6

※おもりの重さはすべて等しいものとします。

3 右の図のように、バケツに砂《すな》を入れて棒《ぼう》を水平にし、力点に加える力の大きさを調べました。

技能　各6点(30点)

(1) このとき、㋐の点は、何を表していますか。

（　　　　）

(2) 砂を入れたバケツの重さは、力点に加わる力の大きさと考えてよいですか。

（　　　　）

(3) バケツに入れる砂を多くすると、力点に加わる力はどうなりますか。（　　　　）

(4) (2)のことから、力点に加わる力の大きさはどのような単位ではかれますか。正しいものに○をつけましょう。

ア（　　）cm や m

イ（　　）g や kg

ウ（　　）%

(5) 支点から力点までのきょりを長くして、棒を水平にするには、バケツに入れる砂の量は増やしますか、減らしますか。

（　　　　）

できたらスゴイ!

4 てこを利用した道具について調べます。

思考・表現

各7点、(3)は全部できて7点(28点)

(1) 右の上の図のくぎぬきで、㋐、㋑のうち、支点はどちらですか。記号で答えましょう。

（　　　　）

(2) 右の上の図のくぎぬきで、最も小さい力でくぎをぬくには、あ～うのうち、どの部分に力を加えればよいですか。

（　　　　）

(3) 右の下の図の空きかんつぶし器で、㋒～㋔のうち、支点と作用点はそれぞれどこですか。記号で答えましょう。

支点（　　　　）

作用点（　　　　）

(4) 右の下の図の空きかんつぶし器で、㋓ではたらく力は㋒に加わる力より大きいですか、小さいですか。

（　　　　）

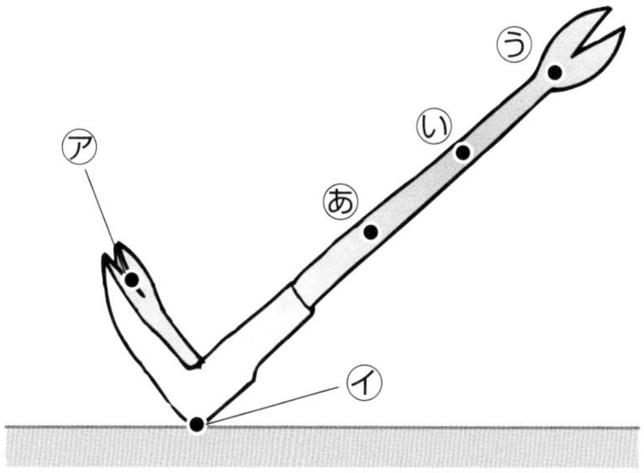

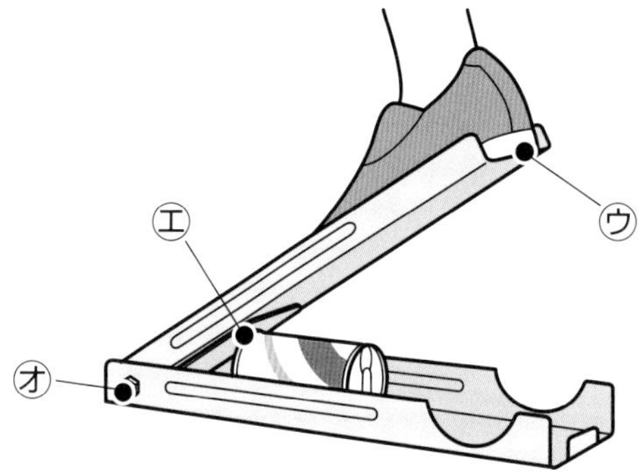

6. 月の形と太陽

①月の形とその変化

めあて
月の形の変化と太陽との関係についてかくにんしよう。

教科書 104〜109ページ　答え 26ページ

次の（　）にあてはまる言葉を書くか、あてはまるものを○で囲もう。

1 月の形と、そのときの太陽の位置はどうなっているだろうか。

教科書 106〜109ページ

▶太陽がしずむころの月の方位や高さを観察して記録する。

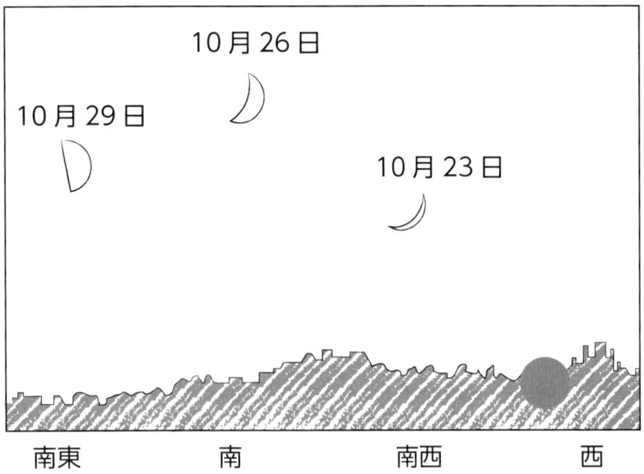

うでをのばして、にぎりこぶしひとつ分を見たときの角度は約（①　10・20　）度（°）である。これを使って高さを調べる。

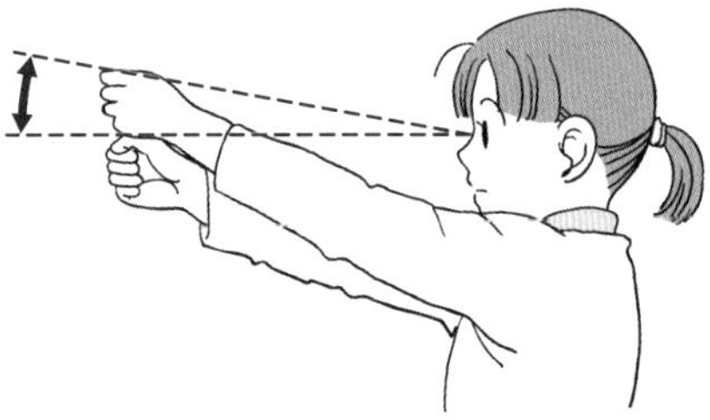

▶必ず同じ場所と（②　　　　）で観察する。

▶方位磁針《じしん》で観察する（③　　　　）を調べる。

▶太陽を見るときは必ず（④　　　　）を使う。

2 月の形の変化と太陽との関係はどうなっているだろうか。

教科書 106〜109ページ

▶月の形は日がたつにつれて変化する。

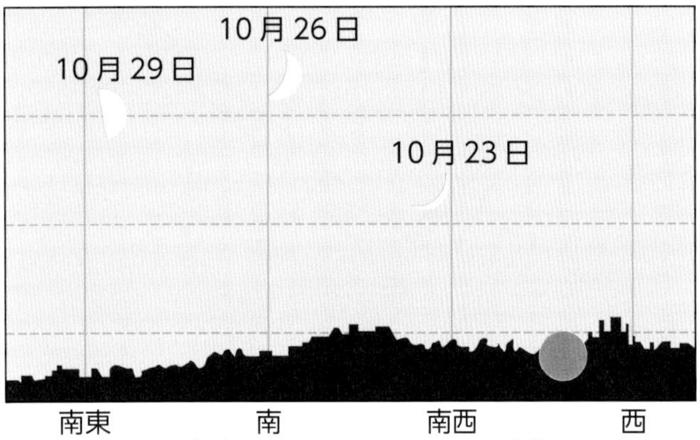

夕方見える月の、日による変化

▶月は、日によって（①　　　　）形をしている。

▶月のかがやいている側は（②　　　　）の方向を向いている。

▶夕方見える月の形はしだいに明るい部分が（③　　　　）いき、その位置は（④　　　　）へと変化していく。

▶月は、１日の間で（⑤　　　　）からのぼって、（⑥　　　　）にしずむ。

夕方見える月は、同じ時刻に見るとしだいに太陽からはなれていくよ。

ここがだいじ！
①夕方見える月の位置は、日がたつと東へ移動し、明るく見える部分が増えていく。
②月のかがやいている側は、太陽の方向を向いている。

ぴたトリビア　月は太陽の光を受けてかがやいているため、月のかがやいている側に太陽があります。

ぴったり2
練習

6. 月の形と太陽
①月の形とその変化

学習日 月 日

教科書 104～109ページ　答え 26ページ

1 夕方見える月の形の見え方と、太陽の位置関係を観察します。

(1) 太陽を見るときは、何という道具を使いますか。

（　　　　　　）

(2) 月と太陽との位置の関係を記録するときの方法として、まちがっているものに×をつけましょう。

ア（　　）月と太陽だけをできる限り大きく記録する。
イ（　　）必ず同じ場所と時刻で観察して、記録する。
ウ（　　）月の形や、かたむきに注意して記録する。
エ（　　）周りの景色といっしょに記録する。
オ（　　）方位磁針《じしん》を使って、観察する方位を記録する。

(3) 月や太陽の高さを調べる方法として、にぎりこぶしで調べる方法があります。

① にぎりこぶしひとつ分の角度は、およそ何度になりますか。

（　　　　　　）

② 月がにぎりこぶし3つ分の角度のところにありました。月の高さは、およそ何度ですか。

（　　　　　　）

2 夕方見える月の形の見え方と、太陽の位置関係を観察します。

(1) 夕方の月は、日がたつにつれて、東と西のうち、どちらの方向に動いていますか。

（　　　　　　）

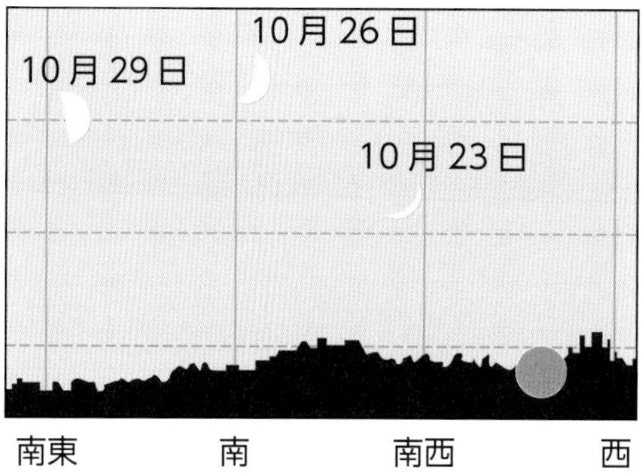

夕方見える月の、日による変化

(2) 月のかがやいている側は、何がある方向を向いていますか。

（　　　　　　）

(3) 次の文は、月について書いたものです。正しいものに○をつけましょう。

ア（　　）月は、1日の間で太陽と同じように、東からのぼり、西にしずむ。
イ（　　）月は、1日の間で太陽と反対に、西からのぼり、東にしずむ。
ウ（　　）月は、1日の間で東からのぼり西にしずむときもあれば、西からのぼり東にしずむときもある。
エ（　　）月は、いつも同じ場所に見え、形だけが変わる。
オ（　　）月は、見える場所は変わるが、形は変わらない。

6. 月の形と太陽

②月の形の変化と太陽

めあて
月の形や表面のようす、見かけの月の形が日によって変わるわけをかくにんしよう。

教科書 110〜119ページ　答え 27ページ

次の(　　)にあてはまる言葉を書くか、あてはまるものを○で囲もう。

1 月の表面のようすや形はどうなっているだろうか。　教科書 110〜112ページ

▶月の表面を観察する。

- 月は、ボールのような(①　　　　)形をしている。
- 月の表面は(②　　　　　　　)でできている。
- 月の表面には(③　　　　　　　　　　　)とよばれる丸いくぼ地がある。
- 月は自らは(④　　　　)を出さず、(⑤　　　　　)の光を反射《はんしゃ》してかがやいている。

月の表面はそう眼鏡や望遠鏡で観察しよう。

2 ボールを使って、月の形が変わって見えるわけを調べるとどうなるだろうか。　教科書 114〜118ページ

▶人の周りでボールを持ってみて、月の形がどうなるか見てみよう。

- 月の形が日によって変わって見えるのは、(①　　　　)と月との位置関係が変化し、(①)の光を反射している部分の見え方が、変わるからである。
- 月はおよそ(②　1・2　)か月で、見える形が元にもどる。

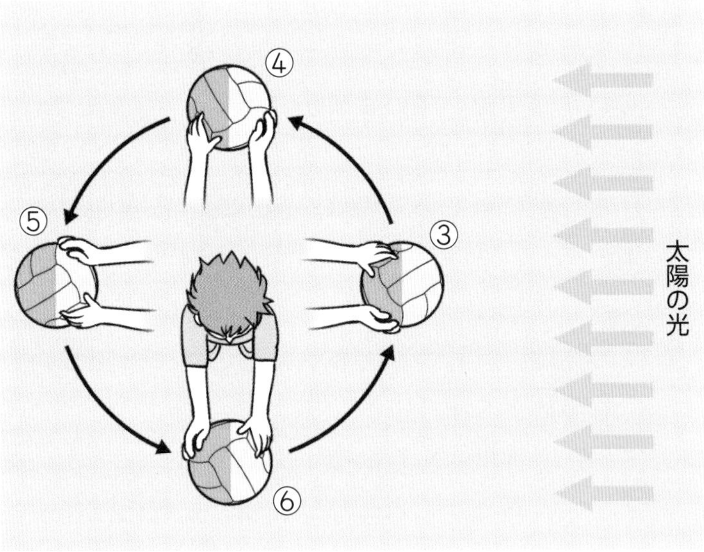

③〜⑥の月の名前を書いてみよう。
(③　　　　　　　)
(④　　　　　　　)
(⑤　　　　　　　)
(⑥　　　　　　　)

ここが、だいじ！
①月は球形をしている。
②月の表面は岩石でできており、自らは光を出さず、太陽の光を反射している。
③見かけの月の形が変わるのは、太陽と月の位置関係が変化するからである。

ぴたトリビア 月の表面には、「クレーター」とよばれる丸いくぼ地が多く見られます。大きいものでは、直径500 km以上もあり、石や岩などが月にぶつかってできたと考えられています。

学習日　月　日

6. 月の形と太陽

②月の形の変化と太陽

教科書 110〜119ページ　答え 27ページ

1 太陽や月の表面の観察をしました。

(1) 太陽の観察をするとき、目を痛(いた)めないために必要な道具は何ですか。

(　　　　)

(2) 月の観察をするとき、必要な道具は何ですか。2つ書きましょう。

(　　　　)
(　　　　)

(3) 月は、どのような形をしていますか。

(　　　　)

(4) 月の表面には、㋐のような丸いくぼ地が見られました。このくぼ地は、何とよばれていますか。

(　　　　)

(5) 月の表面で、㋑の部分のように明るい部分は、何の光が当たって明るくなっていますか。

(　　　　)

2 月の形がどのように変わって見えるか、図のようにボールを月に見立てて調べました。

(1) 図のAは、何の位置にあたりますか。

(　　　　)

(2) Aの位置から㋐〜㋔のボールを見ると、どのように見えますか。それぞれ、図の◌にかがやいて見える部分をぬりましょう。

(3) 次の(　　)にあてはまる言葉を書きましょう。

太陽の光を(①　　　　)している部分の見え方が変化するので、見かけの月の(②　　　　)は日によって変わると考えられる。

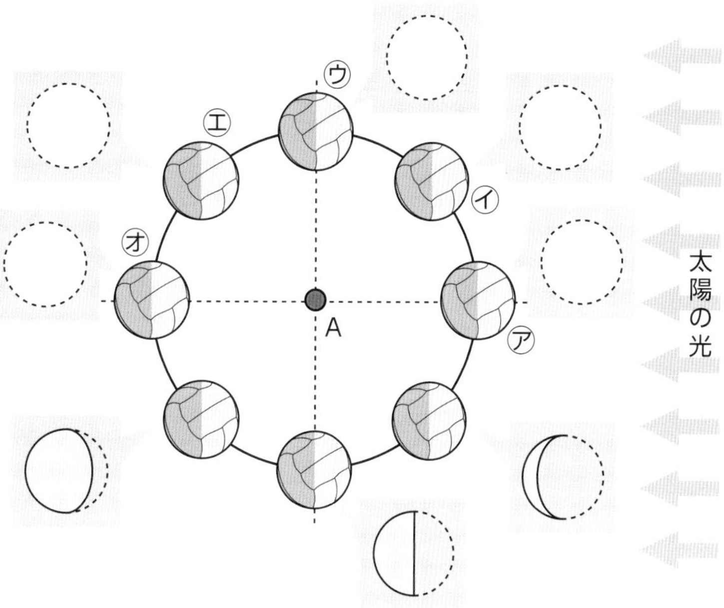

ぴったり3

確かめのテスト

6. 月の形と太陽

時間 30 分

／100

合格 70 点

教科書 104～119ページ　答え 28ページ

1 次の文を、月に関するものと太陽に関するものに分けましょう。　各3点(6点)

①表面に、クレーターとよばれる丸いくぼ地がたくさん見られる。

②自らは光を出さないが、光を反射《はんしゃ》してかがやいている。

③観察するときは、直接見ないで、しゃ光板を使って見なければいけない。

月(　　　　)　太陽(　　　　)

よく出る

2 次の図は、太陽と、地球上で観察する人、月の位置関係を表しています。㋐～㋗の月の見え方を、下のあ～くからそれぞれ選びましょう。　各3点(24点)

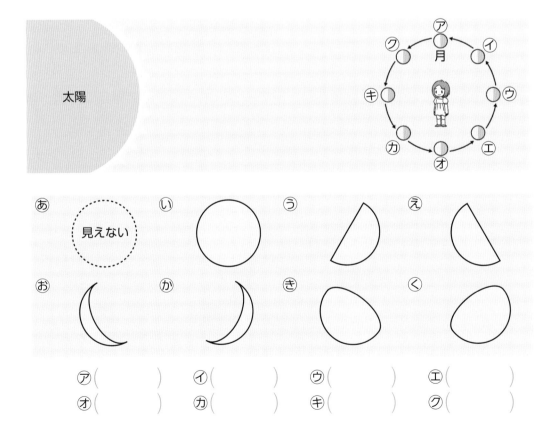

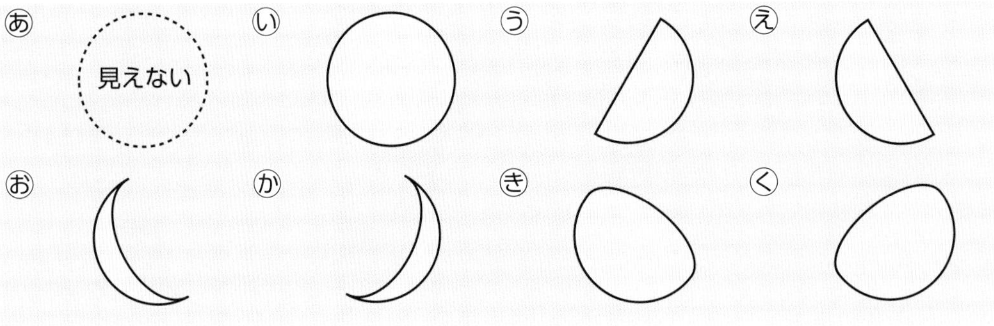

㋐(　　　)　㋑(　　　)　㋒(　　　)　㋓(　　　)

㋔(　　　)　㋕(　　　)　㋖(　　　)　㋗(　　　)

3 月の表面のようすの観察や、月の見え方が変わるようすを調べるための実験を行います。

技能　各6点、(1)、(2)①は全部できて6点(30点)

(1) 見かけの月の形が日によって変わる理由を調べるために、実験を行いました。このときに必要な道具を2つ選んで、記号で答えましょう。

(　　　)(　　　)

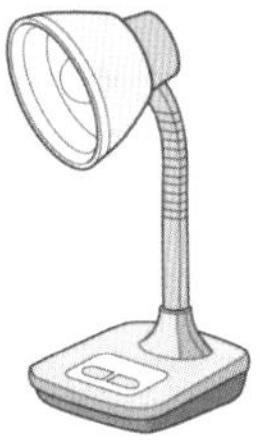
㋐電灯(光源《こうげん》)

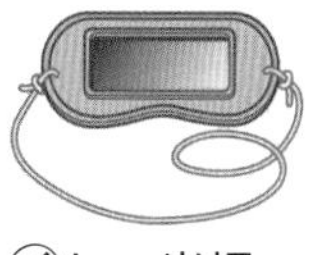
㋑しゃ光板

㋒方位磁針《じしん》

㋓そう眼鏡

㋔ボール

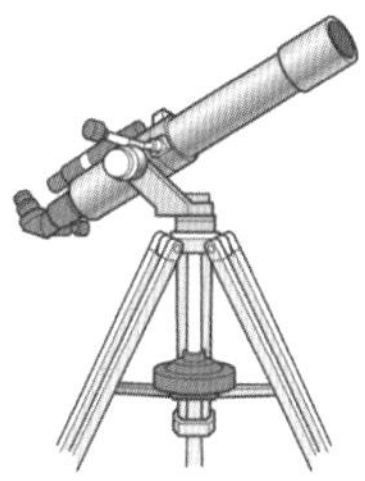
㋕望遠鏡

(2) 月の位置や表面のようすを観察します。次の問いに答えましょう。

①このときに必要な道具を3つ選んで、記号で答えましょう。

(　　　)(　　　)(　　　)

②観察について、正しいことには○、まちがっていることには×をつけましょう。

㋐(　　)夜の観察を行うときは、子どもだけのグループで行う。

㋑(　　)月の位置を観察するときは、必ず同じ場所や同じ時刻《じこく》で、観察を行う。

㋒(　　)月の位置を記録するときは、周りの景色《けしき》や方位も記録する。

4 月と太陽の位置関係について観察します。

思考・表現

各10点(40点)

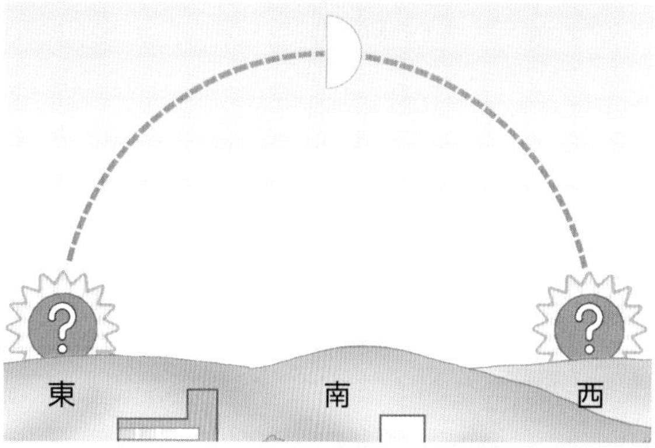

(1) 図のように、右半分の半月が見られるのは、午前と午後のどちらですか。

(　　　)

(2) 左半分の半月が見られるのは、午前と午後のどちらですか。

(　　　)

(3) 記述 (1)の理由を、「そのとき太陽がどちら側にあるか」をもとに、説明しましょう。

(　　　　　　　　　　)

(4) 月がかがやいて見えるのは、何の光を反射《はんしゃ》しているからですか。

(　　　)

ふりかえり 2がわからないときは、52ページの2にもどってかくにんしましょう。

7. 大地のつくりと変化

①しま模様に見えるわけ

学習日　　月　　日

めあて
地層がしま模様に見えるわけや、化石についてかくにんしよう。

教科書 120〜128ページ　答え 29ページ

次の(　)にあてはまる言葉を書こう。

1 なぜしま模様《もよう》に見えるのだろうか。

教科書 122〜124ページ

▶地面の下のしま模様を観察する。

▶がけに見られるしま模様は、れき、砂《すな》、(①　　　　　)、火山灰《かざんばい》がそれぞれ層になってできている。

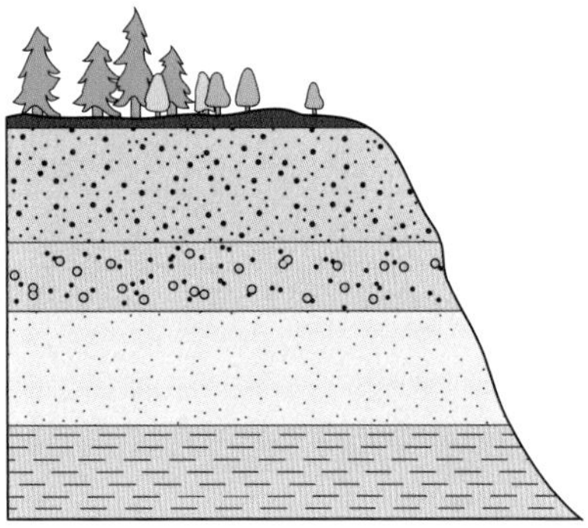

▶このような層の重なりを、(②　　　　　)といい、横にもおくにも広がっている。

▶しま模様に見えるのは、それぞれの層をつくっているれきや砂などのつぶの(③　　　　　)や(④　　　　　)がちがうからである。

▶れき、砂、(　①　)は、(⑤　　　　　)の大きさで区別される。

・れき

直径(⑥　　　)mm 以上

・砂

直径 2 mm 〜 (⑦　　　)mm

・どろ

直径(⑧　　　)mm 以下

2 どのような化石《かせき》があるだろうか。

教科書 126〜127ページ

▶地層《ちそう》には化石がふくまれていることがある。

▶化石は、大昔の(①　　　　　)の体や、それらが(②　　　　　)していたあとが大地にうもれてできたものである。

・木の葉の化石

・貝の化石

大昔の生物のようすがわかるなんてすごいね。

ここがだいじ！
①地層は、れき、砂、どろや火山灰がそれぞれ層になり積み重なったものである。
②しま模様に見えるのは、各層をつくるつぶの色や大きさがちがうからである。

ぴたトリビア　化石には、例えば花粉の化石のように、けんび鏡で見ないとわからない小さな化石もあります。

ぴったり2

練習

7. 大地のつくりと変化

①しま模様に見えるわけ

学習日　　月　　日

教科書 120〜128ページ　答え 29ページ

1 がけで、図のようなしま模様になっているところを観察します。

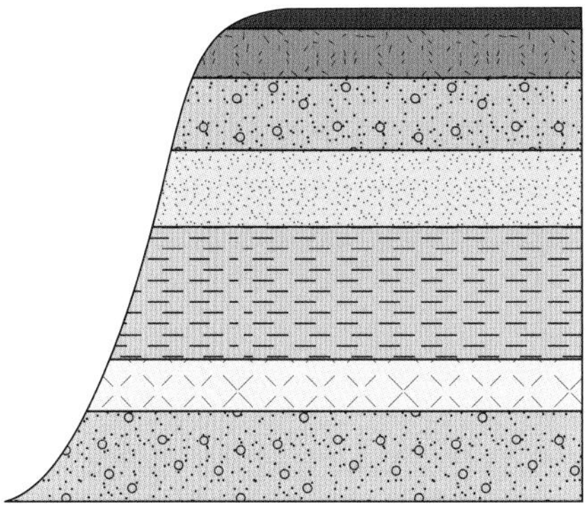

(1) 図のようなしま模様を何といいますか。

(　　　　)

(2) しま模様は、主にどのようなものでつくられていますか。
4つ書きましょう。

(　　　　)
(　　　　)
(　　　　)
(　　　　)

(3) しま模様に見えるのは、層によって何がちがうためですか。正しいもの1つに○をつけましょう。

ア(　　)つぶのかたさがちがうため。
イ(　　)つぶの色や大きさがちがうため。
ウ(　　)つぶの形がちがうため。
エ(　　)つぶの数がちがうため。

(4) しま模様のそれぞれの層について、正しいものには○、まちがっているものには×をつけましょう。

①(　　)それぞれの層の厚さはみな同じである。
②(　　)それぞれの層は、色にちがいがある。
③(　　)それぞれの層のつぶは、みな同じ大きさである。
④(　　)目に見える面だけではなく、おくの方まで層は続いている。

2 化石《かせき》について調べます。

(1) 化石とは、何が大地にうもれることによって、できたものですか。

(　　　　)

(2) 下の図は、それぞれ何の化石ですか。名前を書きましょう。

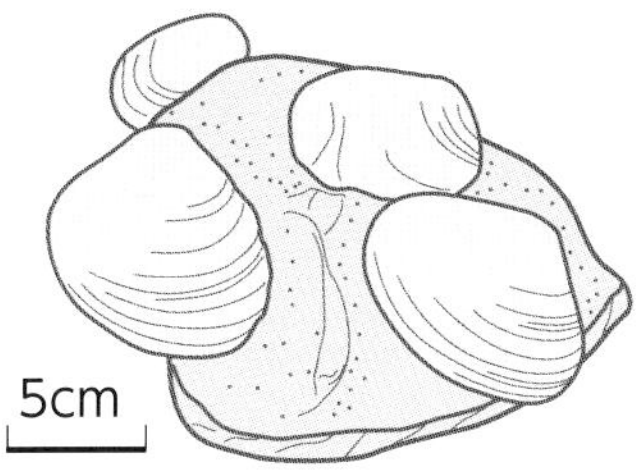

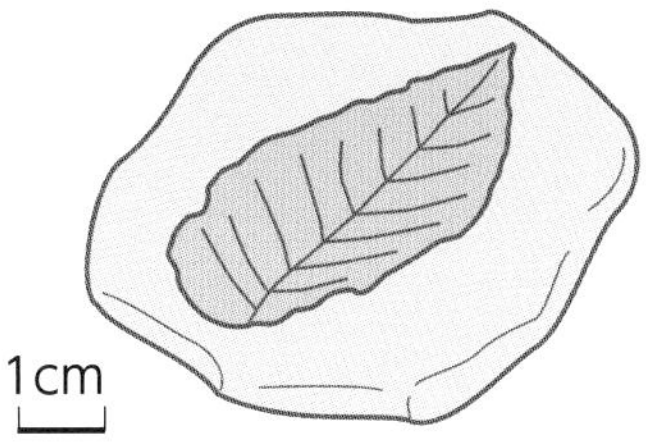

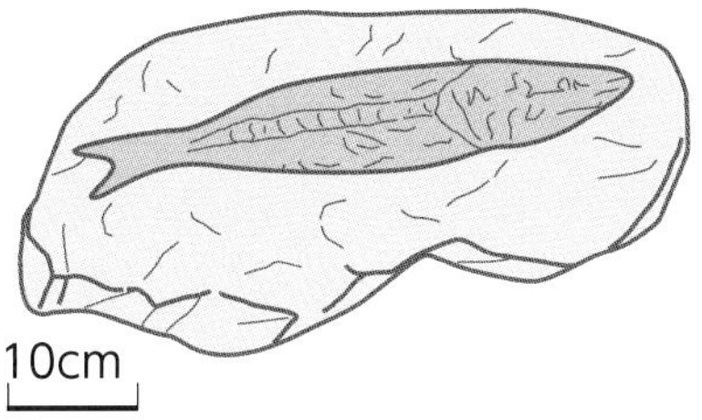

①(　　　　)の化石　②(　　　　)の化石　③(　　　　)の化石

ヒント ❶ (2)火山の噴火《ふんか》によってふき出した直径2mm以下のつぶである火山灰が、積み重なってできたものも忘《わす》れないようにします。

ぴったり1
準備

7. 大地のつくりと変化
②地層のでき方①

学習日　月　日

めあて
砂とどろでは、砂の方が下にたい積することをかくにんしよう。

教科書 129〜132ページ　答え 30ページ

次の(　)にあてはまる言葉を書こう。

1 砂《すな》やどろは、水中でどのようにたい積するだろうか。

教科書 129〜131ページ

▶砂とどろをふくむ土に水を入れて混ぜたものを容器に注ぐ。

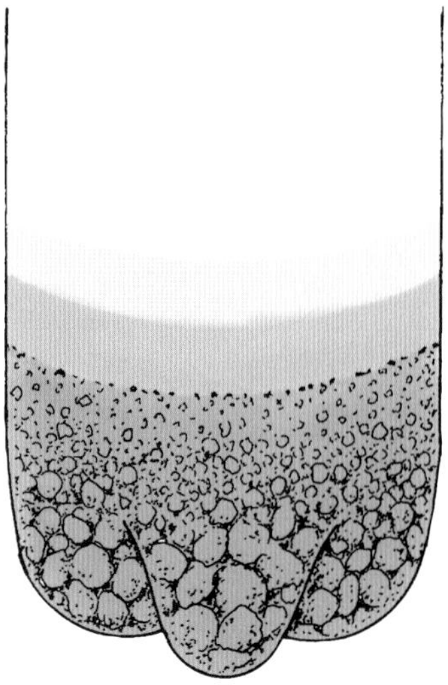

砂とどろをふくむ土に水を入れて混ぜたものを、容器に注ぎ、静かに置いておくと、下から(①　　　　)、(②　　　　)の順にたい積した。

▶何回も同じものを注ぐと、(①)と(②)の層が順に積み重なっていく。

▶砂とどろをふくむ土は、つぶの(③　　　　)のちがいから、それぞれ分かれて層になってたい積する。

2 水のはたらきでできた地層《ちそう》は、どのようにできただろうか。

教科書 130〜132ページ

▶水のはたらきで地層ができるまでをまとめる。

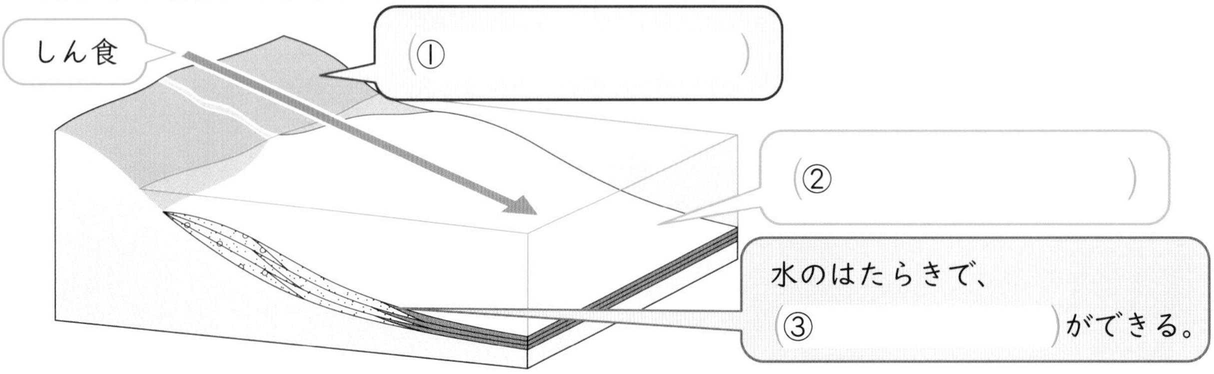

▶水のはたらきで運ぱんされたれきは、角がとれて(④　　　　)を帯びている。

れき岩《がん》　砂《さ》岩《がん》　でい岩《がん》

▶地層をつくっているものの中には、長い間、上にたい積したものの重みでおし固められて、かたい(⑤　　　　)になっているものがある。

ここがだいじ!
①水のはたらきでできた地層は、れき、砂、どろなどが層になって重なっている。
②水のはたらきでできた地層の中のれきは、角がとれ、丸みを帯びている。

ぴたトリビア　れき岩のつぶの大きさは直径2mm以上、砂岩のつぶの大きさは直径2mm〜0.06mm、でい岩のつぶの大きさは直径0.06mm以下です。

1 図は、れき、砂《すな》、どろが海の底に積み重なって地《ち》層《そう》をつくるようすを表したものです。

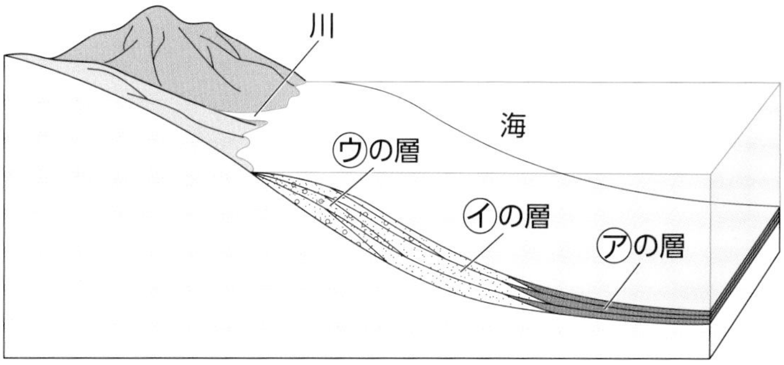

(1) 地層のでき方について、次の文の（　）にあてはまる言葉を書きましょう。

　川の水によって運ばれたれき、砂、どろは、つぶの（　　　　）によって分けられて、海や湖の底に積み重なる。

(2) れき、砂、どろが海や湖の底に積み重なることを何といいますか。（　　　　）

(3) ㋐の層は、主に直径が 0.06 mm 以下のつぶでできた層で、㋑の層は直径 2 mm ～ 0.06 mm のつぶでできた層でした。㋐の層をつくっているつぶは何ですか。正しいものに○をつけましょう。

ア（　）れき
イ（　）砂
ウ（　）どろ

(4) ㋒の層をつくっているつぶは、直径 2 mm 以上のものが多くありました。つぶのようすはどのようになっていますか。正しいものに○をつけましょう。

ア（　）角ばっている。
イ（　）丸みを帯びている。
ウ（　）どれも白色をしている。
エ（　）どれも黒色をしている。

2 がけに見られる地層から出てきた岩石を、虫めがねで観察しました。下の図は、そのときのスケッチです。

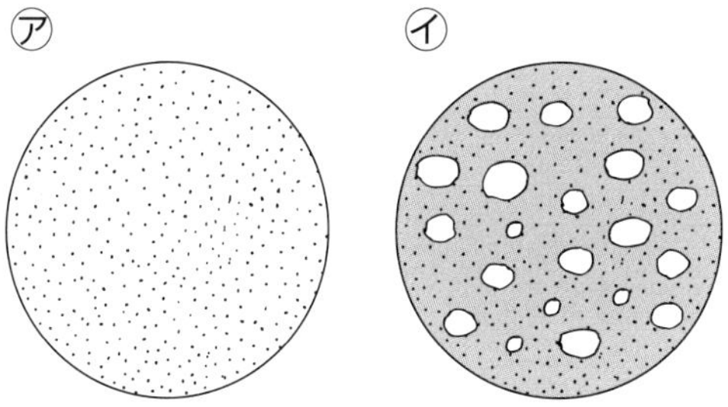

㋐は砂からできたものです。
㋑はれきが固まったものです。

(1) ㋐と㋑の岩石の名前を書きましょう。
㋐（　　　　）㋑（　　　　）

(2) ㋑の岩石のつぶは、全体に角がとれていました。これは、この岩石が何のはたらきでできた地層の中にあったためですか。（　　　　）

(3) ㋐と㋑の岩石は、長い年月の間、何によっておし固められたと考えられますか。（　）にあてはまる言葉を書きましょう。

　長い年月の間、その上に積み重なったものの（　　　　）によっておし固められた。

7. 大地のつくりと変化

②地層のでき方②

◎めあて
火山のはたらきでできた地層では、角ばった石が見られることをかくにんしよう。

教科書 133〜139ページ　答え 31ページ

次の（　）にあてはまる言葉を書こう。

1 火山のはたらきでできた地層《ちそう》は、どうなっているだろうか。

教科書 133〜134ページ

▶火山のはたらきでできた地層もある。

- 火山の噴火によって、ふき出した（①　　　　　　　）などがたい積してできた地層がある。
- （①）の地層の中には、（②　　　　　）ばったれきや小さな穴《あな》がたくさんあいたれきが混ざっていることがある。

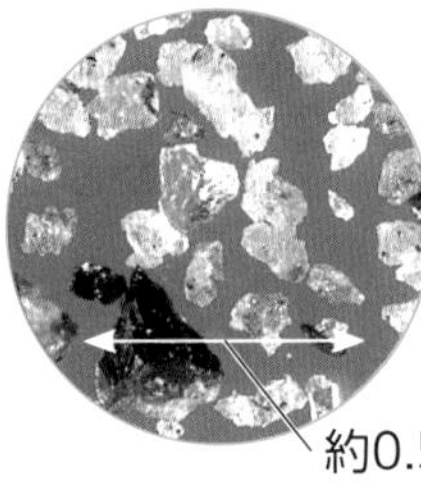
約0.5mm
水で洗《あら》った火山灰《かざんばい》のつぶ（約40倍）

2 身近な地層のつくりを調べるとどうなっているだろうか。

教科書 135ページ

▶地層全体のようすを観察して、層の色や（①　　　　　）を調べる。

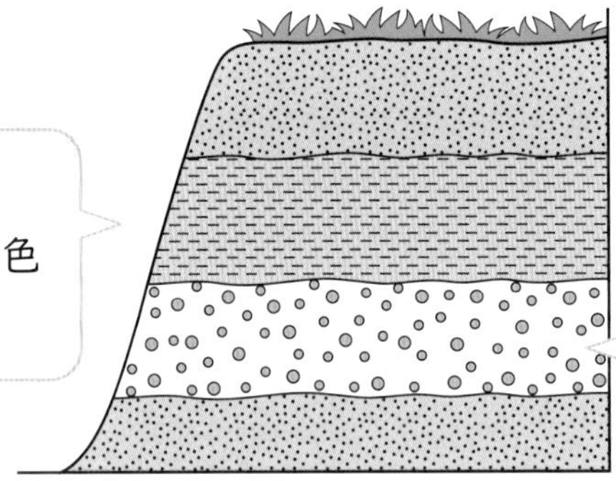

それぞれの層の（②　　　　　）や色を調べる。

それぞれの層をつくっている岩石やそのつぶの（③　　　　　）、大きさも調べる。

▶地面の下のようすを調べたいときには、（④　　　　　　　　　）試料も活用できる。

地層を観察しに行くときの服装《ふくそう》について、まとめておこう。

ぼうし
（⑤　　　　）の服
（⑥　　　　）など
長ズボン
（⑦　　　　）
（⑧　　　　）

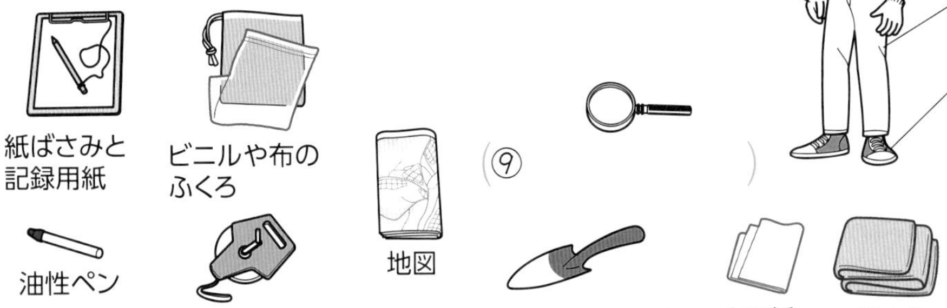
紙ばさみと記録用紙
ビニルや布のふくろ
（⑨　　　　）
油性ペン
地図
ちり紙
タオル
（⑩　　　　）
（⑪　　　　）

観察するのに使う道具の名前を（　）に書こう。

ここがだいじ！
①火山のはたらきでできた地層には、火山灰などがたい積してできたものがある。
②火山灰の地層の中には、角ばったれきや小さな穴がたくさんあるれきもある。

ぴたトリビア 火山灰は、火山の地下にあるマグマがふき出すときに発泡してできた細かい破片のことです。木や紙などを燃やしてできる灰とはちがいます。

7. 大地のつくりと変化

②地層のでき方②

学習日　　月　　日

教科書 133～139ページ　答え 31ページ

1 図は、火山のそばに見られるがけの地層《ちそう》のようすをスケッチしたものです。図の左下は、地層をつくる岩石のつぶのようすです。

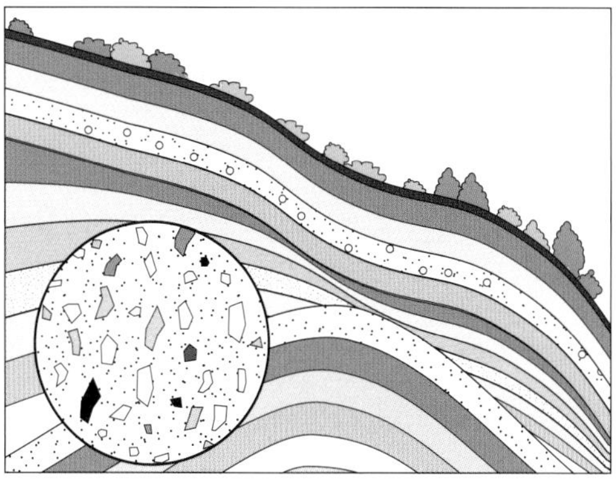

(1) 図の岩石が見られる地層について、次の（　）にあてはまる言葉を書きましょう。

この地層は、火山の（①　　　　）によってふき出た（②　　　　）などが降《ふ》り積もってできたものである。

(2) 図の岩石のつぶは、どのようなようすですか。

（　　　　　　　　　　）

(3) 地層には、このような火山のはたらきでできたもののほかに、何のはたらきでできたものがありますか。

（　　　　）

2 下の図は、いろいろな場所で地層を調べ、記録したものです。水のはたらきでできた地層すべてに○をつけましょう。

ア

おし固められて岩石となった砂《すな》やどろの層が積み重なった地層

（　　　）

イ

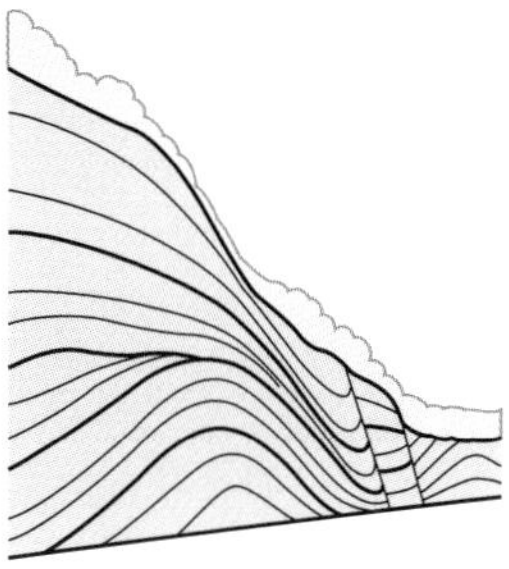

火山灰《かざんばい》などが積み重なってできた地層

（　　　）

ウ

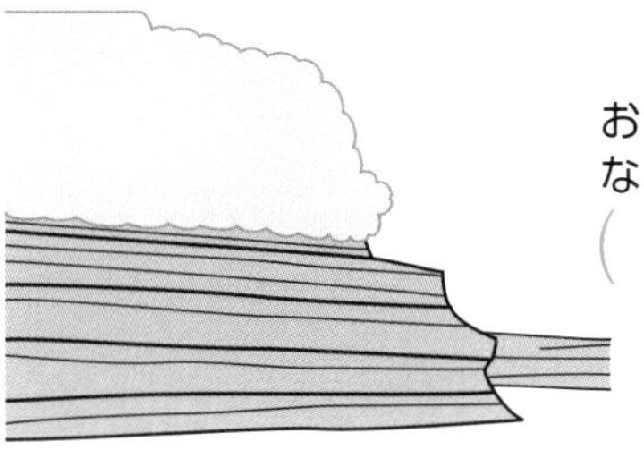

おし固められてかたくなったどろの地層

（　　　）

エ

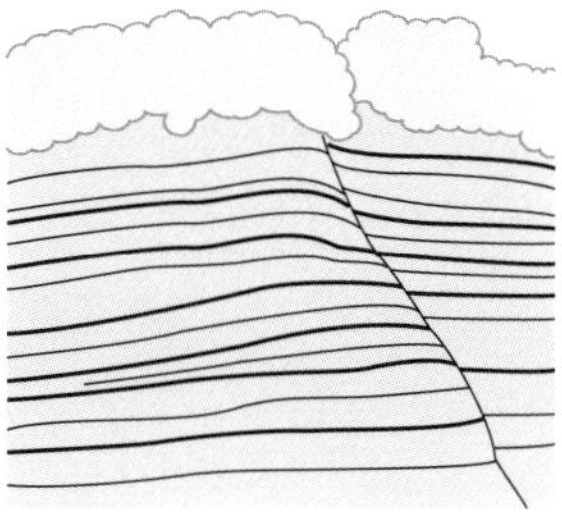

主に砂の層が積み重なった地層

（　　　）

3分でまとめ

学習日　　月　　日

★ 火山の噴火《ふんか》と地震《じしん》

①火山の噴火や地震と大地の変化
②火山の噴火や地震と私たちのくらし

めあて
火山の噴火や、地震が起きると、どのような変化が起こるのかかくにんしよう。

教科書 140〜153ページ　答え 32ページ

次の（　）にあてはまる言葉を書こう。

1 火山が噴火すると、どんなものが出てくるだろうか。

教科書 140〜153ページ

- 火山が噴火すると、さまざまな変化が起こる。
- 火山の地中深くには、高温のどろどろにとけた（①　　　　）がある。
- 火山が噴火すると、（②　　　　）が降《ふ》り積もったり、（③　　　　）が流れ出したりする。
- 火山が噴火すると、流れ出たよう岩などによって、建物や道路が（④　　　　）たり、ふき出た（⑤　　　　）によって、農作物などがひ害を受けたりする。

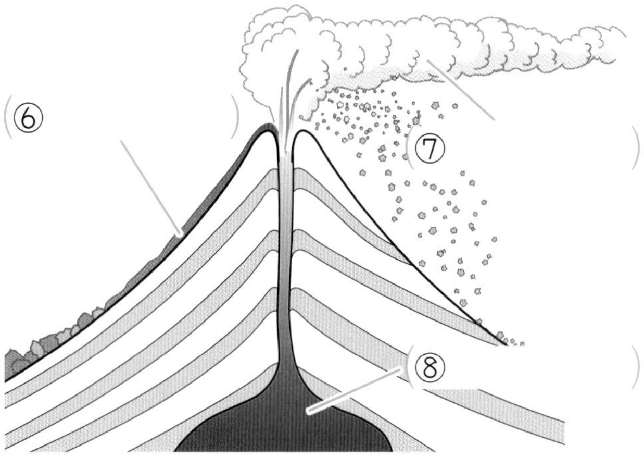

2 地震が起きると、どのような変化が起きるのだろうか。

教科書 140〜153ページ

- 地震が起きると、さまざまなひ害が出る。
- 大地に大きな力が加わってできたずれを（①　　　　）といい、（①）が動くと（②　　　　）が起こる。
- 大きな地震が起こると、（③　　　　）全体がもち上がったり、しずんだりすることもある。
- 右の図は、地震によってかつて海底だったところが（④　　　　）て、陸地になった地形を表している。

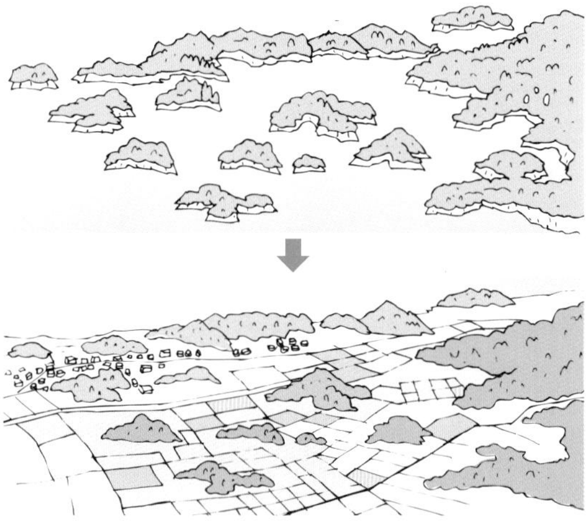

ここがだいじ！
①火山の噴火によって、よう岩《がん》や火山灰がふき出し、土地のようすを大きく変えることがある。
②地震では、地面がずれたり、土地全体がもち上がったり、しずんだりする。

ぴたトリビア
火山活動や地震はひ害だけでなく、温泉やわき水、美しい景観などをもたらし、生活を豊かにすることもあります。

★ 火山の噴火《ふんか》と地震《じしん》

①火山の噴火や地震と大地の変化
②火山の噴火や地震と私たちのくらし

教科書 140〜153ページ　答え 32ページ

1 図は、火山の噴火のようすを表したものです。

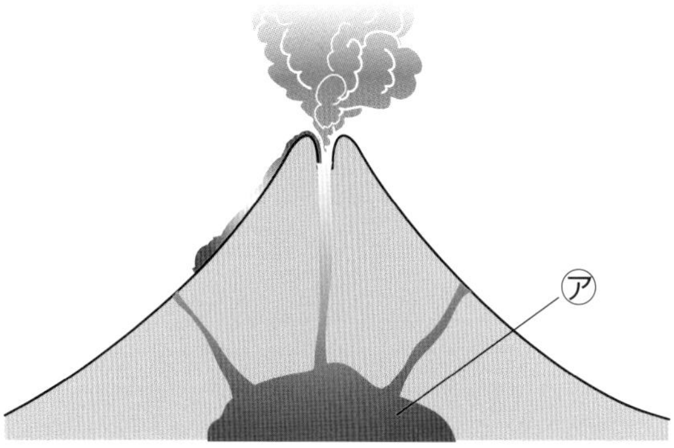

(1) 火山が噴火したとき、噴火口から流れ出したものを何といいますか。

(　　　　　)

(2) 火山が噴火したときにふき出るもので、大地に降り積もって地層《ちそう》をつくることがあるものは何ですか。(　　　　　)

(3) ㋐は、地中深くにあって、どろどろにとけたものです。㋐は何ですか。

(　　　　　)

(4) 火山の噴火が何度もくり返されると、大地のようすはどうなりますか。正しいものに○をつけましょう。

ア(　　)大きく変化する。
イ(　　)ほとんど変わらない。
ウ(　　)草木がよく育つようになる。

2 地震について調べます。

(1) 地震によって、起きることのある土地の変化には○、地震とは関係のない土地の変化には×をつけましょう。

①(　　)地面がずれる。
②(　　)火山灰《かざんばい》などが降り積もって地層ができる。
③(　　)砂《すな》が固まって、かたい岩石になる。
④(　　)山がくずれる。

(2) 下の図は、ある土地の地震が発生する前と後のようすです。地震が発生した後のようすについて表している方に○をつけましょう。

ア(　　　)

イ(　　　)

7. 大地のつくりと変化
★ 火山の噴火《ふんか》と地震《じしん》

時間 30分

／100

合格 70点

教科書 120〜153ページ　答え 33ページ

よく出る

1 地層《ちそう》や岩石について調べます。　各5点(40点)

(1) 次の①〜④で、水のはたらきでできた地層や岩石の特ちょうには「水」、火山のはたらきでできた地層や岩石の特ちょうには「火山」と書きましょう。

①（　　　　）水で洗《あら》うと、角ばったつぶが出てきた。

②（　　　　）丸いれきがあった。

③（　　　　）貝の化石《かせき》が見られた。

④（　　　　）小さな穴《あな》がたくさんあいた石があった。

(2) 下の①〜③の岩石は、①がどろ、②がれき、③が砂《すな》からできています。それぞれの名前を書きましょう。

①（　　　　）　②（　　　　）　③（　　　　）

(3) (2)の３つの岩石は、何によって区別されていますか。

（　　　　）

2 「火山の活動による土地の変化」と「地震による土地の変化」について調べます。　各3点(6点)

(1) 火山の噴火によって直接起きることのある変化を、次の㋐〜㋒から１つ選んで、記号で答えましょう。

（　　　）

㋐海や湖の底に生物の体がうもれて、化石ができる。

㋑大きな石が丸みを帯びた細かいつぶになる。

㋒よう岩が流れ出る。

(2) 大きな地震が発生すると直接起きることのある変化を、次の㋐〜㋒から１つ選んで、記号で答えましょう。

（　　　）

㋐地面が割れたり、ずれたりする。

㋑砂が固まって、かたい岩石になる。

㋒火山灰が降《ふ》り積もる。

よく出る

3 図は、川の水によって、運ばれたれき、砂、どろがたい積して、地層をつくっているようすを表したものです。

技能　各10点、(1)は全部できて10点(30点)

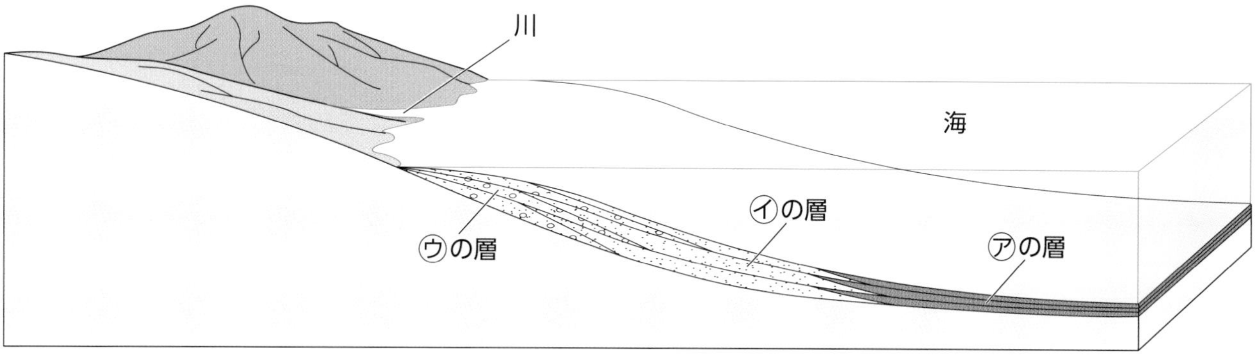

(1) ㋐～㋒の層のように、地層がしま模様《もよう》になるのは、つぶの何がちがうためですか。次の中からあてはまるものを２つ選んで、番号で答えましょう。（　　　　）

①形　②大きさ　③かたさ　④数　⑤色

(2) 図の㋐の層が長い年月の間におし固められてかたい岩石になると、何岩になると考えられますか。（　　　　）

(3) 記述　㋐～㋒の層にふくまれるつぶは丸みを帯びています。その理由を書きましょう。

（　　　　）

できたらスゴイ！

4 図は、化石のでき方を表したものです。(あ)～(え)の図を化石のできる順に並べ、記号で答えましょう。

思考・表現

全部できて24点(24点)

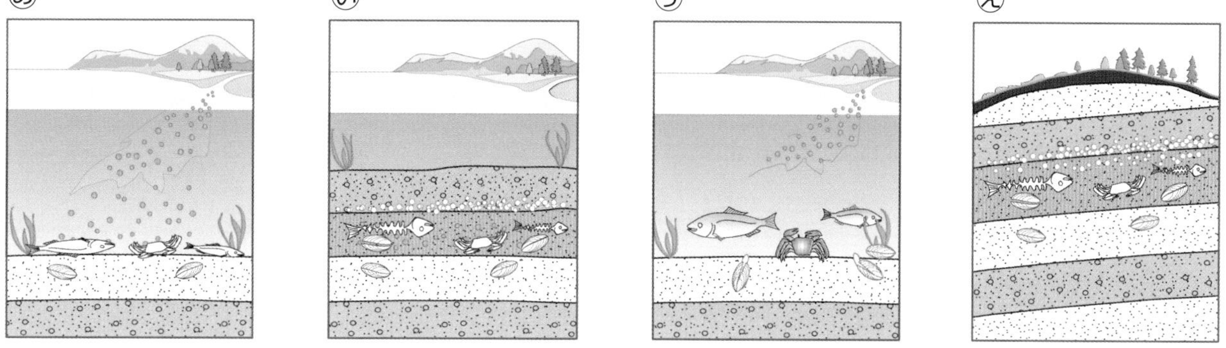

（　　　→　　　→　　　→　　　）

ふりかえり
3 がわからないときは、58ページの **2** にもどってかくにんしましょう。
4 がわからないときは、56ページの **2** にもどってかくにんしましょう。

8. 水溶液《すいようえき》の性質

①水溶液にとけているもの①

めあて
薬品をあつかうときの注意点を知り、水溶液についてかくにんしよう。

教科書 154〜160ページ　答え 34ページ

次の(　)にあてはまる言葉を書くか、あてはまるものを○で囲もう。

1 水溶液には何がとけているのだろうか。

教科書 156〜160ページ

▶食塩水、うすい塩酸《えんさん》、うすいアンモニア水、炭酸水《たんさんすい》の見たようすやにおいを調べる。また、それぞれの水溶液を熱して水を蒸発《じょうはつ》させる。

	食塩水	塩酸	アンモニア水	炭酸水
見たようす	色はなく、とう明	色はなく、とう明	色はなく、とう明	あわが出ている。
におい	なし	においがする	(①　　)	(②　　)
水を蒸発させたときのようす	白い固体が残る	(③　　)	(④　　)	何も残らない

▶水溶液には、においのあるものと、においのないものがある。

▶水溶液の水を蒸発させると、食塩水は(⑤　固体　・　気体　・　液体　)の食塩が残ったが、うすい塩酸、うすいアンモニア水、炭酸水は何も残らなかった。

2 薬品をあつかうときの注意点はどんなことだろうか。

教科書 158〜159ページ

▶薬品などをあつかうときには注意が必要である。

▶液が飛び散ることがあるので、実験のときは(①　　　　)をかける。

▶においをかぐときは、直接吸《す》いこまずに、手で(②　　　　)ようにしてかぐ。

▶あやまって、薬品が皮ふについたり、目に入ったときは、すぐに(③　　　　)でよく洗《あら》い流す。

▶試験管には、液を(④　いっぱいまで入れる　・　入れすぎない　)ようにする。

▶気体が発生する実験を行うときは、窓《まど》を(⑤　　　　)たり、かん気せんを回したりする。

▶ほかの液とまちがえないように、水溶液の名前を書いた(⑥　　　　)をはっておく。

▶水溶液を直接さわったり、(⑦　　　　)しない。また、水溶液をむやみに混ぜ合わせない。

実験が終わったら、残った薬品は決められたところに集め、使った器具は水でよく洗おう。

ここがだいじ!
①固体がとけた水溶液は、水を蒸発させると固体が出てくる。
②食塩水は、固体の食塩がとけた水溶液である。

ぴたトリビア　食塩水、塩酸、アンモニア水、炭酸水の中では、特に塩酸、アンモニア水のあつかいに注意します。

ぴったり2 練習

8. 水溶液《すいようえき》の性質

①水溶液にとけているもの①

学習日　　月　　日

教科書 154〜160ページ　答え 34ページ

1 食塩水、うすい塩酸《えんさん》、うすいアンモニア水、炭酸水《たんさんすい》について、次のような実験をします。

1．それぞれの水溶液のにおいを調べる。
2．それぞれの水溶液を蒸発皿《じょうはつざら》に少量入れ、右の図のように実験用ガスコンロで加熱する。

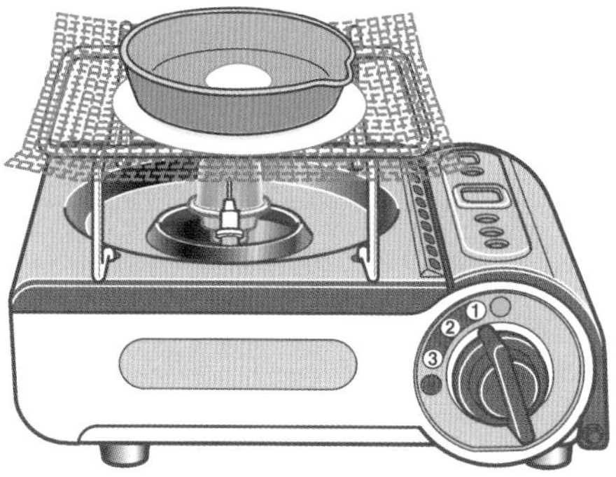

(1) 記述 においをかぐときは、どのようにしますか。

(　　　　　　　　　　)

(2) 強いにおいのする水溶液がうすい塩酸のほかにもう1つありました。その水溶液はどれですか。

(　　　　　)

(3) あわが出ている水溶液はどれですか。

(　　　　　)

(4) 水溶液の水を蒸発させたとき、それぞれの結果はどうなりますか。固体が残るものには○、何も残らないものには×をつけましょう。

①(　　)食塩水　②(　　)うすい塩酸
③(　　)うすいアンモニア水　④(　　)炭酸水

2 薬品をあつかうときの注意点について調べます。

(1) 記述 あやまって、薬品が皮ふについたとき、どうしますか。

(　　　　　　　　　　)

(2) 記述 薬品をあつかう実験をするときは、安全めがねをかけます。その理由を簡単《かんたん》に書きましょう。

(　　　　　　　　　　)

(3) 次の文で、正しいものには○、まちがっているものには×を書きましょう。

①(　　)実験をするときは、窓《まど》を閉めきる。
②(　　)実験が終わった後、塩酸などの薬品はそのまま流しに捨《す》てる。
③(　　)実験が終わったら、使った器具は水でよく洗う。
④(　　)名前のわからない水溶液どうしを、混ぜ合わせてもよい。

ヒント ② (3)残った薬品は、先生の指示にしたがって、決められたところへ集めるようにしましょう。

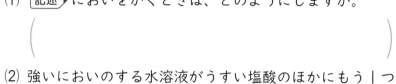

8. 水溶液《すいようえき》の性質

①水溶液にとけているもの②

めあて
炭酸水にとけている気体についてかくにんしよう。

教科書 161〜163ページ　答え 35ページ

次の(　)にあてはまる言葉を書くか、あてはまるものを○で囲もう。

1 炭酸水《たんさんすい》から出るあわは何だろうか。

教科書 161〜162ページ

❶炭酸水のあわのようすを調べる。

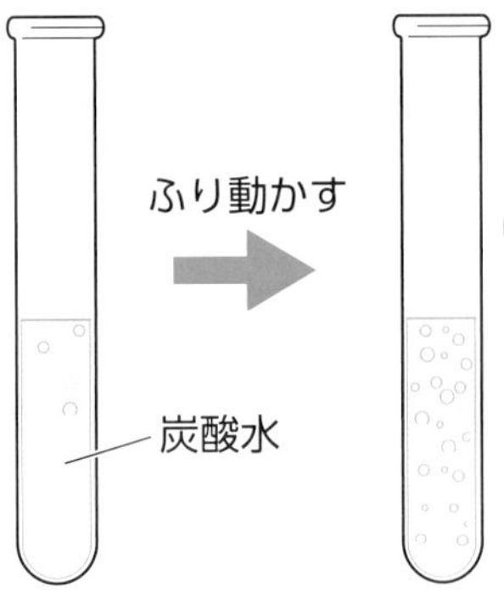

(①　　　　　)が出る。

❷炭酸水から出るあわを石灰水《せっかいすい》に通す。

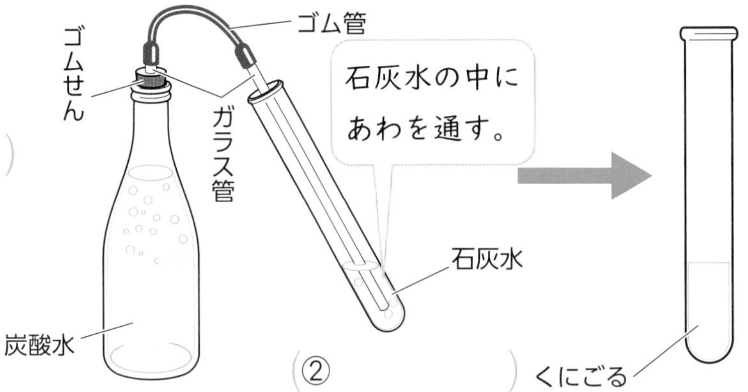

(②　　　　　)くにごる

▶炭酸水から出るあわは、(③　固体　・　気体　)の(④　　　　　)であることがわかる。

▶塩酸《えんさん》は(⑤　　　　　)という気体、アンモニア水は(⑥　　　　　)という気体がとけた水溶液である。

▶(⑦　固体　・　気体　)がとけた水溶液は、水を蒸発《じょうはつ》させても、後に何も残らない。

2 二酸化炭素《にさんかたんそ》を水にとかして炭酸水をつくることはできるだろうか。

教科書 163ページ

▶水を入れたペットボトルに二酸化炭素を集めてから、ふたをしてよくふると、ペットボトルは(①　へこむ　・　ふくらむ　)。

もし気体である二酸化炭素が水にとけるのなら、ペットボトルの中の気体の体積が減るから…？

▶次に、ペットボトルの中の水溶液を石灰水に少し入れると、石灰水は(②　　　　　)くにごる。

ここがだいじ！
①炭酸水は二酸化炭素がとけた水溶液で、炭酸水をふると二酸化炭素が出る。
②炭酸水、塩酸、アンモニア水は気体がとけた水溶液なので、水を蒸発させても何も残らない。

ぴたトリビア
固体で水にとけやすいものととけにくいものがあるように、気体にも水にとけやすいものととけにくいものがあります。

ぴったり2 練習

8. 水溶液《すいようえき》の性質

①水溶液にとけているもの②

学習日　　月　　日

教科書 161～163ページ　答え 35ページ

1 炭酸水《たんさんすい》について調べます。

(1) 炭酸水からあわをさかんに出すためには、どうするとよいですか。　(　　　　　　)

(2) 炭酸水から出たあわを石灰水《せっかいすい》に通すと、石灰水はどうなりますか。　(　　　　　　)

(3) (2)から、炭酸水は何がとけた水溶液であることがわかりますか。　(　　　　　　)

(4) 炭酸水を蒸発皿《じょうはつざら》に入れて熱すると、後には何か残りますか、残りませんか。　(　　　　　　)

2 食塩水、うすい塩酸《えんさん》、うすいアンモニア水を、蒸発皿にそれぞれ少量とって熱すると、食塩水は白い固体が残りますが、うすい塩酸とうすいアンモニア水は何も残りません。

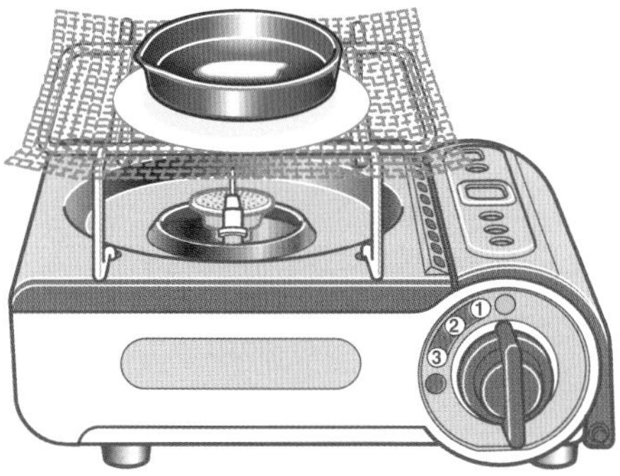

(1) 水溶液の水を蒸発させたとき、白い固体が残った水溶液は固体、液体、気体のうちのどれがとけたものですか。　(　　　　)

(2) 次の文の(　　)にあてはまる言葉を書きましょう。

うすい塩酸やうすいアンモニア水は、強いにおいがする。これは、それぞれの水溶液にとけていた(　　　　　)が、水溶液から出るためである。

(3) うすい塩酸、うすいアンモニア水にとけているものの名前を、それぞれ答えましょう。

うすい塩酸(　　　　　　)

うすいアンモニア水(　　　　　　)

3 水を入れたペットボトルに二酸化炭素を集め、ふたをしてからペットボトルをよくふると、ペットボトルが下の図のようにへこみます。

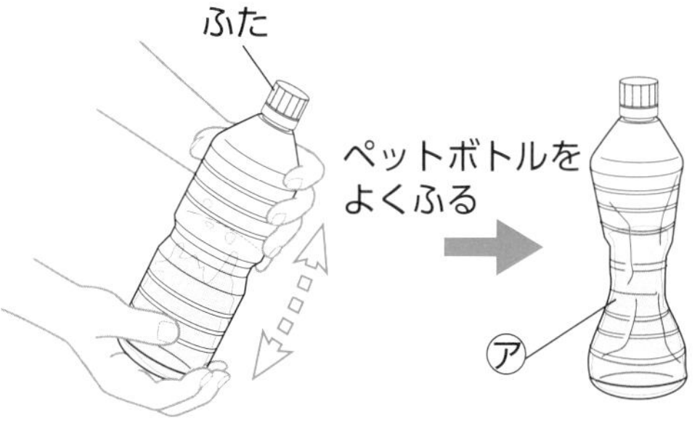

(1) 記述 右の図のように、ペットボトルがへこんだのはなぜですか。

(　　　　　　　　　　　　　　　　)

(2) 図のⓐの水溶液を、石灰水の中に少量入れると、石灰水はどうなりますか。

(　　　　　　)

ヒント 3 (1)ペットボトルがへこんだということは、水と二酸化炭素の体積の合計が減ったためと考えられます。なぜ減ったのでしょうか。

8. 水溶液《すいようえき》の性質

②水溶液のなかま分け

学習日　　月　　日

めあて
リトマス紙を用いた、水溶液のなかま分けをかくにんしよう。

教科書 164～167ページ　答え 36ページ

次の(　　)にあてはまる言葉を書こう。

1 リトマス紙《し》の色はどのように変化するだろうか。

教科書 164～167ページ

▶ 食塩水、うすい塩酸《えんさん》、うすいアンモニア水をリトマス紙につける。

	食塩水	塩酸	アンモニア水
リトマス紙の色の変化	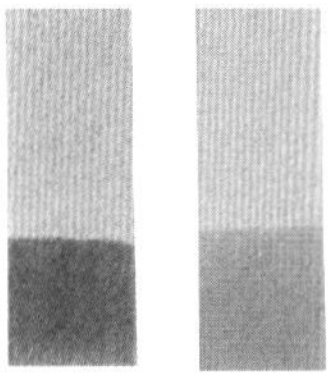 青色リトマス紙 (①　　　) 赤色リトマス紙 (②　　　)	 青色リトマス紙 (③　　　) 赤色リトマス紙 (④　　　)	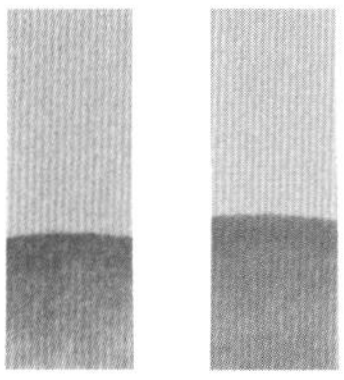 青色リトマス紙 (⑤　　　) 赤色リトマス紙 (⑥　　　)

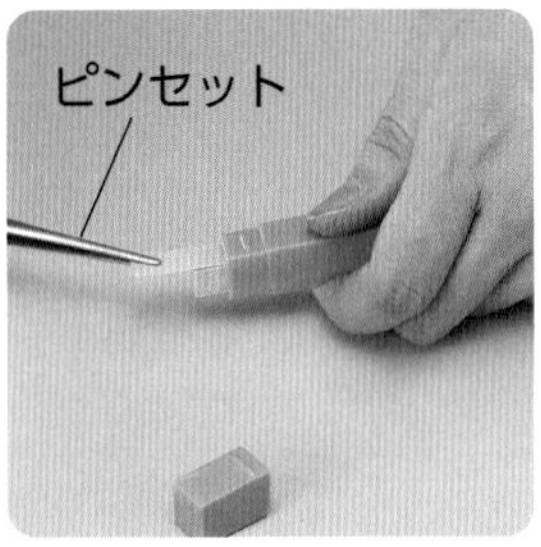

リトマス紙はピンセットであつかう。

赤色になるときは「赤」、青色になるときは「青」、色が変わらないときは「×」を書こう。

2 水溶液はリトマス紙でいくつになかま分けできるだろうか。

教科書 165～167ページ

▶ リトマス紙を使うと、色の変化で水溶液を(①　　　　)つになかま分けすることができる。

- 青色リトマス紙を赤色に変えるものを(②　　　　)性《せい》の水溶液という。
  →塩酸は(②)性の水溶液である。
- どちらの色のリトマス紙の色も変えないものを(③　　　　)性の水溶液という。
  →食塩水は(③)性の水溶液である。
- 赤色リトマス紙を青色に変えるものを(④　　　　)性の水溶液という。
  →アンモニア水は(④)性の水溶液である。

リトマス紙は2種類でも水溶液を2つ以上になかま分けすることができるんだね。

ここが、だいじ！

①酸性《さんせい》→青色リトマス紙を赤色に変える。
②中性《ちゅうせい》→どちらの色のリトマス紙の色も変えない。
③アルカリ性→赤色リトマス紙を青色に変える。

ぴたトリビア　リトマス紙には、リトマスゴケというコケから取れる色素が使われています。

8. 水溶液《すいようえき》の性質

②水溶液のなかま分け

教科書 164〜167ページ　答え 36ページ

1 青色リトマス紙《し》と赤色リトマス紙を使って、いくつかの水溶液のなかま分けをします。

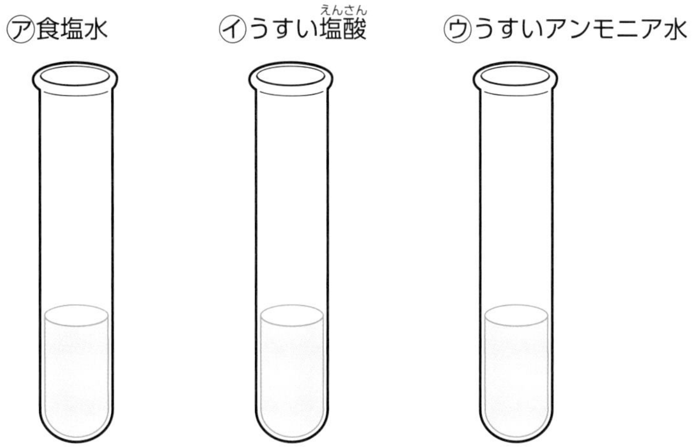

(1) 図の３つの水溶液のうち、青色リトマス紙の色を赤く変えるものはどれですか。記号で答えましょう。

（　　　）

(2) (1)の水溶液は何性《せい》の水溶液ですか。

（　　　）

(3) 図の３つの水溶液のうち、青色リトマス紙も赤色リトマス紙もその色が変化しないものはどれですか。記号で答えましょう。

（　　　）

(4) (3)の水溶液は何性の水溶液ですか。

（　　　）

(5) (2)、(4)以外の水溶液を赤色リトマス紙につけたときのリトマス紙の色の変化を答えましょう。また、色の変化から、その水溶液を何性の水溶液といいますか。

リトマス紙の色の変化：赤→（　　　）

何性の水溶液か：（　　　）

2 石けん水、レモンのしる、砂糖水《さとうすい》、石灰水《せっかいすい》を、リトマス紙につけて色の変化を調べると、下の表のようになります。

	石けん水	レモンのしる	砂糖水	石灰水
青色リトマス紙の色の変化	変化なし	変化した	変化なし	変化なし
赤色リトマス紙の色の変化	変化した	変化なし	変化なし	変化した

(1) 赤色リトマス紙と青色リトマス紙は、それぞれ何色に変化しましたか。

赤色リトマス紙（　　　）

青色リトマス紙（　　　）

(2) 酸性《さんせい》、中性《ちゅうせい》、アルカリ性《せい》の水溶液を、それぞれすべて選びましょう。

酸性（　　　）

中性（　　　）

アルカリ性（　　　）

8. 水溶液《すいようえき》の性質

③金属をとかす水溶液

学習日　　月　　日

めあて
うすい塩酸にアルミニウムや鉄をとかすとどうなるかをかくにんしよう。

教科書 168～177ページ　答え 37ページ

次の(　　)にあてはまる言葉を書こう。

1 塩酸《えんさん》は金属をとかすのだろうか。

教科書 168～170ページ

▶アルミニウムや鉄を入れた試験管にうすい塩酸を加え、金属がとけるかどうかを確かめる。

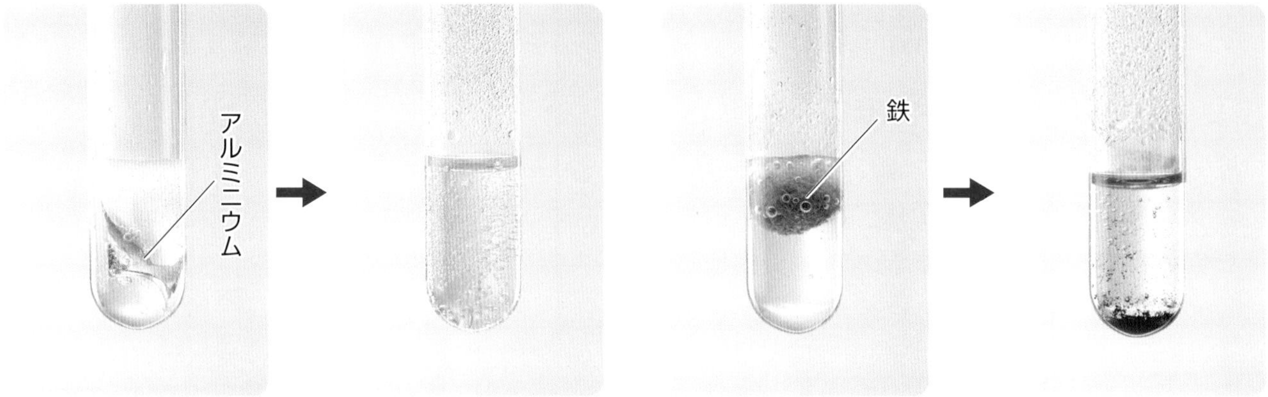

▶アルミニウムなどの金属にうすい塩酸を加えると、金属はとけて、液は(①　　　　　)になる。このとき、(②　　　　　)が発生する。

2 塩酸にとけた金属はどうなったのだろうか。

教科書 170～172ページ

▶塩酸にとけた金属は別のものになってしまったのだろうか。

出てきた固体を試験管に入れ、再びうすい塩酸を加える。

↓

あわ(気体)を出さずにとける。

出てきた固体がもとの金属と同じものなら、塩酸を加えたときに気体が出るはずだよね。

- 塩酸にアルミニウムがとけた液の水を蒸発《じょうはつ》させると、(①　　　　　)色の固体が出てくる。
- アルミニウムや鉄は塩酸にとけると、もとの金属とは(②　　　　　)に変わる。

ここが だいじ!

①塩酸は鉄やアルミニウムなどの金属をとかす。このとき、気体を発生する。
②塩酸は、鉄などの金属を、もとの金属とは別のものに変える。
③水溶液には、金属を別のものに変えるものがある。

ぴたトリビア 水溶液は、ふれたものを変化させることがあるので、保管する容器に何を使うかには注意が必要です。

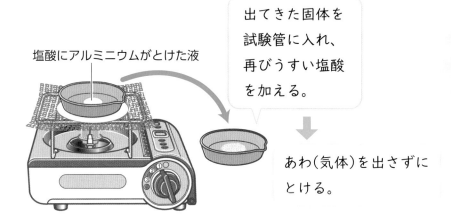

8. 水溶液《すいようえき》の性質

③金属をとかす水溶液

教科書　168〜177ページ　答え　37ページ

1 アルミニウムにうすい塩酸《えんさん》を加えて、どのような変化をするかを調べます。

(1) アルミニウムにうすい塩酸を加えると、あわが出てきました。あわが出てきた後、アルミニウムはどうなりますか。

(　　　　　　　　　　　　　　　　)

(2) 液はとう明になりますか。それともにごりますか。

(　　　　　　　　　　)

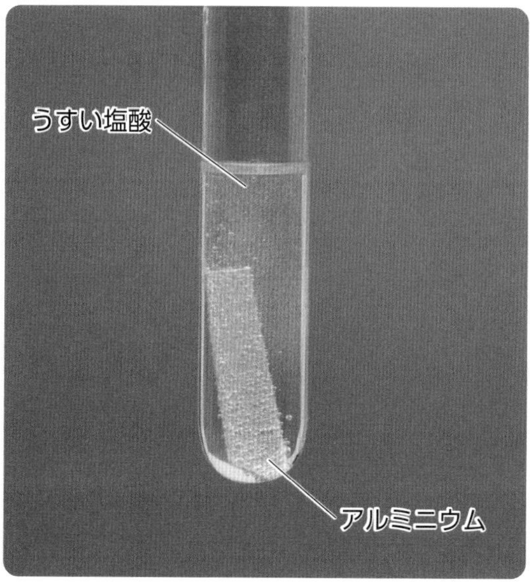

2 うすい塩酸にアルミニウムを入れ、あわが出なくなった液を蒸発皿《じょうはつざら》に入れて熱すると、図のように、白い固体が残ります。

(1) 図の白い固体に再びうすい塩酸を加えると、どうなりますか。正しいものに○をつけましょう。

ア(　　)あわを出して、とける。
イ(　　)あわを出さずに、とける。
ウ(　　)とけないで底にしずむ。

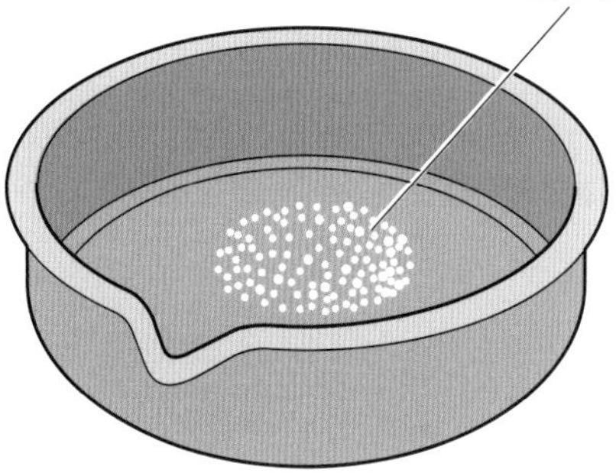

(2) (1)より、図の白い固体はアルミニウムと同じものであるといえますか、いえませんか。

(　　　　　　　　)

(3) アルミニウムのかわりに鉄にうすい塩酸を入れたら、気体を発生してとけました。その液を蒸発皿に入れて熱したところ、黄色い固体が出てきました。そこにさらに塩酸を加えたら、固体はとけましたが、気体は発生しませんでした。このことから、塩酸にとけて出てきた固体は、もとの鉄とは別のものといえますか、いえませんか。

(　　　　　　　　)

(4) この実験について、正しいものには○、まちがっているものには×をつけましょう。

①(　　)この実験は、窓《まど》を開けて行う。
②(　　)水を蒸発させるとき、蒸発皿に顔を近づけて、ようすを観察する。
③(　　)実験で使った液は、使った後そのまま流してもよい。

ヒント **2** (3)鉄に塩酸を入れたら気体を発生しながらとけました。黄色い固体に塩酸を加えると、やはりとけましたが気体は発生しませんでした。鉄と黄色い固体は同じものでしょうか。

ぴったり3

確かめのテスト

8. 水溶液《すいようえき》の性質

時間 30 分

／100

合格 70 点

教科書 154～177ページ　答え 38ページ

よく出る

1 アルミニウムにうすい塩酸《えんさん》を加えます。

各5点(30点)

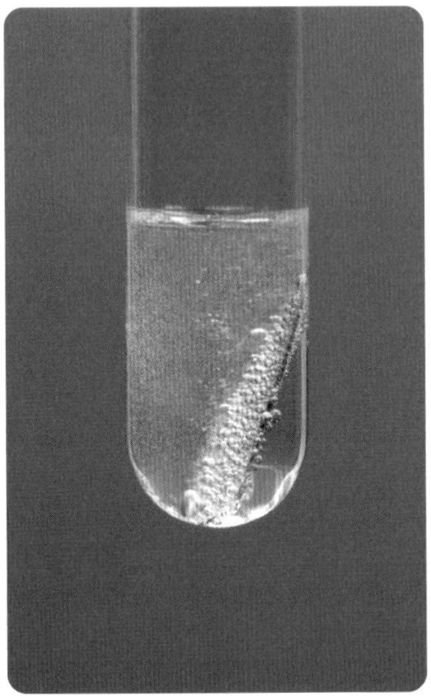

(1) 塩酸は、何という気体がとけた水溶液ですか。次の㋐～㋓から1つ選んで、記号で答えましょう。（　　）

㋐ アンモニア　　㋑ 二酸化炭素《にさんかたんそ》

㋒ 塩化水素《えんかすいそ》　　㋓ 酸素

(2) アルミニウムにうすい塩酸を加えるときに注意することとして、正しいものに○をつけましょう。

ア（　）液が飛び散ることがあるので、安全めがねをかける。

イ（　）発生した気体がにげないように、窓《まど》はしめておく。

ウ（　）発生した気体が燃えることはないので、火の近くで実験してもよい。

(3) アルミニウムにうすい塩酸を加えると、あわが出てきました。あわが出てきた後、アルミニウムはどうなりますか。正しいものに○をつけましょう。

ア（　）どんどん小さくなっていった。

イ（　）どんどん大きくなっていった。

ウ（　）変わらなかった。

(4) (3)の後、液を蒸発皿《じょうはつざら》に少量とって熱したところ、後に固体が残りました。この固体について正しく述べたものに○をつけましょう。

ア（　）白色で、元のアルミニウムと同じような形をしている。

イ（　）黒色で、元のアルミニウムと同じような形をしている。

ウ（　）白色で、粉状になっている。

エ（　）黒色で、粉状になっている。

(5) (4)の固体にうすい塩酸を加えたとき、固体はどうなりますか。正しい方に○をつけましょう。

アルミニウムと同じように、あわを出してとけるよ。

ア（　）

アルミニウムとはちがって、あわを出さずにとけるよ。

イ（　）

(6) (5)から、(4)の固体はアルミニウムと同じものと考えられますか。それとも別のものと考えられますか。

（　　　　）

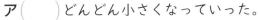

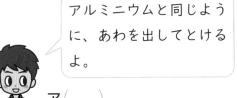

学習日　　月　　日

❷ リトマス紙《し》で水溶液をなかま分けします。

技能　各6点(30点)

(1) リトマス紙を取り出すときは、何を使って取り出しますか。

(　　　　　　　)

(2) リトマス紙に水溶液をつけるとき、何を使って水溶液をつけますか。

(　　　　　　　)

(3) リトマス紙にいろいろな水溶液をつけると、下の図のようにリトマス紙の色が変化しました。リトマス紙につけたのは、それぞれ何性《せい》の水溶液ですか。

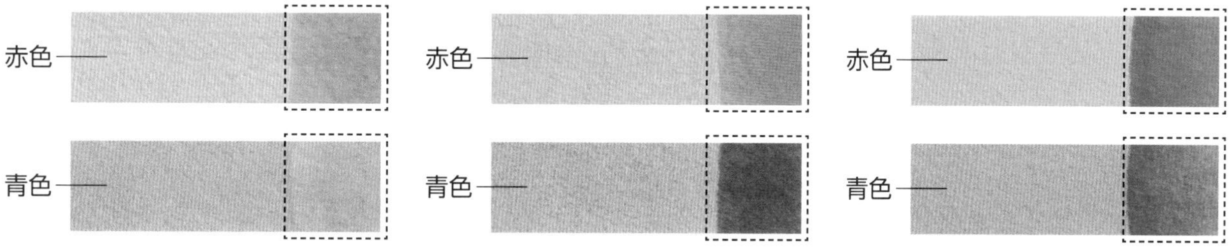

①(　　　　　　)　②(　　　　　　)　③(　　　　　　)

よく出る

❸ 4つのビーカーの中に、食塩水・うすい塩酸・うすいアンモニア水・炭酸水《たんさんすい》のどれかが入っています。

思考・表現　各8点、(1)は全部できて8点(40点)

(1) 4つのビーカーの中の水溶液を見分けるために、いろいろなことを調べて、下のような表にまとめました。この表を見て、①～④の水溶液の性質はそれぞれ何性とわかりますか。㋐～㋒の中から選んで、記号で答えましょう。

㋐ 酸性《さんせい》　㋑ アルカリ性《せい》　㋒ 中性《ちゅうせい》

①(　　　)　②(　　　)　③(　　　)　④(　　　)

水溶液／調べたこと	① 	② 	③ 	④ 
におい	ある	ない	ない	ある
赤色リトマス紙	青色になる	変化はない	変化はない	変化はない
青色リトマス紙	変化はない	変化はない	赤色になる	赤色になる
水を蒸発させる	何も残らない	白い固体	何も残らない	何も残らない

(2) (1)の表から、①～④のビーカーの中に入っている水溶液の名前を答えましょう。

①(　　　　　　)　②(　　　　　　)

③(　　　　　　)　④(　　　　　　)

この本の終わりにある「冬のチャレンジテスト」をやってみよう！

ふりかえり
❶がわからないときは、68ページの❶、72ページの❶、❷にもどってかくにんしましょう。
❸がわからないときは、66ページの❶、70ページの❷にもどってかくにんしましょう。

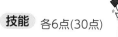

3分でまとめ

9. 電気と私《わたし》たちの生活

①電気をつくる

学習日 月 日

めあて 手回し発電機や光電池を用いて電気をつくることをかくにんしよう。

教科書 178～186ページ 答え 39ページ

次の(　)にあてはまる言葉を書くか、あてはまるものを〇で囲もう。

1 電気は、つくることができるのだろうか。

教科書 180～186ページ

▶手回し発電機を使って、電気をつくってみる。

手回し発電機

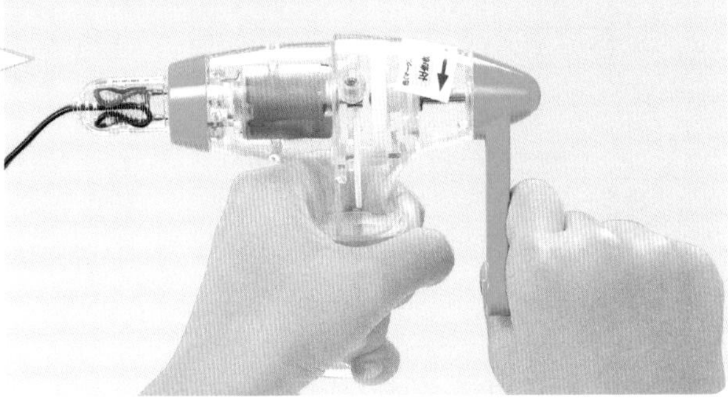

中に(①　　　　)が入っている。

・手回し発電機の中の(①)のじくを回すことで、(②　　　　)が流れる。
・電気をつくることを(③　　　　)という。
・手回し発電機のハンドルを速く回すと、電流の大きさは(④ 大きく ・ 小さく)なる。
・手回し発電機のハンドルを逆向きに回すと、電流の向きは(⑤ 変わる ・ 変わらない)。

回し方	ゆっくり回す	速く回す	逆に回す
	変化	変化	変化
プロペラ付きモーター	ゆっくり回る	(⑥ 速く・ゆっくり)回る	(⑦ 逆に回る・止まる)
豆電球	(⑧ 強く・弱く)光る	(⑨ 強く・弱く)光る	光る

▶光電池《こうでんち》で電気をつくり、電流の大きさを変えてみる。

光電池には、かん電池のように(⑩　　　)極と－極がある。

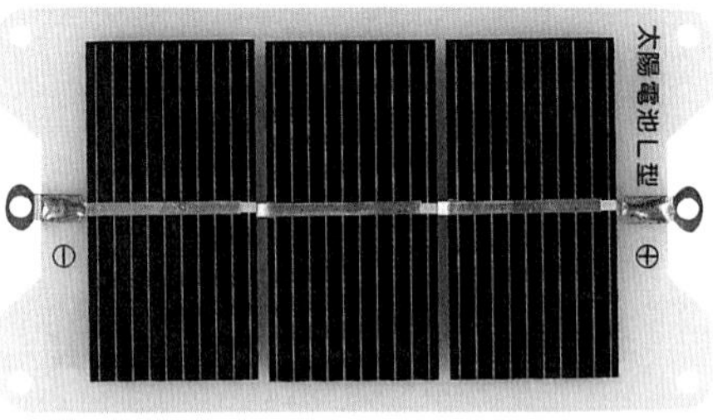

▲光電池

当てる光	光が弱い	光が強い	光が当たらない
プロペラ付きモーター	ゆっくり回る	速く回る	(⑪　　　)
流れる電流の大きさ	小さい	(⑫　　　)	流れない

ここが だいじ!
①手回し発電機や光電池を使って電気をつくることができる。これを発電《はつでん》という。
②手回し発電機を速く回したり、光電池に強い光を当てたりすると電流が大きくなる。

ぴたトリビア 火力発電は、燃料を燃やして水を水蒸気に変えて、その水蒸気で発電機のじくを回転させて発電するしくみです。

9. 電気と私《わたし》たちの生活

①電気をつくる

1 手回し発電機を使って、電気をつくります。

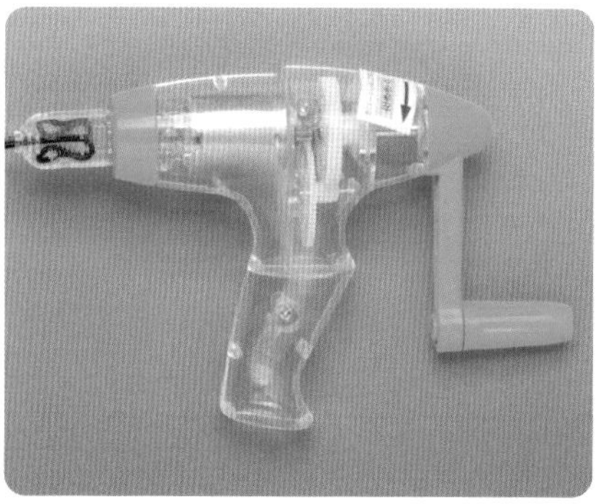

(1) 手回し発電機の中にはある装置《そうち》が入っていて、この装置のじくをハンドルで回転させることで、電流が流れます。この装置を何といいますか。

(　　　　　)

(2) 手回し発電機のハンドルを速く回すと、電流の大きさはどうなりますか。 (　　　　　)

(3) 手回し発電機のハンドルを逆に回すと、電流の向きはどうなりますか。

(　　　　　)

2 手回し発電機と光電池《こうでんち》を使って、発電《はつでん》の実験をします。

(1) 手回し発電機に豆電球をつなぎ、ハンドルをゆっくり回したときと速く回したときでは、どちらの場合に豆電球がより明るくつきますか。 (　　　　　)

(2) 手回し発電機にプロペラ付きモーターをつないだとき、モーターが回りました。ハンドルを回さないときモーターは回りますか、回りませんか。

(　　　　　)

(3) 光電池に豆電球をつなぎ、光を当てたとき、豆電球が強く光りました。光電池を半とう明のシートでくるみ、同じ光に当てたとき、豆電球は強く光りますか、弱く光りますか。

(　　　　　)

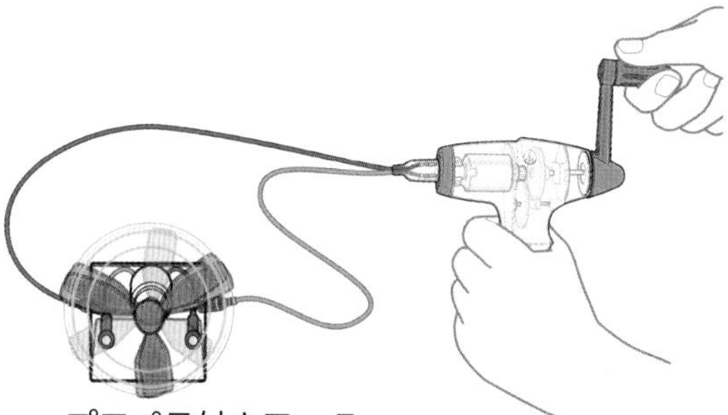

プロペラ付きモーター

3 私たちが使う電気の多くは発電所でつくられます。

(1) 風の力を使って発電機のじくを回し、電気をつくっている発電所を何といいますか。

(　　　　　)

(2) 水が高いところから低いところへ流れる力を利用して、電気をつくっている発電所を何といいますか。

(　　　　　)

(3) 石炭や石油・天然ガスを燃やして熱を発生させ、その熱を利用して、電気をつくっている発電所を何といいますか。

(　　　　　)

ヒント ２ (3)光電池に光を当てると電気をつくることができます。当てる光の明るさを弱くすると電流は小さくなります。

9. 電気と私《わたし》たちの生活

②電気をためる

めあて
コンデンサーを用いて電気をためることができるかかくにんしよう。

教科書 187〜190ページ　答え 40ページ

次の（　）にあてはまる言葉を書こう。

1 電気をためることはできるのだろうか。

教科書 187〜188ページ

▶コンデンサーを使って電気をためてみる。

電気をためることができる
（①　　　　　　）
という部品である。

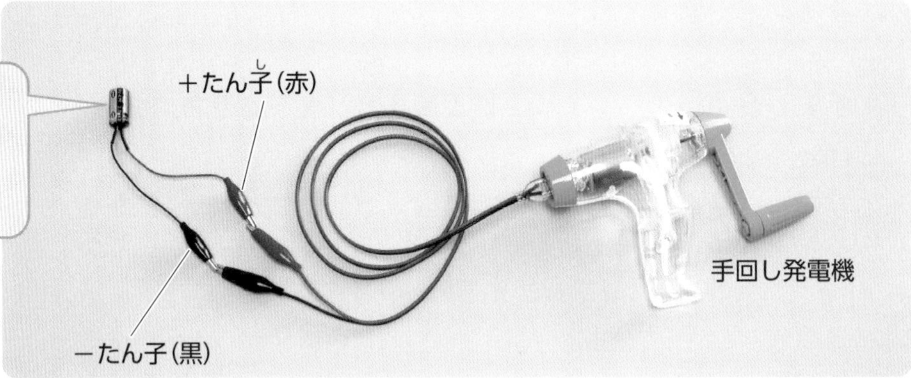

＋たん子《し》(赤)
−たん子(黒)
手回し発電機

- 手回し発電機のハンドルを回すと、コンデンサーに（②　　　　　）をためることができる。
- コンデンサーにためた電気は（③　　　　　）ことができる。

2 豆電球と発光ダイオードで、使う電気の量にちがいがあるだろうか。

教科書 188〜190ページ

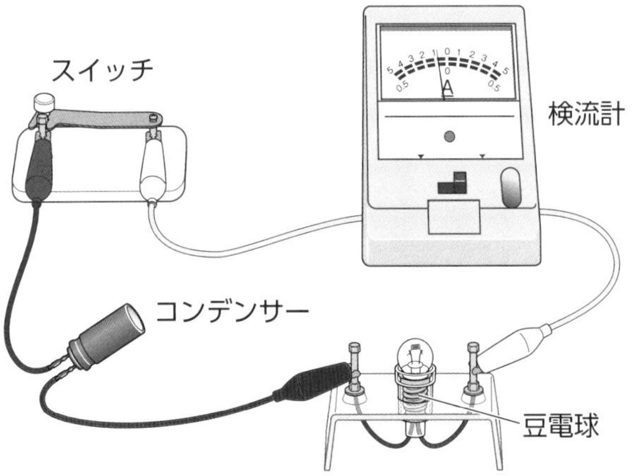

スイッチ
検流計
コンデンサー
豆電球

電流の（①　　　　　）をはかることができる。

▶コンデンサーにつなぐものによって、流れる電流の（②　　　　　）はちがう。

▶発光ダイオードは豆電球よりも、使う電気の量が（③　　　　　）ので、長い時間光り続けることができる。

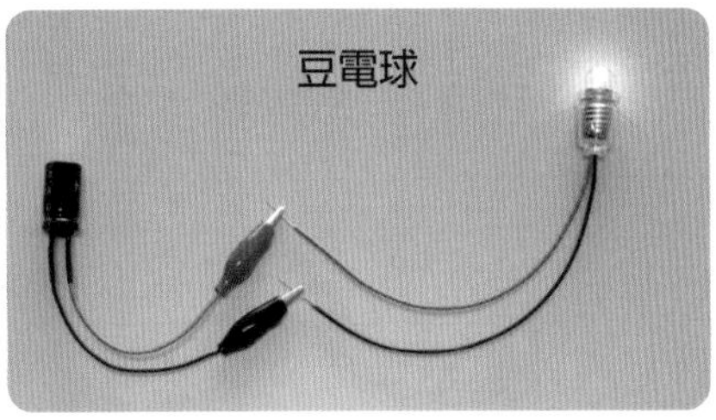

豆電球

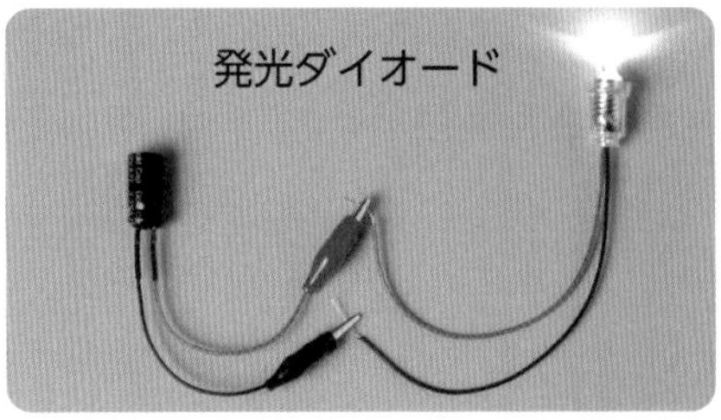

発光ダイオード

コンデンサーにためる電気の量を同じにしないと比べられないね。

ここが、だいじ！

①手回し発電機で発電した電気は、コンデンサーにためることができる。
②つなぐものによって、使う電気の量がちがうので、使える時間がちがう。
③発光ダイオードは豆電球より使う電気の量が少ない。

ぴたトリビア　電灯に明かりをつけるとあたたかくなるように、電灯は電気を光だけでなく熱にも変かんしています。

ぴったり2 練習

9. 電気と私《わたし》たちの生活

②電気をためる

学習日　　月　　日

教科書 187〜190ページ　答え 40ページ

1 手回し発電機とコンデンサーを使って、実験します。

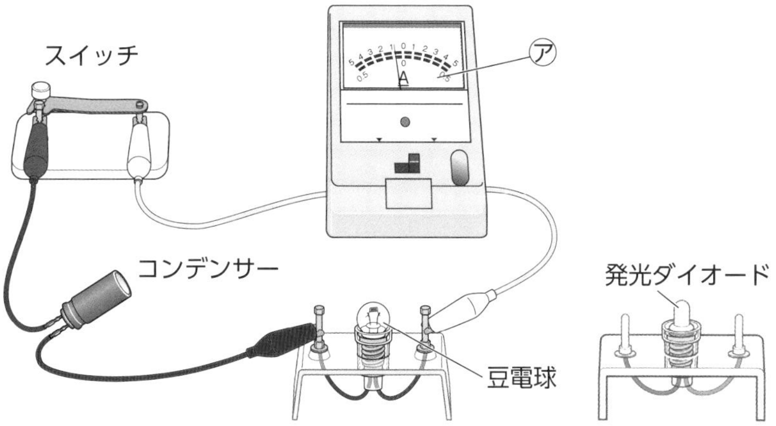

(1) コンデンサーは何をためることができますか。

（　　　　　）

(2) コンデンサーには＋たん子《し》と－たん子があります。－たん子は、手回し発電機の＋極、－極のどちらにつなぎますか。

（　　　　　）

(3) 発光ダイオードをつなぐときは、発光ダイオードの＋たん子をコンデンサーの＋たん子、－たん子のどちらにつなぎますか。

（　　　　　）

(4) 図の㋐は、電流の大きさをはかる装置です。何といいますか。

（　　　　　）

(5) ㋐ではかった電流の大きさは、A（アンペア）などの単位で表されます。正しいものに○をつけましょう。

ア（　　）1 A＝100 mA
イ（　　）1 A＝0.01 mA
ウ（　　）1 A＝1000 mA

(6) 記述 2つのコンデンサーにそれぞれ手回し発電機をつけて、同じ数だけ回しました。同じ数だけ回したのはなぜですか。

（　　　　　　　　　　　　　　　）

(7) (6)のそれぞれのコンデンサーに、豆電球と発光ダイオードをつなぎました。長く光っていたのはどちらですか。

（　　　　　）

(8) つなぐものによって使える時間がちがうのは、豆電球と発光ダイオードでは何がちがうためですか。

（　　　　　）

(9) この実験の結果から、豆電球を光らせる電気の量と発光ダイオードを光らせる電気の量のちがいについて、どのようなことがいえますか。正しいものに○をつけましょう。

ア（　　）豆電球を光らせる電気の量は、発光ダイオードを光らせる電気の量より多い。
イ（　　）豆電球を光らせる電気の量は、発光ダイオードを光らせる電気の量より少ない。
ウ（　　）豆電球を光らせる電気の量は、発光ダイオードを光らせる電気の量と同じ。

ぴったり1 準備

9. 電気と私《わたし》たちの生活

③電気の利用－生活の中の電気－

学習日　　月　　日

めあて
電気は、光、音、運動、熱に変えて利用できることをかくにんしよう。

教科書 191～203ページ　答え 41ページ

次の（　）にあてはまる言葉を書こう。

1 電気製品は、電気をどんなはたらきに変えて利用しているのだろうか。

教科書 191～193ページ

▶私たちの身の回りには、電気を利用した電気製品がたくさんある。

▶下の電気製品は、電気をさまざまなものに変えている。何に変えているか、（　）の中に、光・音・運動・熱のいずれかを書こう。

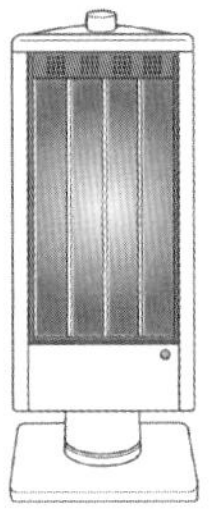

電気ストーブ
（①　　　　）

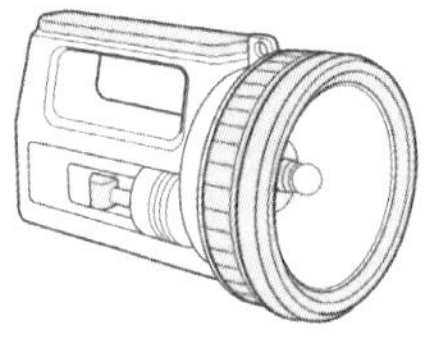

かい中電灯
（②　　　　）

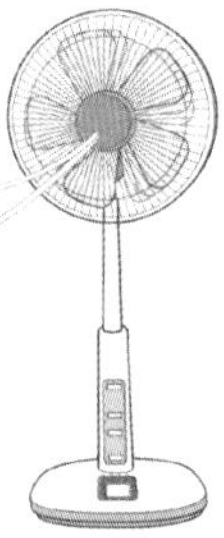

せん風機
（③　　　　）

2 電熱線《でんねつせん》に電流を流すと、発熱するのだろうか。

教科書 191～193ページ

▶電熱線にみつろうねん土を立てかけて、電熱線に電流を流す。

・みつろうねん土はとけた。

→電熱線に電流を流すと、

電熱線は（①　　　　）する。

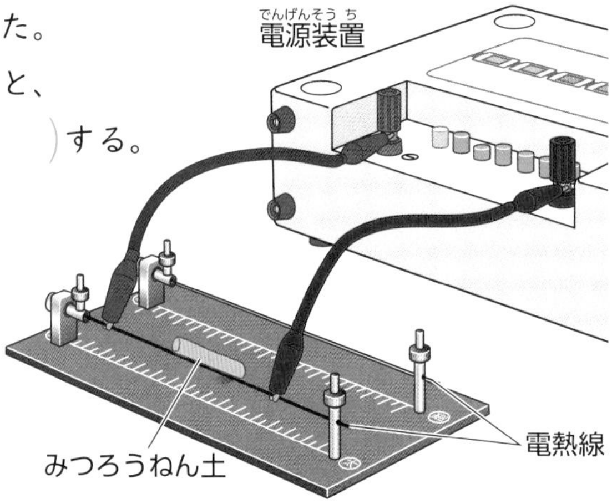

みつろうねん土はろうそくと同じように、熱くなるととけるよ。

3 プログラムやセンサーで何ができるのだろうか。

教科書 194～201ページ

▶プログラム…（①　　　　　　　）に対する指示が書かれたもので、文字や図形などで指示されている。

▶センサー…明るさ、動き、温度などに反応する。

▶プログラムとセンサーによる制ぎょ…明るさなどは（②　　　　　）ではかり、どのくらいの明るさになったらどうするかは（③　　　　　）が判断するといった連けいが行われている。

ここが、だいじ！

①電気製品は、電気を熱、光、運動などのはたらきに変えて利用している。
②電熱線は電流を流すことによって発熱する。
③電気製品は、プログラムやセンサーによって効率よく使うことができる。

ぴたトリビア　電気は、光や熱、音、運動などに変かんしやすく、導線（電線）で送りやすいので、主なエネルギーとして利用されています。

ぴったり2 練習

9. 電気と私《わたし》たちの生活

③電気の利用－生活の中の電気－

学習日　　月　　日

教科書　191〜203ページ　答え　41ページ

1 私たちの身の回りにある電気製品は、電気をどのようなはたらきに変えて利用しているかを調べます。

(1) 次の電気製品は、電気をあるはたらきに変えて利用しています。(　　)の中に、光・音・運動・熱のいずれかを書きましょう。

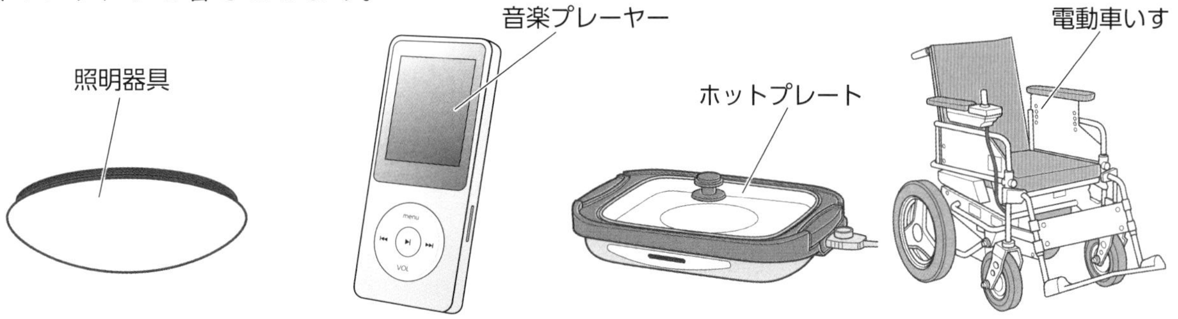

①(　　　　)　②(　　　　)　③(　　　　)　④(　　　　)

(2) 次の電気製品は、電気を2つのはたらきに変えて利用しています。(　　)の中に、光・音・運動・熱のいずれかを書きましょう。

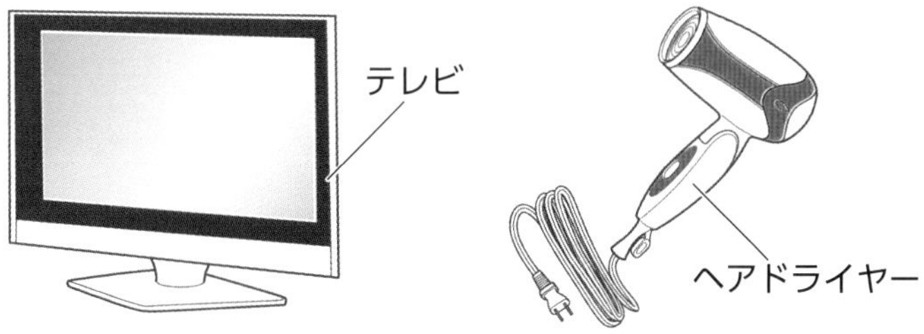

①(　　　　)と光　②熱と(　　　　)

(3) 図のヘアドライヤーには熱を発生する部品が使われています。何という部品ですか。

(　　　　　　　　)

(4) 電気を運動に変えるためには、何を回転させますか。

(　　　　　　　　)

2 コンピュータのプログラムやセンサーのはたらきについて調べます。

(1) プログラムのはたらきには○、センサーのはたらきには×、プログラムとセンサーの両方のはたらきには△をつけましょう。

①(　　)発光ダイオード(LED)を1秒ずつ3回点めつさせる。

②(　　)暗くなったことを感じる。

③(　　)人が前に立ったときだけ、明かりをつける。

④(　　)水温が60℃になったら、電気ポットの電源を切る。

(2) 正しくつくられたプログラムは、指示に従《したが》って正確に動くことがとくいだといえますか、いえませんか。

(　　　　　　)

ぴったり3

確かめのテスト

9. 電気と私(わたし)たちの生活

時間 30分

／100

合格 70点

教科書 178〜203ページ　答え 42ページ

1 身の回りの電気製品について調べます。

各5点(30点)

(1) 私たちが使う電気は、発電所でつくられています。

① 風力発電所、火力発電所、水力発電所などは、風や水蒸気(すいじょうき)、水などの力を利用して、あるものを回して、発電(はつでん)しています。あるものとは、何ですか。（　　　　）

② 光電池(こうでんち)をたくさん並べ、日光により大規模な発電をしているところを何発電所といいますか。（　　　　）

(2) 私たちは、電気をいろいろなものに変えて利用しています。次の電気製品は、電気をどんなはたらきに変えていますか。（　　）にあてはまる言葉を書きましょう。

①かい中電灯…電気を（　　　　）に変える。

②音楽プレーヤー…電気を（　　　　）に変える。

③せん風機…電気を（　　　　）に変える。

④オーブントースター…電気を（　　　　）に変える。

よく出る

2 光電池と手回し発電機で発電し、電気をためる実験をしました。

技能　(2)は全部できて15点、他は各5点(40点)

光電池への日光の当て方	そのまま日光を当てる	半とう明のシートでおおう	黒い紙でおおう
プロペラ付きモーター	①	ゆっくり回る	②
豆電球	光る	弱く光る	③
流れる電流の大きさ	④	⑤	⑥

(1) 表の①〜③にあてはまる言葉を、㋐〜㋓の中から選んで、記号で答えましょう。

①（　　）　②（　　）　③（　　）

㋐ 回らない　㋑ 回る　㋒ 強く光る　㋓ 光らない

(2) 表の④〜⑥を電流の大きさが大きい方から並べましょう。（　　）→（　　）→（　　）

(3) 手回し発電機で、コンデンサーにためる電気の量を同じにするにはどのようにしますか。次の文の（　　）にあてはまる言葉を書きましょう。

コンデンサーに豆電球が光らなくなるまでつなぎ、コンデンサーに電気がたまっていない状態にする。次に、手回し発電機を同じ速さで、同じ（　　　　）だけ回し、電気をためる。

(4) コンデンサーをつないだ光電池[あ]〜[う]を、[あ]はそのままで、[い]は半とう明のシートでおおい、[う]は黒い紙でおおって同じ時間日光に当てました。コンデンサーに豆電球をつないだとき、もっとも長い時間光る豆電球は[あ]〜[う]のどれにつないだ豆電球ですか。（　　　　）

できたらスゴイ!

❸ 手回し発電機にいろいろな電気製品をつなぎ、発電のしかたについて実験しました。

思考・表現　各6点(30点)

回し方	ゆっくり回す	速く回す	逆に回す
	変化	変化	変化
プロペラ付きモーター	ゆっくり回る	速く回る	逆に回る
豆電球	光る	強く光る	光る
発光ダイオード	光る	強く光る	⑦

(1) 手回し発電機のハンドルを回す速さとモーターの回る速さなどの関係から、発電とハンドルを回す速さの関係について、どのようなことがいえますか。
（　　）にあてはまる言葉を書きましょう。

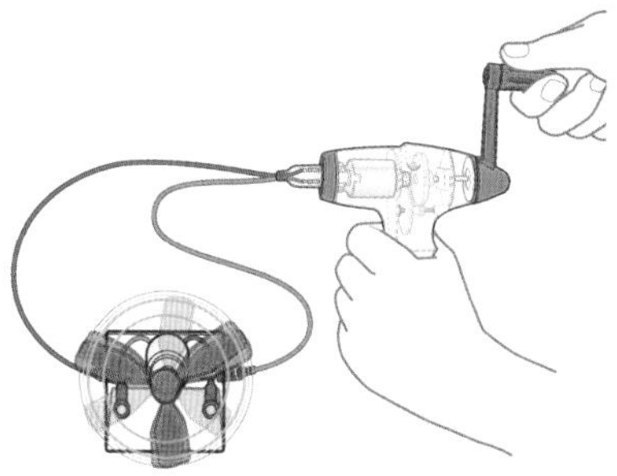

手回し発電機のハンドルを回す速さが速いほど、
（　　　　　　　　　　　）電流が流れる。

(2) 表の⑦にあてはまる言葉を書きましょう。
（　　　　　　　　　　　　　）

(3) 記述 (2)のような結果になったのはなぜですか。その理由を、発光ダイオードのしくみから考えて書きましょう。
（　　　　　　　　　　　　　　　　　　　　　　　　　　　　　　　　）

(4) 手回し発電機のハンドルを回す向きと(3)の関係から、発電とハンドルを回す向きの関係について、どのようなことがいえますか。正しい方に○をつけましょう。

ハンドルを回す向きを逆にすると、電流の向きも逆になると思うよ。
ア（　　）

ハンドルを回す向きを逆にしても、電流の向きは同じだと思うよ。
イ（　　）

(5) 手回し発電機のハンドルを回すのをやめると、電流は流れ続けますか、流れなくなりますか。
（　　　　　　　　　　　　　）

ふりかえり 🐶 ❷ がわからないときは、76 ページの ❶ 、78 ページの ❷ にもどってかくにんしましょう。
❸ がわからないときは、76 ページの ❶ 、78 ページの ❷ にもどってかくにんしましょう。

ぴったり1 準備

3分でまとめ

学習日　月　日

10. 人と環境《かんきょう》

①人と環境①

めあて
人と空気、人と水との関わりについてかくにんしよう。

教科書 204～209ページ　答え 43ページ

次の(　)にあてはまる言葉を書くか、あてはまるものを○で囲もう。

1 人は空気とどのように関わっているのだろうか。

教科書 206～207ページ

▶人もほかの動物や植物のように、(①　　　　　)をして酸素《さんそ》を取り入れ、(②　　　　　　　　)を出している。

▶人は呼吸《こきゅう》以外でも、ものを燃やし、(③　　　　　　　　)を発生させている。

▶人の活動が活発になると、発生させる二酸化《にさんか》炭素《たんそ》の量は(④　多く・少なく　)なる。

ガソリンなどを燃料にして走る自動車は、気体の(⑤　　　　　　)や、空気をよごすものを出している。

2 人は水とどのように関わっているのだろうか。

教科書 208～209ページ

▶人もほかの動物や植物のように、常に(①　　　　　)を取り入れている。

▶人は生活する中で、たくさんの水を使っており、日本で１人が１日に生活の中で使う水の量は、平均(②　　　　　　　)Lである。

生活で使う水は、川などの水を一度(③　　　　　　　)や貯水池などにためた後、じょう水場で消毒したものである。

▶生活などで使った後の水は、(④　　　　　　　　　)に集めて、きれいにしてから川などにもどしている。

ここが だいじ!
①呼吸やものを燃やすことで、酸素が使われ、二酸化炭素が出されている。
②水は生物が生きていくために必要である。水はいろいろなことに使われている。

ぴたトリビア　人の活動で発生させる二酸化炭素の量が多くなっていることが、地球温暖化の原因の１つと考えられています。

10. 人と環境《かんきょう》

①人と環境①

教科書 204～209ページ 答え 43ページ

1 **人と空気の関わりについて、次の文で正しいものには○、まちがっているものには×をつけましょう。**

①(　　)人はほかの動物や植物とちがい、呼吸《こきゅう》はしない。
②(　　)火力発電所では、石油などを燃やして電気をつくる。そのときに、二酸化炭素《にさんかたんそ》が発生する。
③(　　)ガソリンを燃やすときには、酸素《さんそ》を使い、二酸化炭素や、空気をよごすものを出している。
④(　　)火を使って料理をするときには二酸化炭素が発生しない。
⑤(　　)人の活動が活発になり、より便利で豊かな生活を求めて、多くの酸素を発生させるようになってきた。
⑥(　　)空気をよごすものを出さないようにするため、燃料電池自動車などが開発されてきた。

2 **人や動物、植物と水の関わりについて調べました。**

(1) 人や動物の体の中で、水はどんなことに使われていますか。次の**ア**～**エ**から正しいものを２つ選んで、○をつけましょう。

ア(　　)食べ物を消化《しょうか》・吸収《きゅうしゅう》するのに使われる。
イ(　　)呼吸するときに使われる。
ウ(　　)吸収した養分を体のすみずみに運ぶのに使われる。
エ(　　)骨と骨をつないで、動かすのに使われる。

(2) 日本人１人が、生活していく中で１日に使う水の量は、およそ何Ｌですか。正しいものに○をつけましょう。

ア(　　)３Ｌ　**イ**(　　)30Ｌ
ウ(　　)300Ｌ　**エ**(　　)3000Ｌ

(3) 私《わたし》たちが使った後の水は、どのようにしてから川や海にもどされますか。次の文の(　　)にあてはまる言葉を書きましょう。

(　　　　　　　　)できれいにしてから、川や海にもどされる。

10. 人と環境《かんきょう》

①人と環境②
②持続可能な社会へ

学習日　　月　　日

めあて
持続可能な社会を実現するためのSDGsについてかくにんしよう。

教科書 210〜214ページ　答え 44ページ

次の(　)にあてはまる言葉を書こう。

1 人は、植物とどのように関わっているのだろうか。

教科書 210〜211ページ

- 人は、ほかの動物や(①　　　　)を食べて生きている。
- 人が食べているもののもとをたどると、すべて(②　　　　)にいきつく。
- 植物は、日光が当たっている昼間は主に(③　　　　)を取りこんで、酸素を出す。
- 人は森林から(④　　　　)を切り出し、さまざまな形で利用している。

2 持続可能《じぞくかのう》な社会《しゃかい》をつくるにはどうしたらよいのだろうか。

教科書 212〜214ページ

- 地球温暖化などの環境問題を自らの問題として考え、現在の人が幸せに暮《く》らすとともに、その幸せな暮らしを未来に引きつぐことができる社会を(①　　　　)という。
- 世界で立てられている、持続可能でよりよい世界を実現するために2030年までに達成すべき17の目標を(②　　　　)という。
- SDGs《エスディージーズ》の7番目の目標「エネルギーをみんなに　そしてクリーンに」
  - 風の力を使って発電する(③　　　　)発電や、光電池《こうでんち》を使って発電する(④　　　　)発電を利用する。
- SDGsの14番目の目標「海の豊かさを守ろう」
  - 海岸に打ち上げられた(⑤　　　　)をせいそうする。

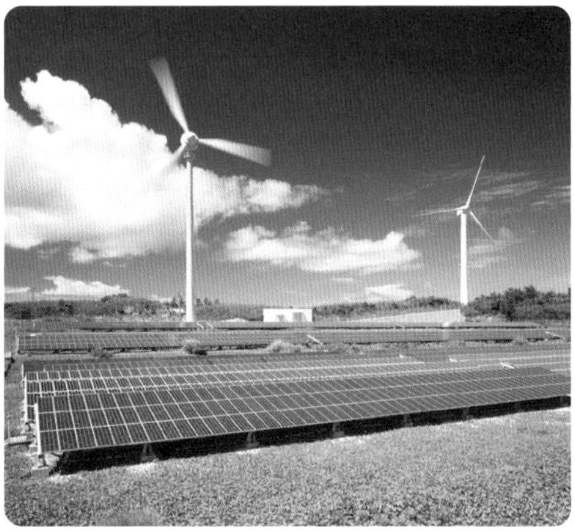

写真のプロペラは風の力を使って、パネルは太陽の光で発電しているよ。

ここがだいじ！
①人と植物は、空気と食物を通して関わり合っている。
②自然環境を守り、持続可能な社会をつくらなければならない。

ぴたトリビア 人は生活するうえで自然環境にえいきょうをおよぼします。自分の生活の中で環境に多くの負担をかける行動がないか、考えてみましょう。

ぴったり2 練習

10. 人と環境《かんきょう》

①人と環境②

②持続可能な社会へ

学習日　月　日

教科書 210〜214ページ　答え 44ページ

1 朝食に食べたパン、ハムエッグ、牛乳《ぎゅうにゅう》が何からできているかを調べます。

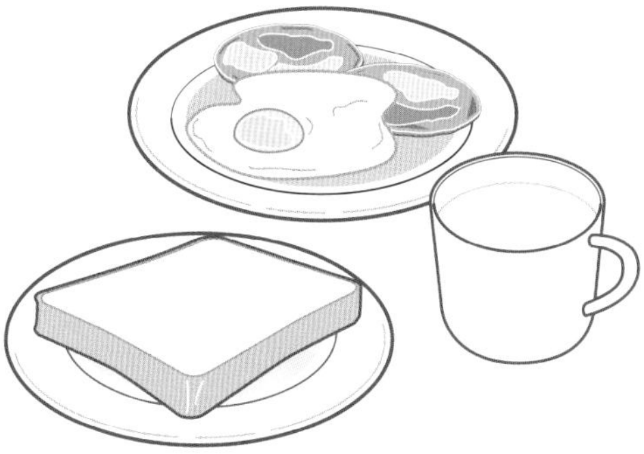

(1) パンとハムエッグは、それぞれ何からつくられますか。それぞれ次の㋐〜㋔の中からすべて選んで、記号で答えなさい。

パン(　　　　)

ハムエッグ(　　　　)

㋐ ブタ　㋑ コムギ　㋒ ニワトリ

㋓ ウシ　㋔ ダイズ

(2) 牛乳をつくっているウシは、植物と動物のどちらを食べますか。

(　　　　)

(3) 食べ物のもとをたどっていくと、何にいきつきますか。正しいものに○をつけましょう。

ア(　)食べ物のもとをたどると、すべて動物にいきつく。

イ(　)食べ物のもとをたどると、すべて植物にいきつく。

ウ(　)食べ物のもとをたどると、すべて水にいきつく。

エ(　)食べ物のもとをたどると、すべて酸素《さんそ》にいきつく。

2 自然と人間の関係について調べます。

(1) きれいな空気を守るためには、どのようなことをすればよいですか。正しいものに○をつけましょう。

ア(　)ものを燃やす火力発電《はつでん》を使う。

イ(　)風の力を利用する風力発電を使う。

ウ(　)二酸化炭素《にさんかたんそ》をたくさん発生させる。

(2) 森林を守るためには、どのようなことをすればよいですか。次の文の(　)にあてはまる言葉を書きましょう。

森林を守るために、森林を切り開いた後に(　　　　)を植えて育てる。

(3) 自然環境を守るための取り組みとして、正しいものに○をつけましょう。

ア(　)火力発電所や水力発電所をどんどんつくる。

イ(　)工場や住宅はできるだけ山の中につくる。

ウ(　)家庭からのはい水は、そのまま川や海に流す。

エ(　)古紙をリサイクルする。

ヒント 2 (3)水力発電所は二酸化炭素は出しませんが、ダム建設のために森林を破かいします。山の中に工場をつくっても、はい出物が出る場所がちがうだけで、総合的には同じことです。

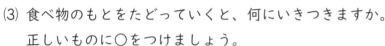

ぴったり3
確かめのテスト

10. 人と環境《かんきょう》

時間 30分

／100

合格 70点

教科書 204〜214ページ　答え 45ページ

1 次のことは環境を守るのにどのように役に立っていますか。あてはまる言葉を（　　）に書きましょう。

各10点(40点)

(1) 風の力を使って発電《はつでん》する風力発電を使うと、火力発電とちがって（　　　　　　　　）を出さずに電気をつくることができる。

(2) 海岸に打ち上げられたごみをせいそうすることは、海岸をきれいにして、そこにすむ（　　　　　　）を守ることにつながる。

(3) 森林を切り開いた後に植林すると、植えたなえ木が成長して、再び（　　　　　　）ができる。

(4) 古紙をリサイクルすると、新たに（　　　　）を切らなくても紙をつくることができる。

2 人と自然の環境について考えます。

思考・表現　各15点(60点)

(1) 近くの川に、家庭や工場からのはい水がたくさん流れるとどうなると思いますか。正しいものに○をつけましょう。

ア（　　）川がよごれ、川にすんでいた生物がすみにくくなる。

イ（　　）川はよごれるが、川にすんでいる生物に悪いえいきょうはない。

ウ（　　）自然にきれいになるので、川はよごれない。

(2) 生活で使った後のよごれた水をきれいにする、右の写真のようなし設を何といいますか。

（　　　　　　　　　　　）

(3) 近年、空気中の二酸化炭素《にさんかたんそ》の割合《わりあい》が増加していることが報告されました。これは、私《わたし》たちが生活の中で、何を燃やして利用しているためですか。正しいものに○をつけましょう。

ア（　　）土　イ（　　）石油　ウ（　　）水

(4) 空気中の二酸化炭素の割合が増えると、地球にどのような問題が起こりますか。正しいものに○をつけましょう。

ア（　　）地球全体があたたまる。

イ（　　）地球全体が冷える。

ウ（　　）問題は起こらない。

ちっ素のどちらですか。

（　　）

2 人の呼吸《こきゅう》のしくみについて調べます。

各3点(9点)

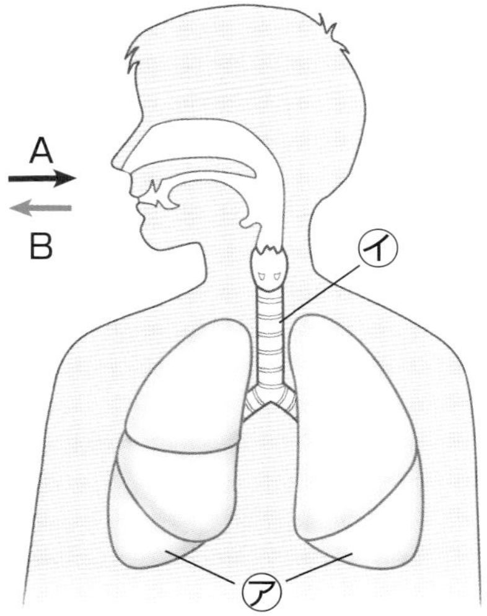

(1) 図の㋐の部分を何といいますか。

（　　）

(2) 口や鼻と㋐とをつなぐ㋑の管を何といいますか。

（　　）

(3) ㋐に出入りする気体A、Bのうち、石灰水《せっかいすい》を白くにごらせるのはどちらですか。

（　　）

と燃えた後の気体の割合を調べました。 各3点(9点)

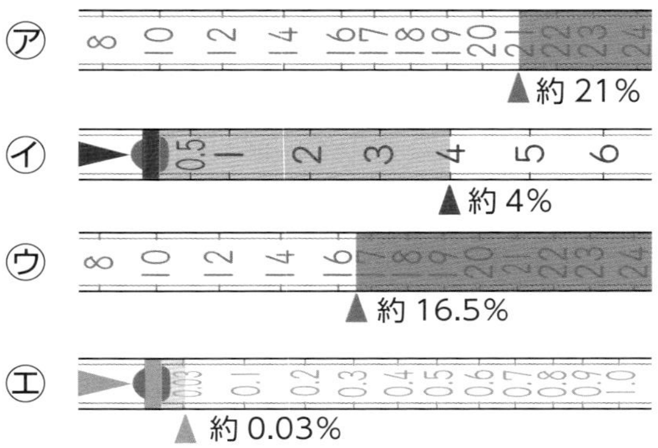

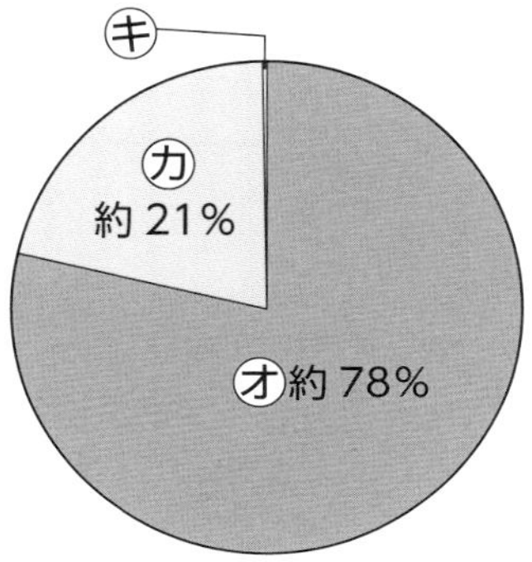

▲空気の成分(体積の割合)

(1) ろうそくを燃やす前の集気びんの中の二酸化炭素《にさんかたんそ》の体積の割合を示しているのは、㋐〜㋓のどの検知管ですか。

（　　）

(2) 空気の成分のうち、ろうそくが燃えることには直接関係しない気体は何ですか。㋔〜㋖から選びましょう。

（　　）

(3) 記述 ろうそくが燃えると何が減って、何が増えますか。

（　　）

うらにも問題があります。

(切り取り線)

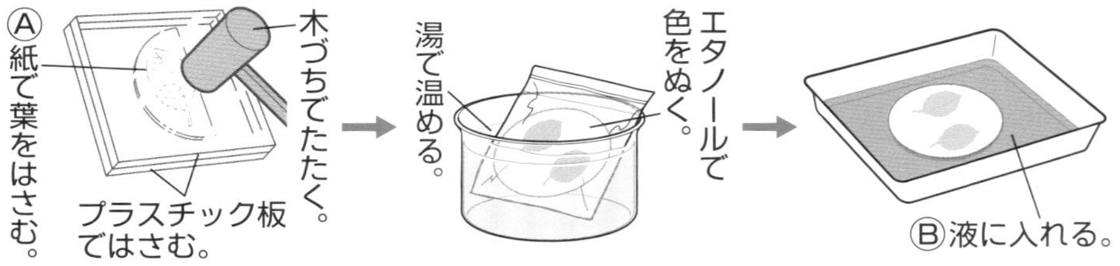
Ⓐ紙で葉をはさむ。
木づちでたたく。
プラスチック板ではさむ。
湯で温める。
エタノールで色をぬく。
Ⓑ液に入れる。

(1) 実験で使った、Ⓐ紙とⒷ液は何ですか。それぞれ名前を書きましょう。

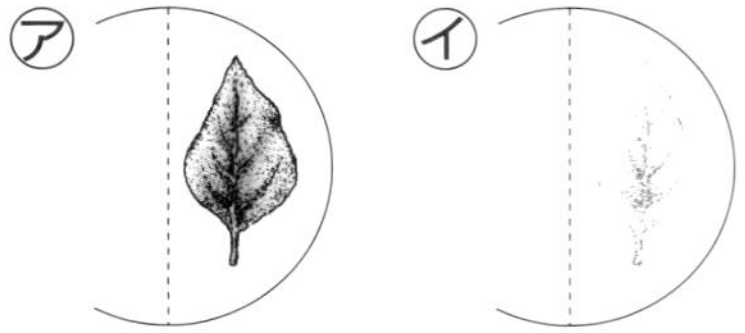
㋐
㋑

Ⓐ…(　　　　)
Ⓑ…(　　　　)

(2) 実験の結果、㋐、㋑のような結果になりました。早朝に取った葉は、㋐、㋑のどちらですか。(　　)

(3) この実験からわかったことを2つ選んで、○をつけましょう。

ア(　　)葉は、一度養分をつくると、次の日の朝まで、その多くをたくわえている。

イ(　　)葉は、つくった養分のほとんどを夜の間に、どこかに移しているか使ってしまっている。

ウ(　　)葉は、日光がよく当たる昼より、夜にたくさん養分をつくっている。

エ(　　)葉は、日光が当たると養分をつくるが、いつまでも葉にたくわえていることはない。

(　　　　)

(4) スチールウール(鉄)が燃えると、二酸化炭素はできますか、できませんか。

(　　　　)

8 **根から吸《す》い上げられた水が葉まで運ばれ、その後どうなるか実験しました。** 各5点(20点)

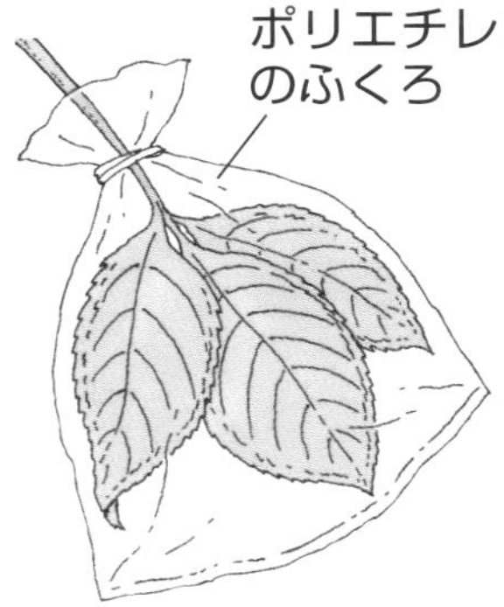
ポリエチレンのふくろ

(1) 図のようにして、サクラの葉から水が出ているかどうか調べようとしました。正しく調べるためには、どのような枝と比べればよいですか。

(　　　　)

(2) 記述 ポリエチレンのふくろの中が白くくもりました。このことから、どのようなことがいえますか。

(　　　　)

(3) (2)のようなことを何といいますか。

(　　　　)

(4) (3)は、主に葉の裏側の何という穴《あな》で行われていますか。

(　　　　)

(切り取り線)

5 **図のように、だ液のはたらきを調べる実験をします。**

各3点(9点)

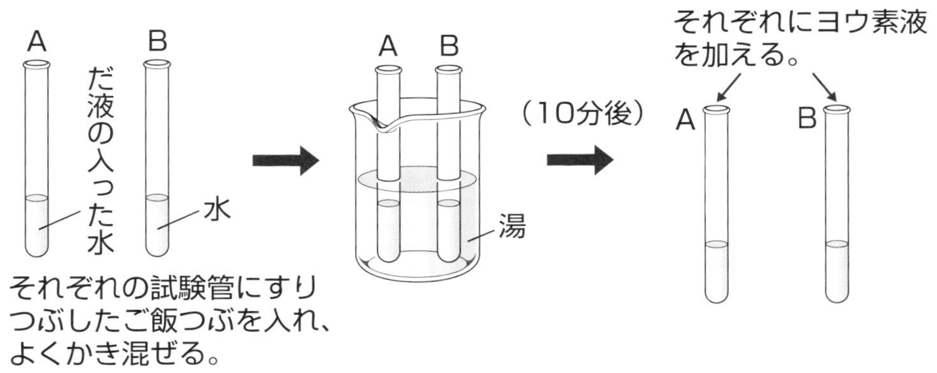
A
B
だ液の入った水
水
それぞれの試験管にすりつぶしたご飯つぶを入れ、よくかき混ぜる。
A
B
湯
(10分後)
それぞれにヨウ素液を加える。
A
B

(1) 試験管Aの液と試験管Bの液で色が変わったのはどちらですか。

(　　　　　　　　　　)

(2) (1)の試験管の液は何色に変化しましたか。

(　　　　　　　　　　)

(3) (2)から、だ液にはどのようなはたらきがあると考えられますか。次の文の(　)にあてはまる言葉を書きましょう。

だ液は(　　　　　　　　　　)を別のものに変えるはたらきをもつ。

6 **よく晴れた日の早朝と、その日の午後とで、葉を1枚ずつ取り、でんぷんがあるかどうかを調べました。**

各3点、(3)は両方できて3点(12点)

思考・判断・表現

7 **図のように底のない集気びんの中でろうそくを燃やしたところ、ろうそくは燃え続けました。**

各5点(20点)

(1) 右の図で、空気の流れを矢印で示すとどうなりますか。次の㋐～㋒の中から1つ選びましょう。

(　　　)

㋐
㋑
㋒

底のない集気びん

(2) ろうそくが燃え続けたのは、なぜですか。その理由を説明した次の文の(　)の中に、空気中にふくまれている気体の名前を書きましょう。

図のような集気びんでは、空気が入れかわるので、(　　　　　　　　)の体積の割合《わりあい》が少なくならず、ろうそくは燃え続ける。

(3) 記述 右の図のように上だけがあいている空きかんがあります。この中で木を燃やしたいと思います。燃え続けさせるためには、どのようなくふうをするとよいですか。(1)、(2)を参考にして答えましょう。

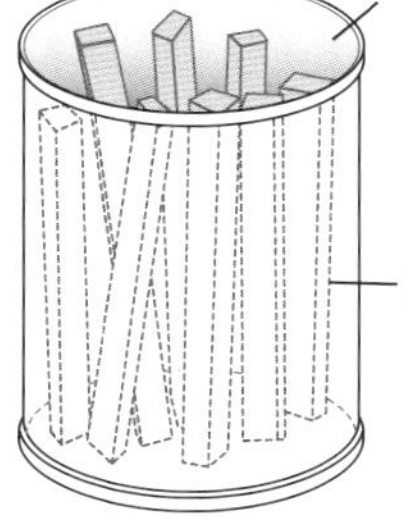
かん
木

夏のチャレンジテスト

教科書 10〜81ページ

名前　　　　月　　日

時間 40分

知識・技能	思考・判断・表現	合格80点
／60	／40	／100

答え46〜47ページ

知識・技能

1 酸素《さんそ》とちっ素《そ》をいろいろな割合《わりあい》で入れた集気びんの中に、燃えているろうそくを入れます。

各3点、(2)は両方できて3点(12点)

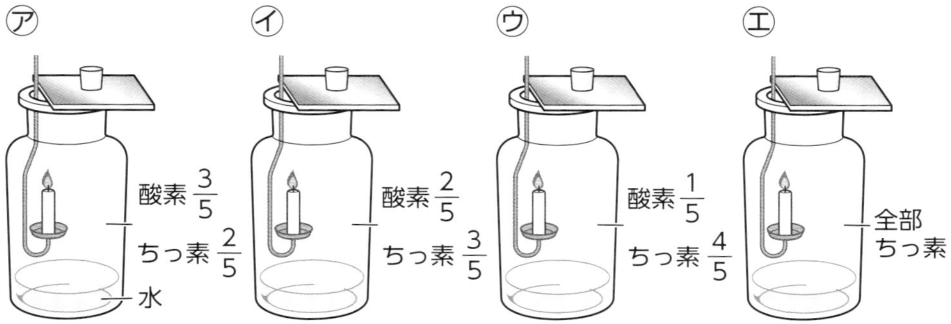

㋐
酸素 $\frac{3}{5}$
ちっ素 $\frac{2}{5}$
水
㋑
酸素 $\frac{2}{5}$
ちっ素 $\frac{3}{5}$
㋒
酸素 $\frac{1}{5}$
ちっ素 $\frac{4}{5}$
㋓
全部ちっ素

(1) 燃えているろうそくを入れると、すぐに消えてしまうものを、㋐〜㋓の中から1つ選んで、記号で答えましょう。
（　　）

(2) 空気中よりも激《はげ》しく燃えるものを、㋐〜㋓の中から2つ選んで、記号で答えましょう。
（　　）と（　　）

(3) 最も激しく燃えるものを、㋐〜㋓の中から1つ選んで、記号で答えましょう。（　　）

(4) (1)〜(3)から、ものを燃やすはたらきのある気体は、酸素と

3 私《わたし》たちは、常に呼吸をくり返し、食物を食べたり、水を飲んだりしています。　各3点、(2)は全部できて3点(9点)

(1) 植物や人や動物は、どのようにして生きるための養分を得ていますか。次の文の（　）にあてはまる言葉を書きましょう。

　植物は、日光を受けて自ら（①　　　　）をつくり出す。自ら養分をつくることのできない人や動物は、ほかの動物や（②　　　　）を食べることによって、生きるための養分を得ている。

(2) 下の図は、生き物の「食べる」「食べられる」の関係を表したものです。食べられるものの側から、食べるものの側へ矢印をかきましょう。

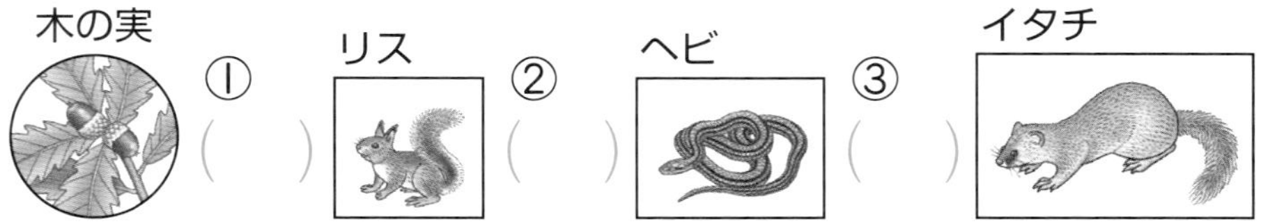

木の実
①
リス
②
ヘビ
③
イタチ

4 集気びんの中でろうそくを燃やす実験を行い、燃える前

(切り取り線)

冬のチャレンジテスト

教科書 84〜177ページ

名前　　　　月　　日

時間 40分

知識・技能	思考・判断・表現	合格80点
／60	／40	／100

答え 48〜49ページ

知識・技能

1 下の実験用てこのうち、水平につり合うものには「○」、左が下へかたむくものには「左」、右が下へかたむくものには「右」と書きましょう。　各3点(15点)

①
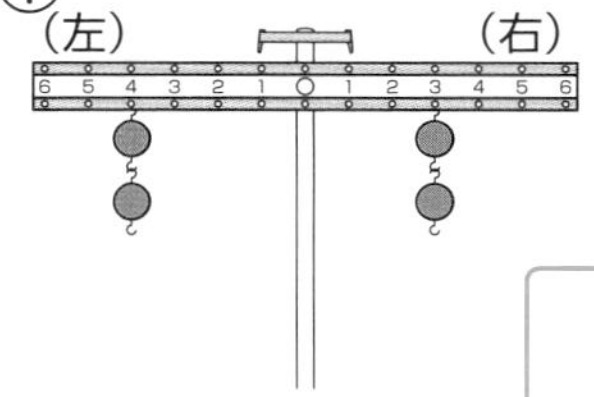

②
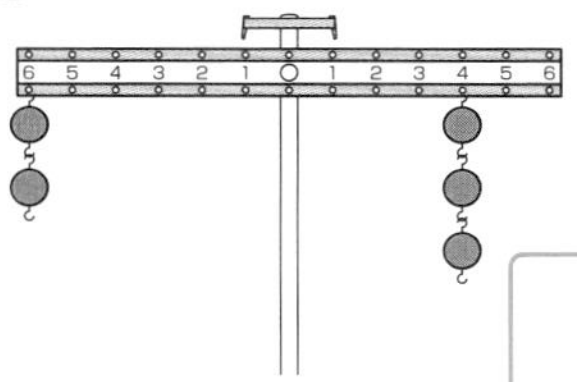

③
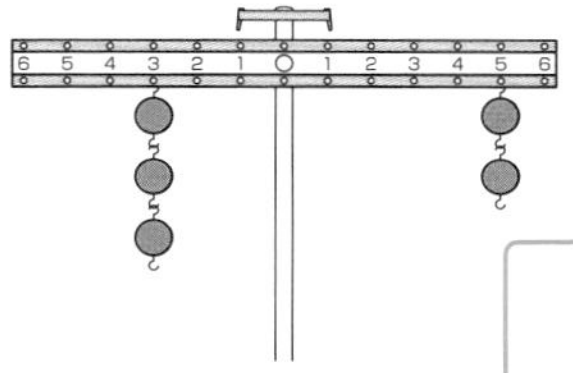

④
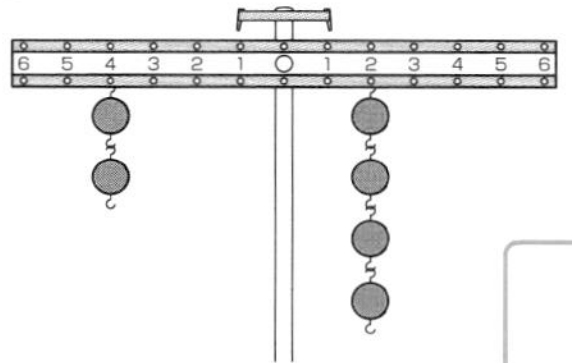

⑤
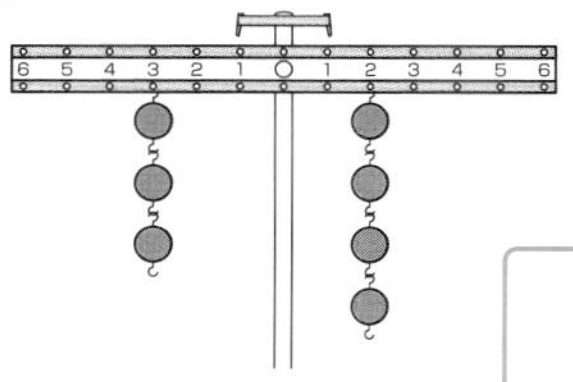

※おもりの重さはすべて等しいものとします。

3 アルミニウムを試験管に入れ、うすい塩酸(えんさん)と炭酸水(たんさんすい)をそれぞれ加えました。　各3点(9点)

(1) それぞれの水溶液(すいようえき)を加えたとき、アルミニウムはどうなりましたか。次の㋐〜㋒から１つずつ選んで、記号で答えましょう。

㋐　あわを出してとけた。
㋑　あわを出さずにとけた。
㋒　変化しなかった。

うすい塩酸(　　　)
炭酸水(　　　)

(2) (1)の後、残った液だけを蒸発皿(じょうはつざら)に少量とって熱したところ、あとに固体が残ったものがありました。この固体について正しく述べたものを、次の中から１つ選んで、○をつけましょう。

ア(　　)白色でアルミニウムと同じものである。
イ(　　)黒色でアルミニウムとは別のものである。
ウ(　　)白色でアルミニウムとは別のものである。

5 図は、川の水によって、運ばれたれき、砂《すな》、どろがたい積して、層をつくっているようすを表したものです。

各3点、(3)は両方できて3点(9点)

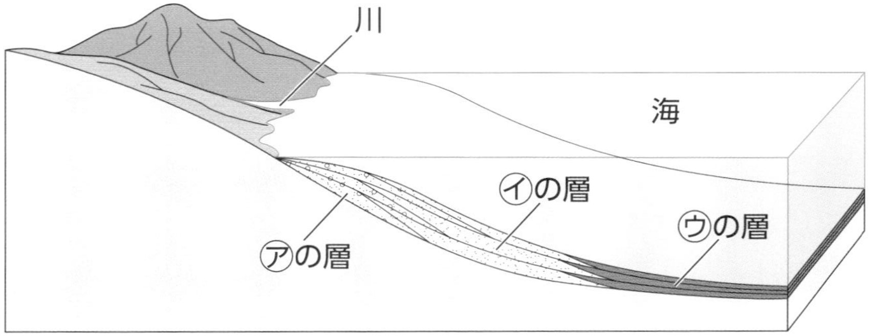

(1) ㋐～㋒の層には、何が積もりますか。次の中から１つ選んで、○をつけましょう。

ア（　　）㋐－どろ　㋑－砂　㋒－れき

イ（　　）㋐－れき　㋑－砂　㋒－どろ

ウ（　　）㋐－砂　㋑－れき　㋒－どろ

(2) 記述 ㋐の層にふくまれるつぶは丸みを帯びています。その理由を書きましょう。

（　　　　　　　　　　　　　　　　）

(3) 地層《ちそう》をつくっているものの中には、長い年月の間にかたい岩石となったものがあります。砂、どろからできた岩石を、それぞれ何といいますか。

砂（

思考・判断・表現

7 月と太陽の位置関係について観察しました。

各5点(15点)

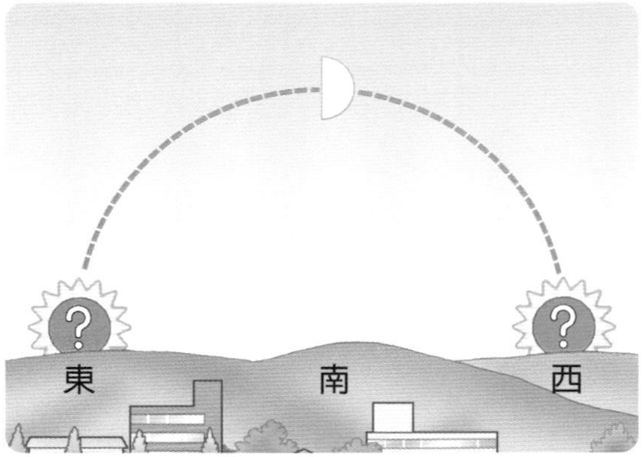

(1) 図のように、右半分の半月が見られるのは、午前と午後のどちらですか。

（　　　　）

(2) 図とは逆に、左半分の半月が見られるのは、午前と午後のどちらですか。

（　　　　）

(3) 記述 (1)の理由を、「そのとき太陽がどちら側にあるか」をもとに、説明しましょう。

（　　　　　　　　　　　　　　　　）

どろ（　　　　　　　　）

6 次の文で、正しいものを３つ選んで、○をつけましょう。

各3点(9点)

ア（　　）うすいアンモニア水、炭酸水《たんさんすい》にはにおいがある。

イ（　　）水溶液《すいようえき》のにおいをかぐときは、直接吸《す》いこまないで、手であおぐようにしてかぐ。

ウ（　　）水溶液には、とけ残りが見られたりにごっていたりするものがある。

エ（　　）薬品が皮ふについたときは、水でよく洗《あら》い流す。

オ（　　）食塩水を熱すると、水が蒸発《じょうはつ》した後に食塩が残る。

8 ４つのビーカーの中に、食塩水・うすい塩酸・うすいアンモニア水・炭酸水のどれかが入っています。

各5点、(1)は全部できて5点(25点)

(1) ４つのビーカーの中の水溶液を見分けるために、いろいろなことを調べて、下のような表にまとめました。この表を見て、①～④の水溶液の性質はそれぞれ何性とわかりますか。次の中から選んで、記号で答えましょう。

㋐ 酸性《さんせい》　㋑ アルカリ性《せい》　㋒ 中性《ちゅうせい》

①（　　）　②（　　）　③（　　）　④（　　）

水溶液 ＼ 調べたこと	①	②	③	④
におい	ある	ない	ない	ある
赤色リトマス紙《し》	青色になる	変化はない	変化はない	変化はない
青色リトマス紙	変化はない	変化はない	赤色になる	赤色になる
水を蒸発させる	何も残らない	白い固体	何も残らない	何も残らない

(2) (1)の表から、①～④のビーカーの中に入っている水溶液の名前を答えましょう。

①（　　　　　　　　）
②（　　　　　　　　）
③（　　　　　　　　）
④（　　　　　　　　）

（切り取り線）

2 次の図は、太陽と地球、月の位置関係を表しています。

各3点、(1)は全部できて3点(6点)

(1) ㋐～㋗の月は、地球から見て、それぞれどのような形に見えますか。下のあ～くからあてはまる形を選んで、記号で答えましょう。

㋐(　　) ㋑(　　) ㋒(　　) ㋓(　　)
㋔(　　) ㋕(　　) ㋖(　　) ㋗(　　)

(2) 月と太陽で、自ら光りかがやいているのはどちらですか。

(　　　　)

4 次の図のような道具を使って、ねん土のかたまりの重さをはかります。

各4点(12点)

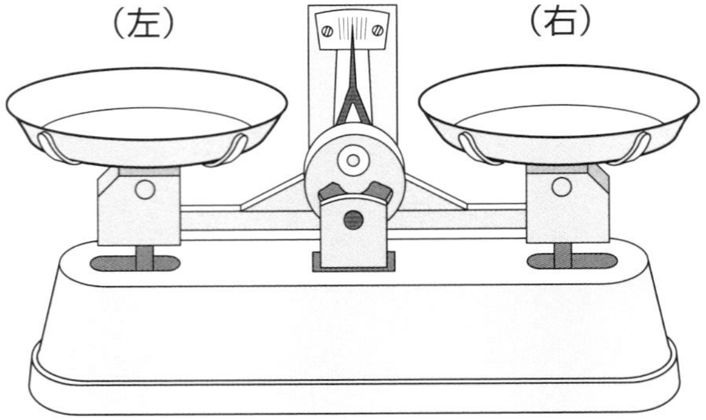

(1) 上の図のような道具を何といいますか。

(　　　　)

(2) 左の皿にねん土のかたまりをのせ、右の皿にいくつかの分《ふん》銅《どう》をのせたら右が下にかたむきました。重さを正しくはかるにはどうしますか。①～③から選びましょう。(　　)

①右の皿の分銅を減らす。

②右の皿に分銅を追加する。

③左の皿のねん土を減らす。

(3) この道具では、てこが水平につり合ったとき、左右の皿にのせたものの重さは同じと考えてよいですか。

(　　　　)

うらにも問題があります。

(切り取り線)

春のチャレンジテスト

教科書 178~214ページ

名前　　　　　　　　月　　日

時間 40分

知識・技能	思考・判断・表現	合格80点
/60	/40	/100

答え 50~51ページ

知識・技能

1 身の回りの電気製品について調べました。

各3点(9点)

(1) 私《わたし》たちが使う電気は、発電所でつくられています。風力発電所、火力発電所、水力発電所などは、風や水蒸気《すいじょうき》、水などの力を利用して、あるもののじくを回して、発電《はつでん》しています。あるものとは、何ですか。

(　　　　　　)

(2) 太陽光発電などに使われる、光を当てると電気をつくる装《そう》置《ち》を何といいますか。

(　　　　　　)

(3) 次の電気製品の中には、電気を熱に変える部品が使われています。その部品の名前を書きましょう。

オーブントースター

(　　　　　　)

3 次のことは環境《かんきょう》を守るのにどのように役に立ちますか。あてはまる言葉を(　)に書きましょう。

各3点(9点)

(1) 風の力を使って発電する風力発電を使うと、火力発電とちがって(　　　　　　)を出さずに電気をつくることができる。

(2) 海岸に打ち上げられたごみをせいそうすることは、海岸をきれいにして、そこにすむ(　　　　　　)を守ることにつながる。

(3) 森林を切り開いた後に新しく木を植えて育てると、植えた木が成長して、再び(　　　　　　)ができる。

手回し発電機を使って、発電について調べます

5 電気の利用について調べました。

各3点、(1)は全部できて3点(9点)

(1) 次の電気製品は電気をあるはたらきに変えて利用しています。（　）の中に、光・音・運動・熱のいずれかを書きましょう。

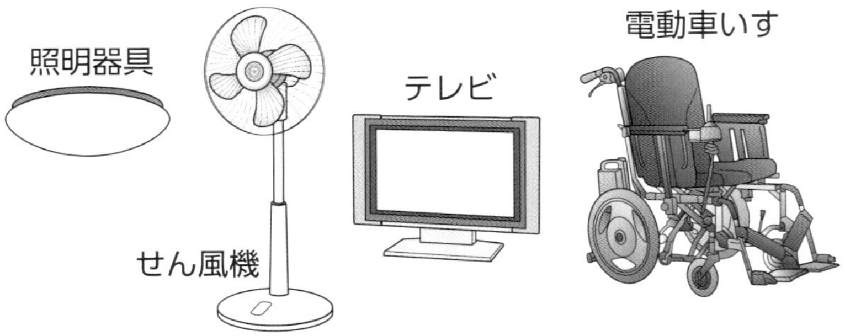

㋐照明器具（　　　）

㋑せん風機（　　　）

㋒テレビ（　　　）と音

㋓電動車いす（　　　）

(2) 電気は、発電所でつくられています。火力発電所や原子力発電所では、熱によって水をあるものに変えて発電機のじくを回しています。何に変えていますか。

（　　　）

(3) 私《わたし》たちの生活は、コンピュータを利用することで大変便利になりました。しかし、コンピュータのプログラムだけではできないこともあります。明るさや温度、音の大きさなどの情報をコンピュータの制ぎょ（コントロール）のため

思考・判断・表現

7 手回し発電機にいろいろな電気製品をつなぎ、発電のしかたについて実験しました。

各5点(20点)

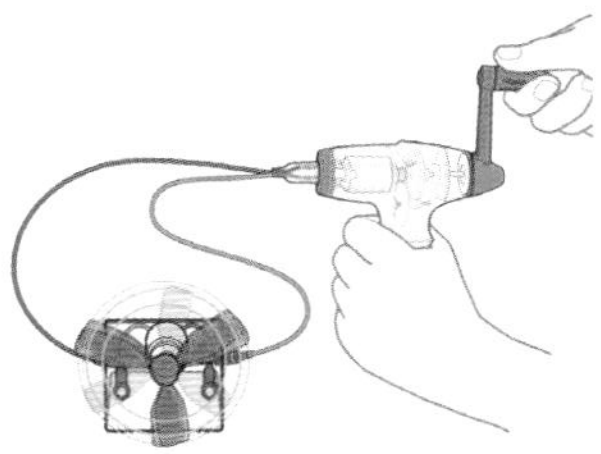

回し方	ゆっくり回す	速く回す	逆に回す
	変化	変化	変化
プロペラ付きモーター	ゆっくり回る	速く回る	逆に回る
豆電球	弱く光る	強く光る	光る
発光ダイオード	弱く光る	強く光る	㋐

(1) 手回し発電機のハンドルを回す速さとモーターの回る速さなどの関係から、発電と手回し発電機のハンドルを回す速さの関係について、どのようなことがいえますか。（　）にあてはまる言葉を書きましょう。

手回し発電機のハンドルを回す速さが速いほど、（　　　）電流が流れる。

(2) 表の㋐にあてはまる言葉を書きましょう。

（　　　）

(3) (2)は、発光ダイオードのたん子《し》にどのような性質があるために起こりますか。

（　　　）

(4) 手回し発電機のハンドルを回す向きと(3)の関係から、発電と回す向きの関係について、どのようなことがいえますか。（　）にあてはまる言葉を書きましょう。

手回し発電機のハンドルを逆に回すと、電流の流れる向

に伝えている機器を何といいますか。

（　　　　　　）

6 下の図は、ある場所で、空気中の二《に》酸《さん》化《か》炭《たん》素《そ》の割合《わりあい》を調べたものです。

各3点(6点)

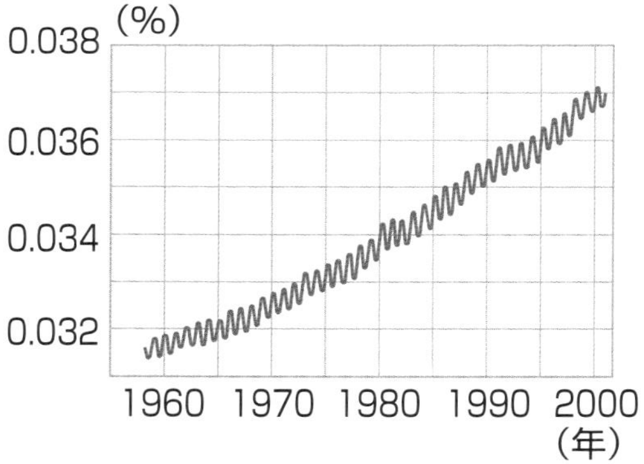

(%)
0.038
0.036
0.034
0.032
1960
1970
1980
1990
2000
(年)

(1) 年がたつにつれて、空気中の二酸化炭素の割合は増えています。これは、私たちが生活の中で主に何を燃やして利用しているためですか。正しいものに○をつけましょう。

ア（　　）土　**イ**（　　）石油　**ウ**（　　）水

(2) 二酸化炭素の割合が増えると、地球にどのような問題が起こりますか。正しい方に○をつけましょう。

ア（　　）地球があたたまる。

イ（　　）地球が冷たくなる。

きが（　　　　）になる。

8 人と自然の環境《かんきょう》について考えます。

各5点(20点)

(1) 川に家庭や工場からのはい水がたくさん流れると、どうなると思いますか。次の文の（　）にあてはまる言葉を書きましょう。

川がよごれ、川にすんでいた（　　　　　）がすみにくくなる。

(2) 生活で使った後のよごれた水をきれいにするし設を何といいますか。（　　　　　）

(3) 自動車や工場などから出された気体が変化して、雨水にとけ、銅像などをとかしたり、森林をからしたりすることがあります。このような雨を何といいますか。

（　　　　）

(4) 近ごろ、森林が減少していることが心配されています。森林の減少を防ぐために、正しいとはいえないのは**ア**～**ウ**のどれですか。（　　）

ア　古紙をリサイクルする。

イ　植物のための二酸化炭素をどんどん増やす。

ウ　木材を切った後に植林する。

2 **朝食に食べるパン、ハムエッグ、牛乳《にゅう》が何からできているかを調べます。** 各3点、(1)はそれぞれ全部できて3点(12点)

(1) パン、ハムエッグ、牛乳は、それぞれ何からつくられますか。それぞれ次の㋐～㋔の中からすべて選んで、記号で答えましょう。

パン(　　　)　ハムエッグ(　　　)　牛乳(　　　)

㋐ ブタ　㋑ コムギ　㋒ ニワトリ

㋓ ウシ　㋔ ダイズ

(2) 食べ物のもとをたどっていくと、何にいきつきますか。正しいものに○をつけましょう。

ア(　)食べ物のもとをたどると、すべて動物にいきつく。

イ(　)食べ物のもとをたどると、すべて植物にいきつく。

ウ(　)食べ物のもとをたどると、すべて水にいきつく。

4 **手回し発電機を使って、発電について調べます。**

各3点(15点)

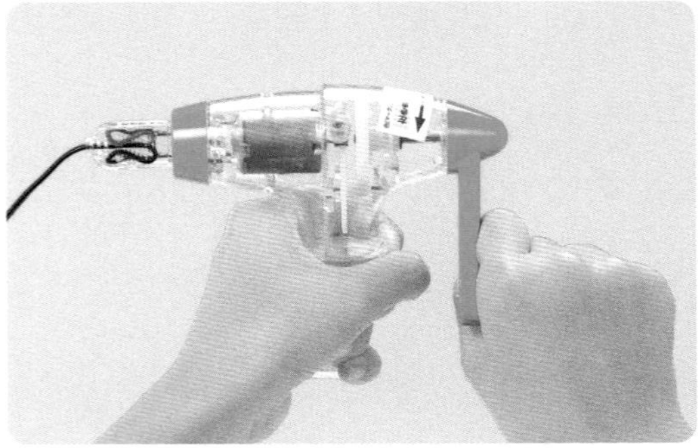

(1) 手回し発電機の中にはある装置が入っていて、この装置のじくをハンドルで回転させることで、電流を流します。この装置は何といいますか。(　　　)

(2) 手回し発電機のハンドルを速く回すと、電流の大きさはどうなりますか。(　　　)

(3) 手回し発電機のハンドルを逆に回すと、電流の向きはどうなりますか。(　　　)

(4) 手回し発電機のハンドルを回すのをやめると、電流はそのまま流れ続けますか。(　　　)

(5) 同じ量の電気をためたコンデンサーに、豆電球と発光ダイオードをつないだときでは、どちらの方が使う電気の量が少ないですか。(　　　)

うらにも問題があります。

(切り取り線)

6年 理科のまとめ 学力診断《しんだん》テスト

月　日

名前

時間 40分

合格80点　／100

答え 52~53ページ

1 上と下にすき間のあいた集気びんの中で、ろうそくを燃やしました。　各2点(12点)

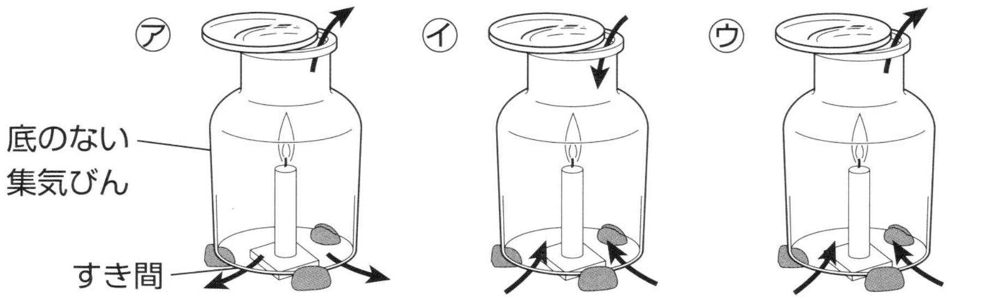

㋐
㋑
㋒
底のない集気びん
すき間

(1) 集気びんの中の空気の流れを矢印で表すと、どうなりますか。正しいものを㋐～㋒から選んで、記号で答えましょう。
(　　)

(2) 集気びんの上と下のすき間をふさぐと、ろうそくの火はどうなりますか。　(　　　　　)

(3) (1)、(2)のことから、ものが燃え続けるためにはどのようなことが必要であると考えられますか。

(　　　　　　　　　　)

(4) ろうそくが燃える前と後の空気の成分を比べて、①増える気体、②減る気体、③変わらない気体は、ちっ素《そ》、酸素《さんそ》、二酸化炭素《にさんかたんそ》のどれですか。それぞれ答えましょう。

3 水の入ったフラスコにヒメジョオンを入れ、ふくろをかぶせて、しばらく置きました。　各3点(12点)

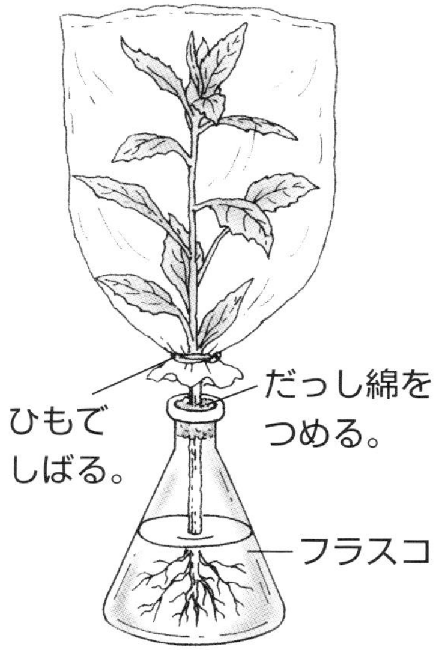

ひもでしばる。
だっし綿をつめる。
フラスコ

(1) 15分後、ふくろの内側はどうなりますか。
(　　　　　　)

(2) 次の文の(　)にあてはまる言葉を書きましょう。

(1)のようになったのは、主に葉から、水が(①)となって出ていったからである。このようなはたらきを(②)という。

①(　　　　)　②(　　　　)

(3) ふくろをはずし、そのまま1日置いておくと、フラスコの中の水の量はどうなりますか。

(　　　　　)

4 太陽、地球、月の位置関係と、月の形の見え方について調べました。　各3点(12点)

5 地層《ちそう》の重なり方について調べました。

各2点(8点)

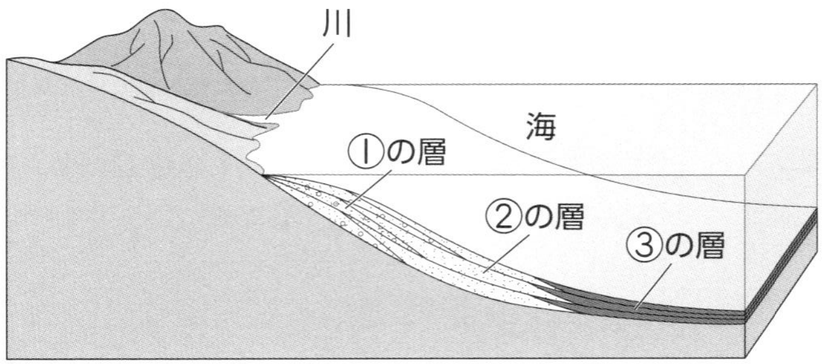

川
海
①の層
②の層
③の層

(1) ①～③の層には、れき・砂《すな》・どろのいずれかがたい積しています。それぞれ何が積もっていると考えられますか。

①(　　　　)　②(　　　　)　③(　　　　)

(2) (1)のように積み重なるのは、つぶの何が関係していますか。

(　　　　　　)

6 水溶液《すいようえき》の性質を調べました。

各3点(12点)

(1) アンモニア水を、赤色、青色のリトマス紙《し》につけると、リトマス紙の色はそれぞれどうなりますか。

①赤色リトマス紙(　　　　　　)

②青色リトマス紙(　　　　　　)

(2) リトマス紙の色が、(1)のようになる水溶液の性質を何といいますか。(　　　　　　)

(3) 炭酸水《たんさんすい》を加熱して水を蒸発《じょうはつ》させても、あとに何も残らない

活用力をみる

8 身の回りのてこを利用した道具について考えました。

各3点(15点)

(1) はさみの支点《してん》・力点《りきてん》・作用点《さようてん》はそれぞれ、㋐～㋒のどれにあたりますか。

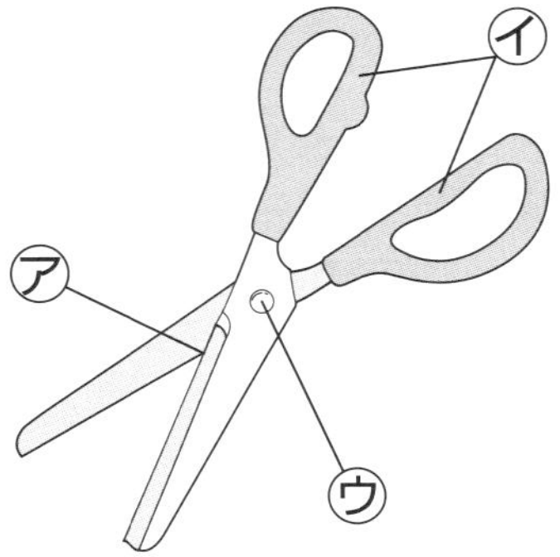

㋐
㋑
㋒

①支点　(　　　)

②力点　(　　　)

③作用点(　　　)

(2) はさみで厚紙を切るとき、「㋐はの先」「㋑はの根もと」のどちらに紙をはさむと、小さな力で切れますか。正しい方の□に○をつけましょう。

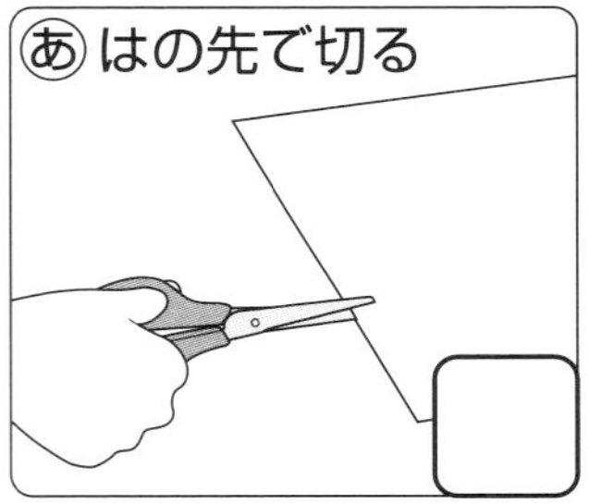

㋐ はの先で切る

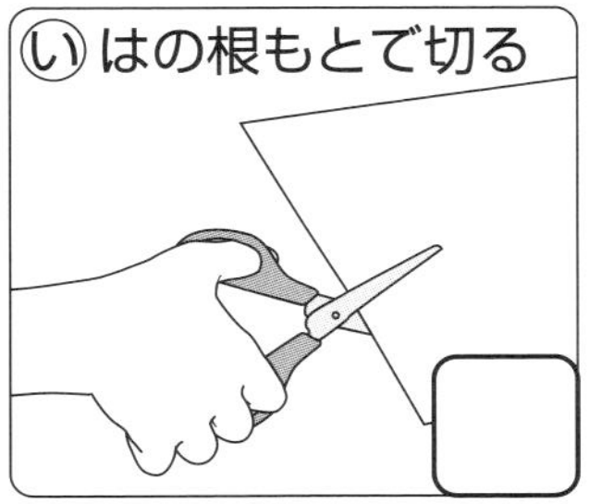

㋑ はの根もとで切る

(3) (2)のように答えた理由を書きましょう。

(　　　　　　　　　　　　　　　　　　)

9 電気を利用した車のおもちゃを作りました。

各4点(12点)

のはなぜですか。理由を書きましょう。

(　　　　　　　　　　　　　　　　)

7 空気を通した生物のつながりについて考えました。

各3点(9点)

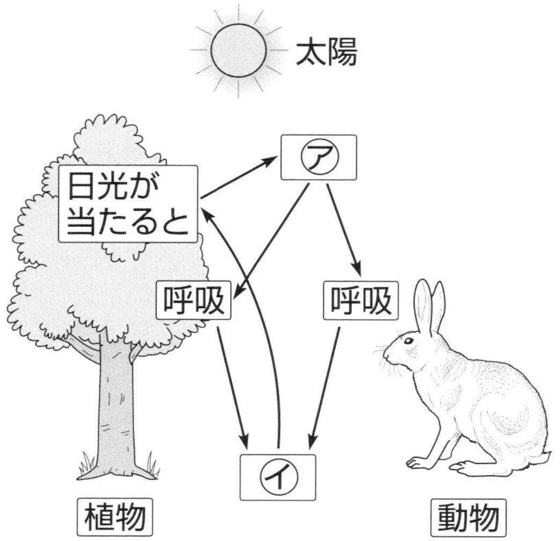

(1) ㋐、㋑の気体は、それぞれ何ですか。気体の名前を答えましょう。

㋐(　　　　　　)

㋑(　　　　　　)

(2) 植物も動物も呼吸《こきゅう》を行っていますが、地球上から酸素がなくならないのは、なぜですか。理由を書きましょう。

(　　　　　　　　　　　　　　　　)

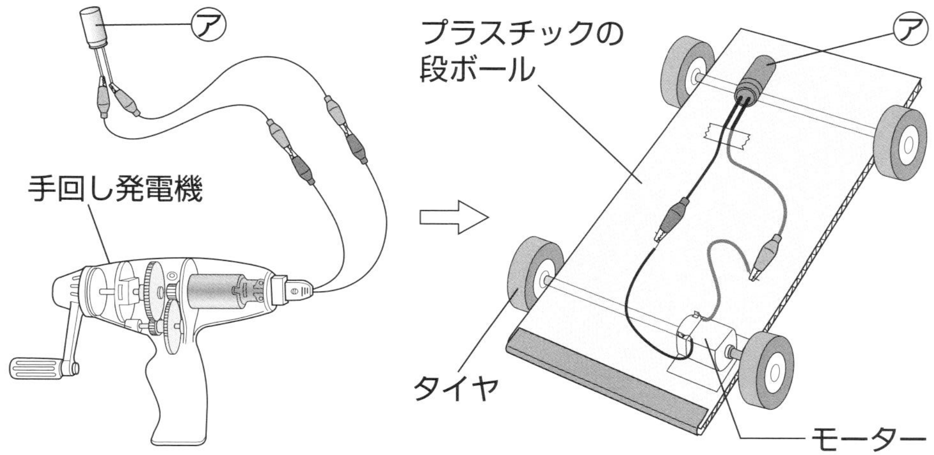

(1) 手回し発電機で発電《はつでん》した電気は、ためて使うことができます。電気をためることができる㋐の道具を何といいますか。

(　　　　　　)

(2) 電気をためた㋐をモーターにつないで、タイヤを回します。この車をより長い時間動かすには、どうすればよいですか。正しい方に○をつけましょう。

①(　　　)手回し発電機のハンドルを回す回数を多くして、㋐にためる電気を増やす。

②(　　　)手回し発電機のハンドルを回す回数を少なくして、㋐にためる電気を増やす。

(3) 車が動くとき、㋐にためられた電気は、何に変えられますか。　(　　　　　　)

①(　　　　　　　　)
②(　　　　　　　　)
③(　　　　　　　　)

2 人の体のつくりについて調べました。

各2点(8点)

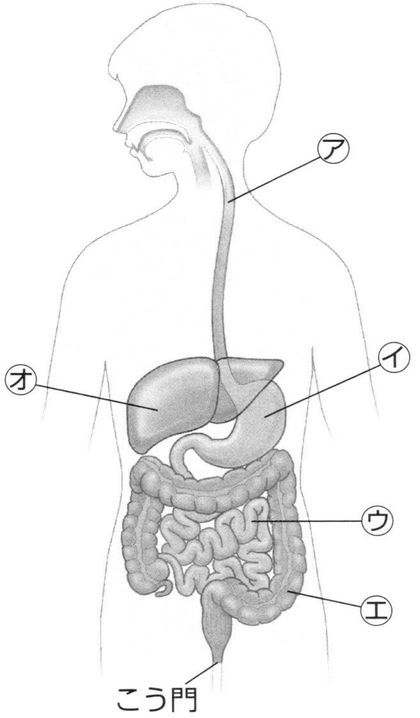

(1) ㋐〜㋔のうち、食べ物が通る部分をすべて選び、記号で答えましょう。

(　　　　　　)

(2) 口から取り入れられた食べ物は、(1)で答えた部分を通る間に、体に吸収《きゅうしゅう》されやすい養分に変化します。このはたらきを何といいますか。

(　　　　　　)

(3) ㋐〜㋔のうち、吸収された養分をたくわえる部分はどこですか。記号とその名前を答えましょう。　記号(　　)　名前(　　　　　　)

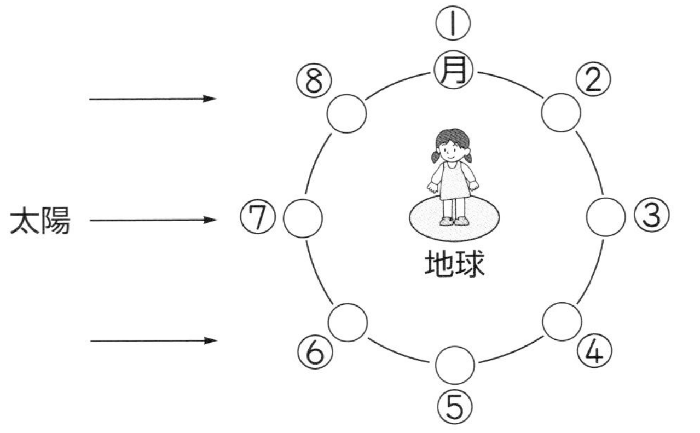

(1) 月が①、③、⑥の位置にあるとき、月は、地球から見てどのような形に見えますか。㋐〜㋗からそれぞれ選び、記号で答えましょう。

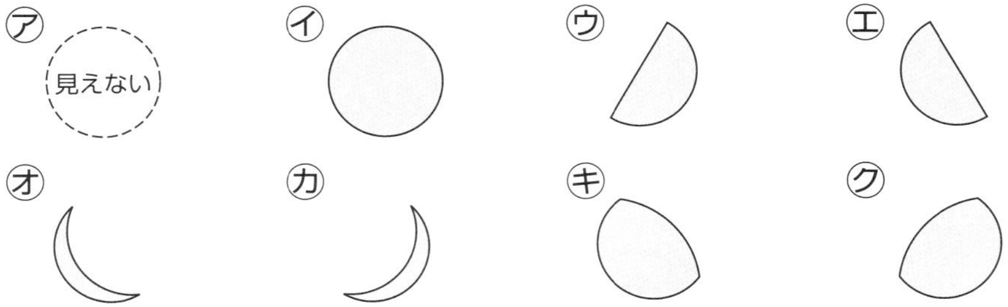

①(　　)　③(　　)　⑥(　　)

(2) 月が光って見えるのはなぜですか。理由を書きましょう。

(　　　　　　　　　　　　　　　　)

うらにも問題があります。

1. ものの燃え方と空気

①ものが燃え続けるには

ろうそくが燃え続けるには、どのようにすればよいかかくにんしよう。

教科書 10〜14ページ　答え 2ページ

次の(　)にあてはまる言葉を書くか、あてはまるものを○で囲もう。

1 ろうそくが燃え続けるにはどのようにすればよいだろうか。 教科書 12〜14ページ

▶集気びんにふたをして、ろうそくが燃え続けるか調べる。

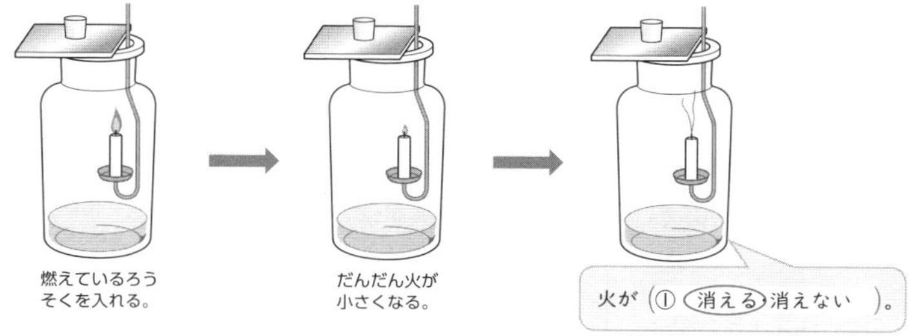

▶ろうそくを、集気びんの中で燃やし続ける方法を調べる。

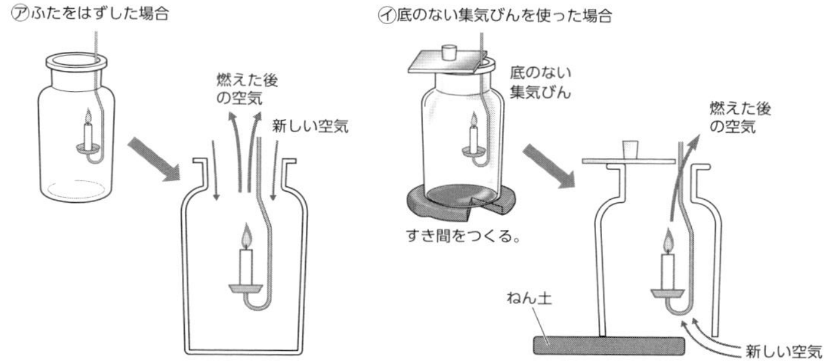

▶㋐の場合、ろうそくは(② (燃え続ける)・燃え続けない　)。

▶㋑の場合、ろうそくは(③ (燃え続ける)・燃え続けない　)。

▶ろうそくが燃え続けるのは、外から新しい空気が入り、集気びんの中の(④ 空気)が入れかわるからである。

▶燃えた後の空気は、周りよりも温度が高いので、上へ動く。

ここがだいじ！ ①ろうそくが燃え続けるためには、集気びんの中に新しい空気が入るようにすることが必要である。

ぴたトリビア 燃えた後の空気は上へ動くので、底だけにすき間があるびんの中でろうそくを燃やしても、上にすき間がなければ、ろうそくは燃え続けません。

1. ものの燃え方と空気

①ものが燃え続けるには

教科書 10〜14ページ　答え 2ページ

1 図のようにして、集気びんの中で、ろうそくを燃やします。

(1) 図の①では、ろうそくの火はどうなりますか。
（燃え続ける。(消えない。)）

(2) (1)のようになるのはどうしてですか。次の文の(　)にあてはまる言葉を書きましょう。

すき間をつくった集気びんの中で（ 空気 ）が入れかわるためである。

(3) 次のア〜エについて、空気の流れを正しく表しているものに○をつけましょう。

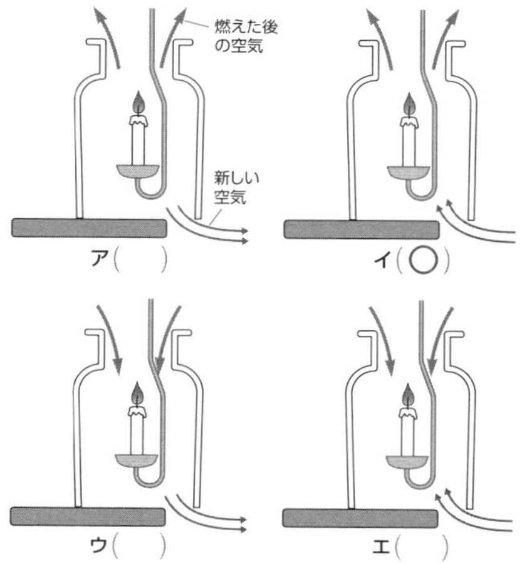

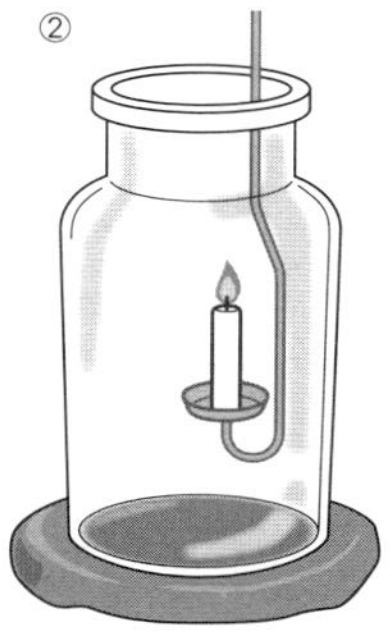

(4) 図の②のように、底にすき間のない集気びんの中でろうそくを燃やしました。ろうそくの火はどうなりますか。
（燃え続ける。(消えない。)）

(5) 図の②の集気びんにふたをすると、ろうそくの火はどうなりますか。（ 消える。 ）

(6) (5)のようになるのは、ふたをしないときと比べて、何が入れかわらなくなるからですか。（ 空気 ）

3ページ てびき

❶ (1)、(2)集気びんの下のすき間から空気が入り、上の穴《あな》から空気が出ていきます。このように、集気びんの中の空気が入れかわるので、ものを燃やすはたらきがなくならず、ろうそくは燃え続けます。

(3)燃えた後の空気は周りよりも温度が高いので上へ動くため、イのように、新しい空気が集気びんの下のすき間から入り、上から出ていきます。

(4)集気びんの上の穴から空気が入ったり出ていったりします。

(5)、(6)すき間がないと空気が入れかわらない(空気の流れがない)ので、集気びんの中の空気からものを燃やすはたらきがなくなって、ろうそくの火は消えてしまいます。

おうちのかたへ　1. ものの燃え方と空気

もの(ろうそくなど)が燃え続けるには、空気が入れかわることが必要であること、酸素にはものを燃やすはたらきがあり、ものが燃えると空気中の酸素の一部が使われ、二酸化炭素ができることを学習します。使われるのは酸素の一部であり、全部ではないことがポイントです。

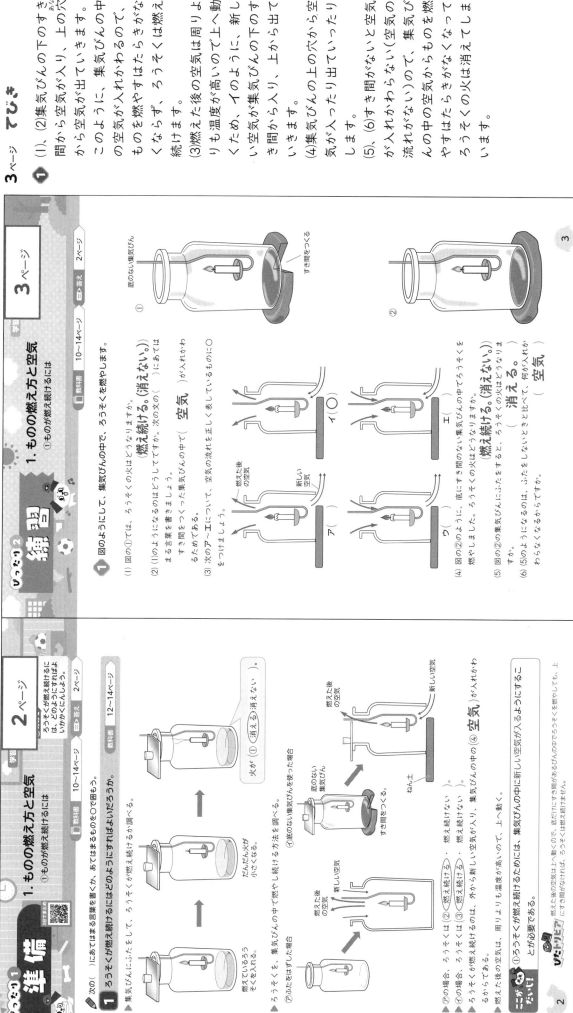

教科書ぴったりトレーニング

丸つけラクラク解答

この「丸つけラクラク解答」は
とりはずしてお使《つか》いください。

学校図書版
理科６年

「丸つけラクラク解答」では問題《もんだい》と同じ紙面《しめん》に、赤字で答えを書いています。

①問題がとけたら、まずは答え合わせをしましょう。

②まちがえた問題やわからなかった問題は、てびきを読んだり、教科書を読み返したりしてもう一度《いちど》見直しましょう。

おうちのかたへ では、次のようなものを示しています。

- 学習のねらいやポイント
- 他の学年や他の単元の学習内容とのつながり
- まちがいやすいことやつまずきやすいところ

お子様への説明や、学習内容の把握などにご活用ください。

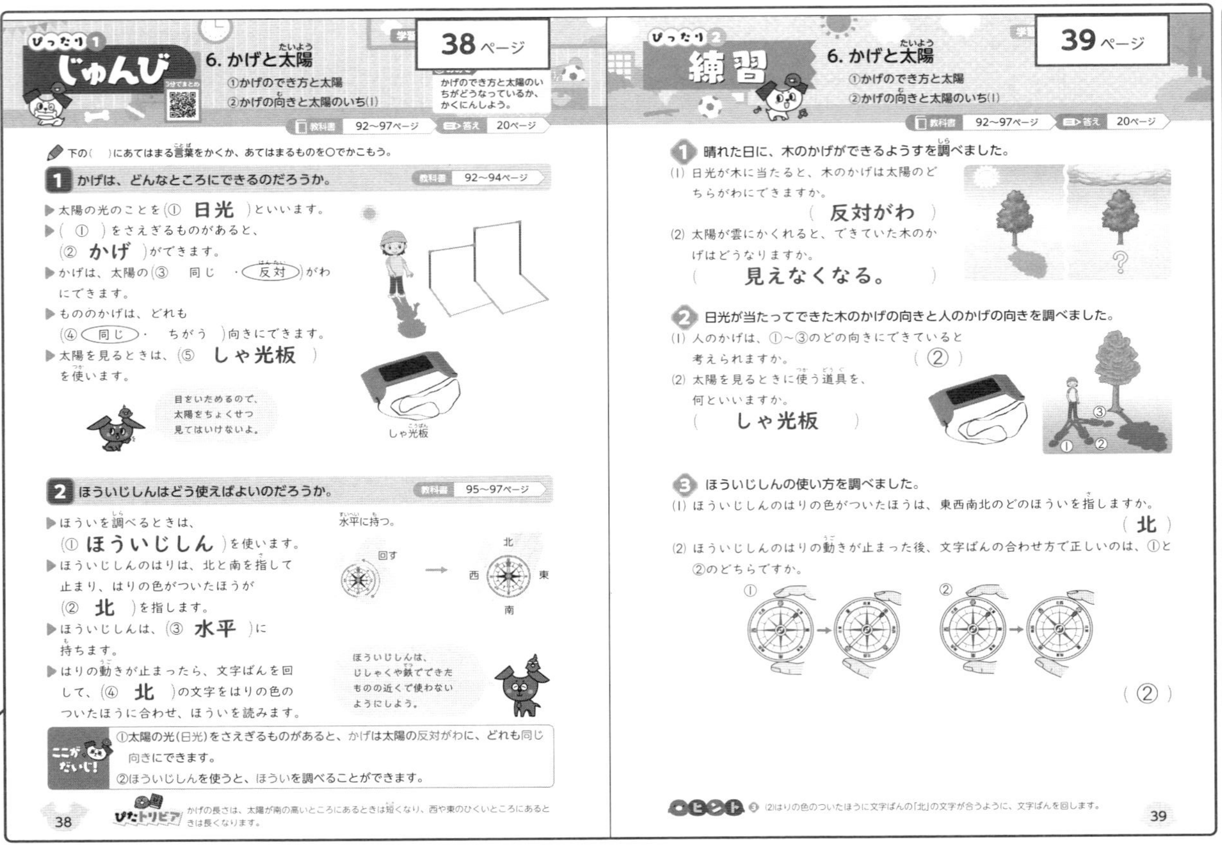

見やすい答え

39ページ てびき

❶ (1)かげは太陽《たいよう》の反対《はんたい》がわにできます。

(2)日光をさえぎるものがあると、かげができます。日光が当たらなければ、かげはできません。

❷ (1)かげはどれも同じ向《む》きにできるため、人のかげは木のかげと同じ向きにできます。

(2)目をいためるので、ぜったいに太陽をちょくせつ見てはいけません。

❸ (1)ほういじしんのはりの色がついたほうは、北を向いて止まります。

(2)ほういじしんのはりの動きが止まってから、文字ばんを回して、「北」の文字をはりの色のついたほうに合わせます。

くわしいてびき

おうちのかたへ 6. かげと太陽

日光により影ができること、太陽が動くと影も動くこと、日なたと日かげではようすが違うことを学習します。太陽と影(日かげ)との関係が考えられるか、日なたと日かげの違いについて考えることができるか、などがポイントです。

おうちのかたへ

※紙面はイメージです。

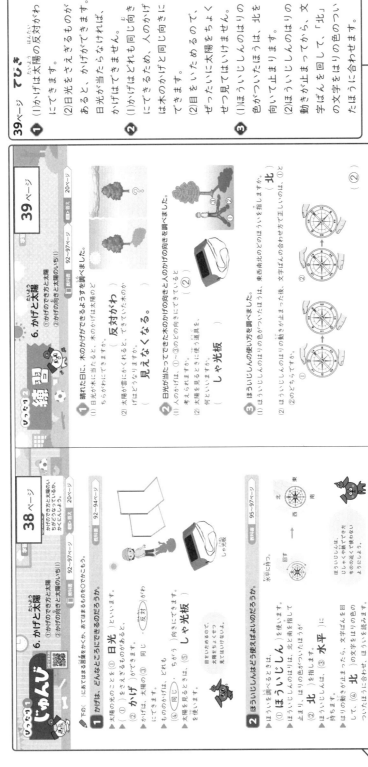

空気の成分を学び、ものを燃やすはたらきのある気体をかくにんしよう。

教科書 15〜17ページ　答え 3ページ

次の(　)にあてはまる言葉を書くか、あてはまるものを○で囲もう。

1 ものを燃やすはたらきのある気体は何だろうか。

教科書 15〜17ページ

▶空気の成分(体積の割合《わりあい》)

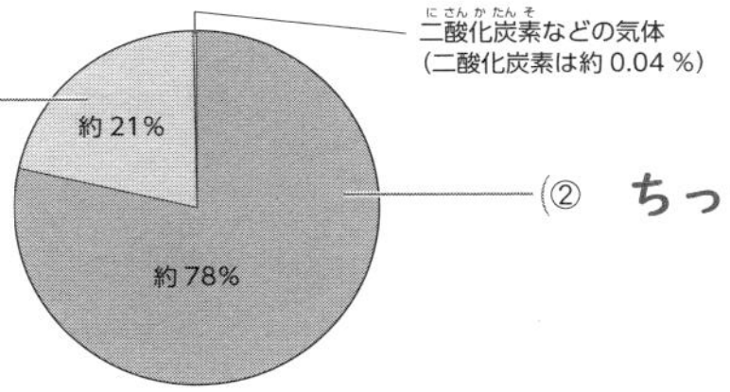

(① 酸素)　(② ちっ素)

▶ちっ素《そ》、酸素、二酸化炭素の中に火のついたろうそくを入れてみる。

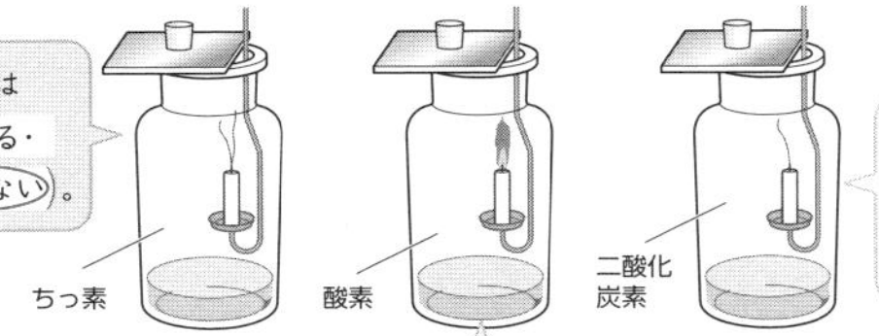

ろうそくは(③ 燃える・(燃えない))。
ろうそくは(④(燃える)・燃えない)。
ろうそくは(⑤ 燃える・(燃えない))。

▶空気中にふくまれている気体で、ものを燃やすはたらきがあるものは(⑥ 酸素)である。ちっ素や二酸化炭素には、ものを燃やすはたらきが(⑦ ある ・(ない))。

▶ろうそくは空気中に比べて酸素中のほうが激《はげ》しく燃える。これは、空気中には(⑧ 酸素)が約 21 %しかふくまれていないからである。

気体によってものを燃やすはたらきがあるものとないものがあるね。

ここが だいじ!
①空気中の気体で、酸素にはものを燃やすはたらきがある。
②ちっ素と二酸化炭素にはものを燃やすはたらきはない。

ぴたトリビア 空気中には酸素が約 21 %しかふくまれていないので、酸素だけの気体の中より、ろうそくはおだやかに燃えます。

教科書 15〜17ページ　答え 3ページ

1 円グラフは空気の成分(体積の割合《わりあい》)を表したものです。

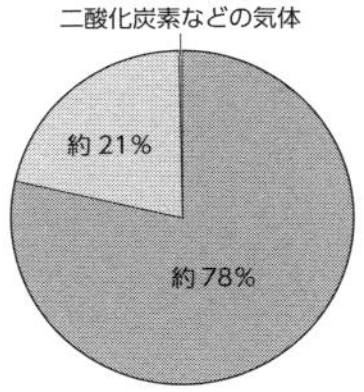

(1) 空気に最も多くふくまれている気体は何ですか。
(ちっ素)

(2) 体積の割合が約 21 %である気体は何ですか。正しいものに○をつけましょう。
ア(　)ちっ素《そ》
イ(　)二酸化炭素《にさんかたんそ》
ウ(○)酸素《さんそ》

(3) 空気中には、体積の割合でおよそ何%の二酸化炭素がふくまれていますか。
約(0.04)%

2 ちっ素、酸素、二酸化炭素を入れてふたをした集気びんの中に火のついたろうそくを入れました。

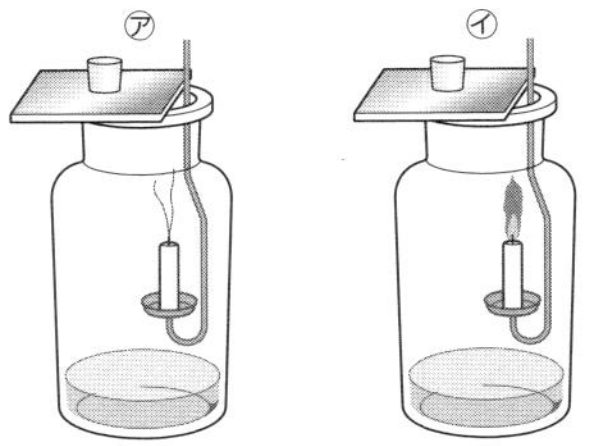

(1) ちっ素を入れた集気びんに入れたとき、ろうそくはどうなりましたか。ア、イから選びましょう。
(ア)

(2) ちっ素には、ものを燃やすはたらきがありますか。
(ない。)

(3) 酸素を入れた集気びんに入れたとき、ろうそくはどうなりましたか。ア、イから選びましょう。
(イ)

(4) 酸素には、ものを燃やすはたらきがありますか。
(ある。)

(5) 二酸化炭素を入れた集気びんに入れたとき、ろうそくはどうなりましたか。ア、イから選びましょう。
(ア)

(6) 二酸化炭素には、ものを燃やすはたらきがありますか。
(ない。)

(7) ちっ素、酸素、二酸化炭素の中で、ものを燃やすはたらきがあるのは、どの気体ですか。
(酸素)

3 ある気体を入れてふたをした集気びんの中に火のついたろうそくを入れると、ろうそくはおだやかに燃えました。

(1) 集気びんに入れたある気体とは酸素、空気のどちらですか。(空気)

(2) 記述 ろうそくが激《はげ》しく燃えず、おだやかに燃えたのはなぜですか。
(空気中には体積の割合で約21%しか酸素がふくまれていないから。)

ヒント 3 ものを燃やすはたらきのある気体の割合が大きいほど、ものは激しく燃えます。ちっ素などの割合が大きいとものを燃やすはたらきがある気体があっても燃え方はおだやかになります。

5ページ てびき

1 (1)空気中には、ちっ素《そ》、酸素《さんそ》、二酸化炭素《にさんかたんそ》などの気体がふくまれ、全体の約 78 %がちっ素です。
(3)空気中の二酸化炭素は約 0.04 %です。

おうちのかたへ
空気の成分のうち、酸素は体積比で約 21 %です。約5分の1は酸素ということになります。5分の1とイメージで覚えるように指導してください。

2 (3)、(4)酸素はものを燃やすはたらきのある気体で、ものが燃えるときに減ります。
(5)、(6)二酸化炭素はものが燃えるときに増える気体です。燃えるときにできるものなので、ものを燃やすはたらきはありません。

3 (1)ろうそくがおだやかに燃えるのは空気中です。酸素中ではろうそくは激《はげ》しく燃えます。
(2)空気中でろうそくがおだやかに燃えるのは、酸素の割合《わりあい》が少ないからです。

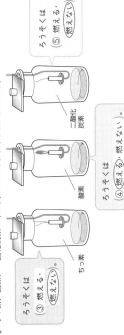

1. ものの燃え方と空気
③ものの燃え方と空気の変化①

ろうそくが燃えた後の空気に増えている気体についてかくにんしよう。

教科書 18〜21ページ　答え 4ページ

次の(　)にあてはまる言葉を書くか、あてはまるものを〇で囲もう。

1 ろうそくが燃えた後の空気では、何が増えているのだろうか。
教科書 18〜20ページ

▶二酸化炭素の調べ方
(① 石灰水)を二酸化炭素にふれさせると、(②(白くにごる)・とう明になる　)。

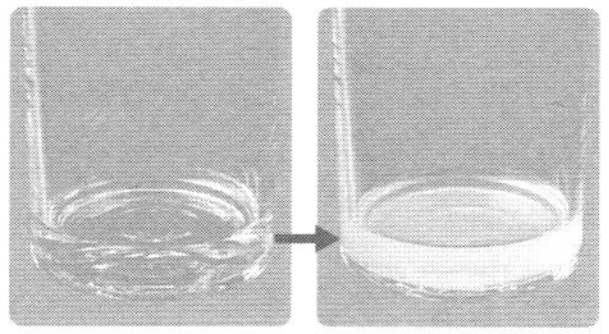

▶ろうそくが燃えた後の空気を石灰水《せっかいすい》で調べた。
▶ろうそくの火が消えた後の集気びんをふった。

石灰水は(③ 白)くにごった。

▶ろうそくが燃えた後の空気には、燃える前よりも多くの(④ 二酸化炭素)がふくまれていた。

2 気体検知管は、どのように使うのだろうか。
教科書 21ページ

▶気体検知管では、空気中の酸素や二酸化炭素の体積の(① 割合)を調べられる。
気体検知管には、酸素用検知管と(② 二酸化炭素)用検知管がある。
▶気体検知管の使い方
❶気体検知管の(③ 両はし)を折る。
❷気体検知管の一方の先に(④ キャップ)をつけ、もう一方をポンプに差しこむ。
❸気体の中にキャップをつけた気体検知管の先を入れ、ポンプの(⑤ ハンドル)を引く。
❹しばらくたってから、気体検知管の割合《わりあい》を読み取る。

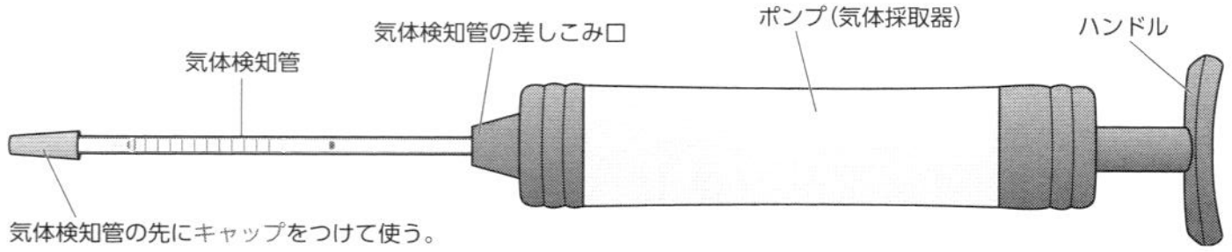
気体検知管の差しこみ口
ポンプ(気体採取器)
ハンドル
気体検知管
気体検知管の先にキャップをつけて使う。

ここがだいじ!
①ろうそくが燃えた後の空気は、燃える前より二酸化炭素が増えている。
②気体検知管では、空気中の酸素や二酸化炭素の体積の割合を調べられる。

ぴたトリビア　ふたをしたびんの中にある火のついたろうそくはやがて火が消えますが、酸素のすべてが使われるわけではありません。

1. ものの燃え方と空気
③ものの燃え方と空気の変化①

教科書 18〜21ページ　答え 4ページ

1 気体に、二酸化炭素がふくまれているかどうかを調べます。
(1) 何という液体で調べますか。　(石灰水)
(2) (1)の液体は、二酸化炭素にふれる前、どのような液体ですか。正しいものに〇をつけましょう。
ア(〇)無色でとう明
イ(　)白くにごっている
ウ(　)灰色でとう明
(3) (1)の液体の入った集気びんの中でろうそくを燃やし、火が消えたら集気びんをふると、液体が変化しました。集気びんの中の空気には、何という気体が増えましたか。
(二酸化炭素)

2 火のついたろうそくを入れる前の、集気びんに石灰水《せっかいすい》を入れてふりました。
(1) 石灰水はどうなりましたか。
(変化しなかった。(そのまま。))

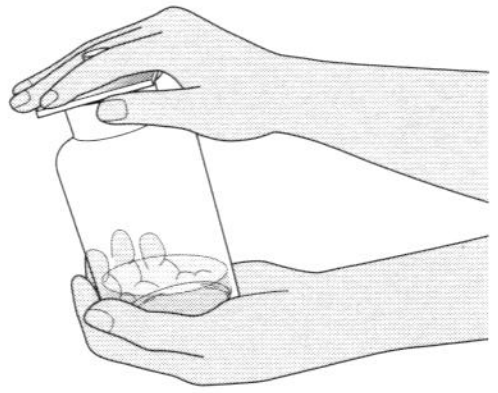

(2) 次に、集気びんに火のついたろうそくを入れ、火が消えてから、ろうそくを取り出しふたをしてびんをふりました。石灰水はどのようになりましたか。
(白くにごった。)
(3) (2)からわかることは何ですか。次の文の(　)にあてはまる言葉を書きましょう。
ろうそくが燃える前の空気と燃えた後の空気では、(燃えた後)の空気の方が二酸化炭素が増えていた。

3 気体検知管の使い方について、次の問いに答えましょう。
(1) 使用すると熱くなるので注意する必要があるのはどちらの気体検知管ですか。正しい方に〇をつけましょう。
ア(〇)酸素用検知管　イ(　)二酸化炭素用検知管
(2) 気体検知管の両はしを折った後、一方はポンプに差しこみますが、もう一方は何をつけて使いますか。
(キャップ)
(3) 酸素用検知管6〜24％用に空気を吸いこむと、色が右の図のように変わりました。図より、どのようなことがいえますか。次の文の(　)にあてはまる言葉を書きましょう。

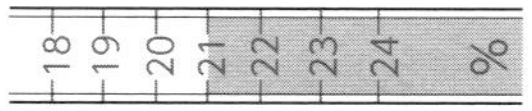
18
19
20
21
22
23
24
%

酸素用検知管に吸いこんだ空気には、体積の割合で、(酸素)が約(21)％ふくまれている。

7ページ　てびき

❶ (1)、(2)石灰水《せっかいすい》は、気体に二《に》酸化炭素《さんかたんそ》がふくまれているかどうかを調べる液体です。空気中では色がなく、とう明ですが、二酸化炭素にふれると白くにごります。
(3)石灰水が変化した(白くにごった)ことから、二酸化炭素の体積の割合《わりあい》が増えたと考えます。

❷ (2)、(3)ろうそくが燃えたので、集気びんの中の空気の二酸化炭素の体積の割合が増えました。このため、石灰水は白くにごりました。

おうちのかたへ
周りの空気中には二酸化炭素は体積の割合で約0.04％しか含まれていないので、燃える前の空気では石灰水はほとんど変化しません。

❸ (1)酸素《さんそ》用検知管は使うと熱くなるので、やけどに注意します。
(3)酸素用検知管で調べられるのは酸素の割合です。検知管の色が変わっているところの目もりを読み取ります。

ぴったり1 準備

1. ものの燃え方と空気

③ものの燃え方と空気の変化②

学習 **8ページ**

ろうそくが燃えたときの、酸素や二酸化炭素の割合の変化をかくにんしよう。

教科書 21～29ページ　答え 5ページ

次の(　)にあてはまる言葉を書くか、あてはまるものを○で囲もう。

1 ろうそくが燃えた後の酸素《さんそ》や二酸化炭素《にさんかたんそ》の割合《わりあい》はどうなるだろうか。 教科書 21～24ページ

▶ろうそくが燃える前と燃えた後の空気を、気体検知管《きたいけんちかん》で調べる。

▶(①　酸素　)用検知管

▶(②　二酸化炭素　)用検知管

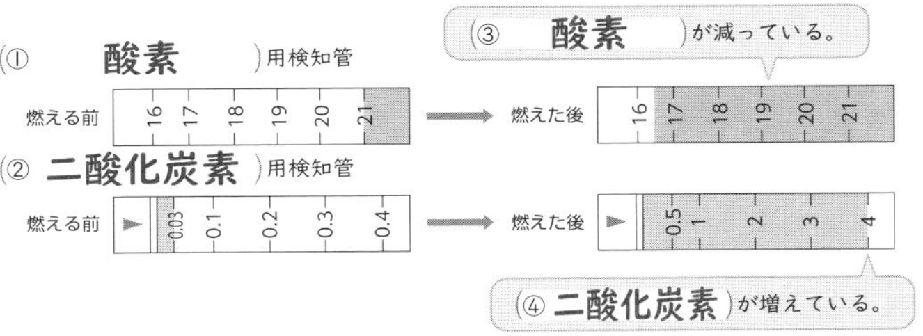

▶ろうそくが燃えると、空気中の(⑤　酸素　)の一部が使われて、(⑥　二酸化炭素　)ができる。

▶ろうそくが燃えても、ちっ素の割合は(⑦　変わらない　)。

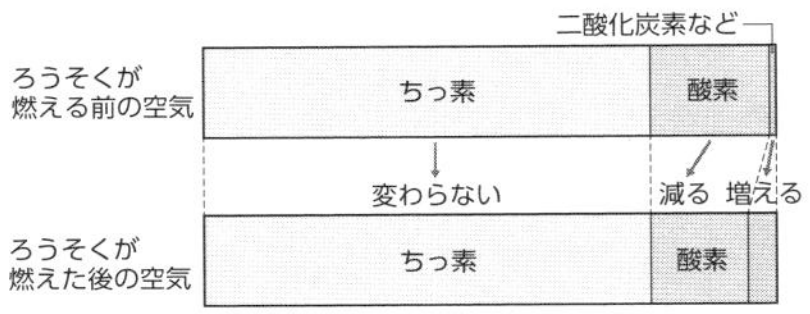

2 木や紙を燃やすとどうなるだろうか。 教科書 26ページ

▶集気びんの中で木や紙を燃やす。

▶ものを燃やす前に集気びんをふると、石灰水《せっかいすい》の色は(①　変わった　・　変わらなかった　)。

▶木や紙を燃やすと、(②　二酸化炭素　)ができて、石灰水を白くにごらせる。

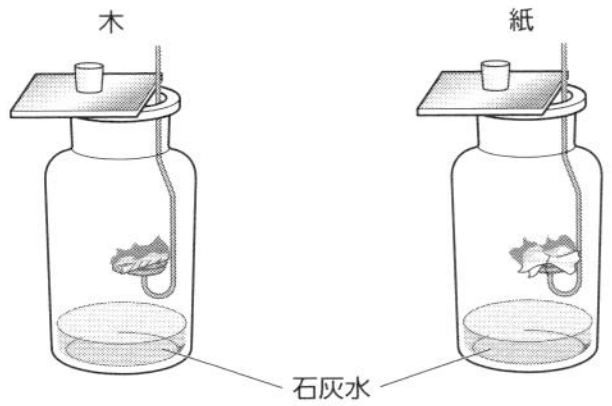

ここがだいじ！ ①ろうそくや木、紙が燃えた空気は、酸素が減り、二酸化炭素が増える。

ぴたトリビア ものが燃えるためには、酸素、燃えるもの、温度が必要です。どれか１つでも取り除ければ、火を消すことができます。

ぴったり2 練習

1. ものの燃え方と空気

③ものの燃え方と空気の変化②

学習 **9ページ**

教科書 21～29ページ　答え 5ページ

1 ふたをした集気びんの中でろうそくを燃やします。

(1) 右の帯グラフは、ろうそくを燃やす前とろうそくを燃やした後の空気中の気体の体積の割《わり》合《あい》です。ろうそくを燃やしたときに増えた気体は何ですか。

(　二酸化炭素　)

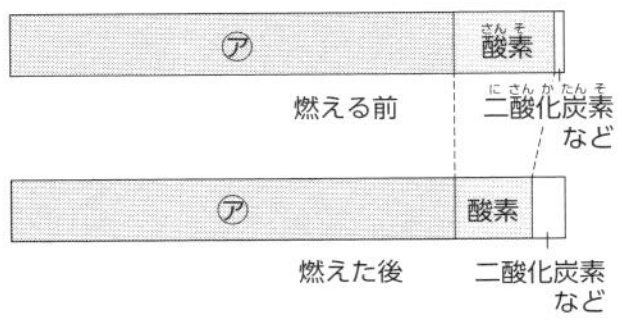

(2) ろうそくを燃やしたときに減った気体は何ですか。

(　酸素　)

(3) ろうそくを燃やしても空気中の体積の割合が変わらない気体㋐は何ですか。

(　ちっ素　)

(4) 気体の体積の割合を調べるには何を使いますか。

(　気体検知管　(デジタル気体測定器)　)

2 植物からできているわりばしと紙を、図のようにして石灰水《せっかいすい》の入った集気びんの中で、それぞれ燃やしました。

(1) 火が消えてから燃えたものを取り出し、ふたをしてびんをよくふると、石灰水はどのようになりますか。

㋐(　白くにごる。　)

㋑(　白くにごる。　)

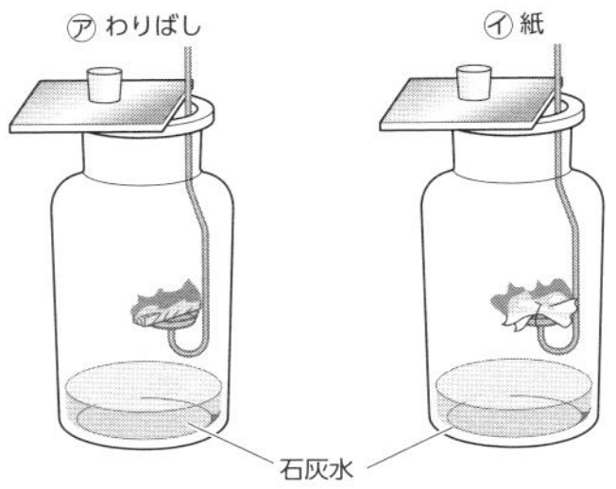

(2) 次の文の(　)にあてはまる言葉を書きましょう。

植物からできているものが燃えると、(①　二酸化炭素　)ができる。

ただし、鉄などの金属が燃えても、①は(②　できない　)。

(3) 植物であるピーナッツについても同じように実験したところ、石灰水が変化しました。このことから、ピーナッツが燃えると何の気体ができることがわかりますか。

(　二酸化炭素　)

(4) (3)の気体は、何の気体の一部が使われてできたと考えられますか。

(　酸素　)

ヒント ② (4)ものが燃えると空気中の酸素が減って、二酸化炭素が増えています。このことから、何の気体の一部が使われたと考えられますか。

9ページ　てびき

1 (1)、(2)ろうそくを燃やすと、酸素《さんそ》が減り、二酸化炭素《にさんかたんそ》が増えます。

(4)気体の体積の割合《わりあい》を調べるときは、気体検知管《きたいけんちかん》などを使います。

2 (1)わりばしも紙も、元は植物からできており、燃えると二酸化炭素が増えます。このため、石灰水《せっかいすい》は白くにごります。

(2)わりばしも紙も燃えると二酸化炭素ができますが、鉄などの金属は燃えても二酸化炭素はできません。燃えるのに、空気中の酸素の一部が使われるのは同じです。

(4)酸素が減って二酸化炭素が増えたことから、酸素の一部が使われて二酸化炭素ができたと考えられます。

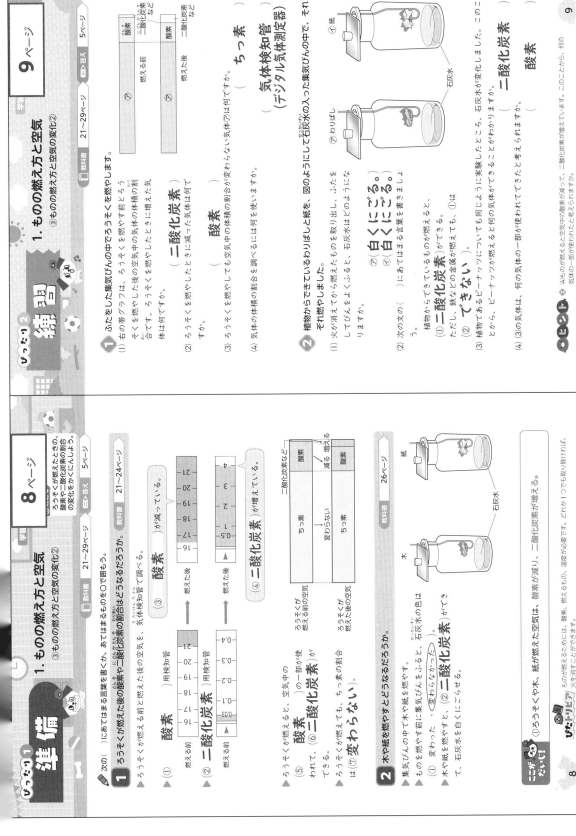

10ページ

100 合格 70 点

教科書 10～29ページ 答え 6ページ

よく出る

1 **気体検知管《きたいけんちかん》を使って、ふたをした集気びんの中でろうそくが燃える前と燃えた後の空気中の気体の体積の割合《わりあい》を調べました。図は、ある気体について調べたときの結果です。** 各5点(25点)

(1) 図は、何という気体について調べたときの結果ですか。 (酸素)

(2) ろうそくが燃えた後の結果は、㋐、㋑のどちらですか。記号で答えましょう。 (㋑)

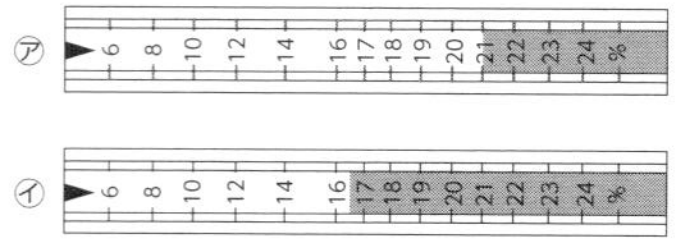

(3) 空気中に最も多くふくまれていて、ろうそくが燃える前と後で空気中にふくまれる割合がほとんど変わらない気体は何ですか。 (ちっ素)

(4) ろうそくの火はしばらくすると消えました。ろうそくの火が消えるのはなぜですか。次の文の(　)にあてはまる言葉を書きましょう。

空気中にふくまれる(①)の割合が少なくなると火が消える。このとき、(①)が使われて、(②)ができる。(②)には、ものを燃やすはたらきがない。

①(酸素) ②(二酸化炭素)

2 **酸素《さんそ》とちっ素《そ》をいろいろな割合で入れたびんの中に、燃えているろうそくを入れるとどうなるかを調べます。** 各5点、(3)は全部できて5点(25点)

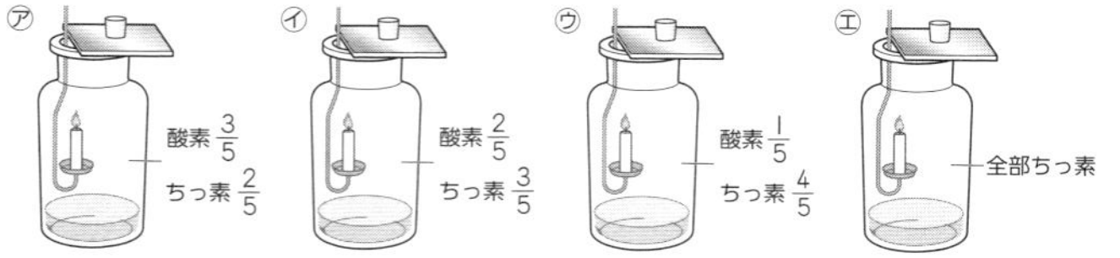

(1) 燃えているろうそくを入れると、すぐに消えてしまうものを、㋐～㋓の中から1つ選んで、記号で答えましょう。 (㋓)

(2) 空気中と同じような燃え方をするものを、㋐～㋓の中から1つ選んで、記号で答えましょう。 (㋒)

(3) 空気中よりも激《はげ》しく燃えるものを、㋐～㋓の中から2つ選んで、記号で答えましょう。 (㋐ と ㋑)

(4) 最も激しく燃えるものを、㋐～㋓の中から1つ選んで、記号で答えましょう。 (㋐)

(5) ものを燃やすはたらきのない気体は、酸素とちっ素のどちらですか。 (ちっ素)

11ページ

学習

3 **石灰水《せっかいすい》を集気びんの底に入れ、びんの中でものを燃やす実験をしました。** 各4点(20点)

(1) 火のついたろうそくを集気びんの中に入れ、ふたをしました。しばらくすると、ろうそくの火はどうなりましたか。 (消えた。)

(2) (1)の後、びんをふると石灰水はどうなりましたか。 (白くにごった。)

(3) ろうそくが燃えた結果、集気びんの中に何という気体が増えましたか。 (二酸化炭素)

(4) 石灰水を入れた新しい集気びんを用意し、火のついたわりばしを入れてふたをしました。しばらくして、火が消えてからびんをよくふったら、石灰水はどうなりましたか。 (白くにごった。)

(5) ろうそくやわりばしを燃やしたときに、集気びんの中に増えた気体と減った気体があります。このとき減った方の気体は、ふつうの空気の中で体積の割合が約何%の気体ですか。①～③から選びましょう。 (②)

① 約 78 %
② 約 21 %
③ 約 0.04 %

できたらスゴイ!

4 **図の①のように底のないびんの中でろうそくを燃やすと、ろうそくは燃え続けます。** 思考・表現 各6点(30点)

(1) 図の①で、空気の流れを矢印で示すとどうなりますか。次の㋐～㋒の中から1つ選びましょう。 (㋐)

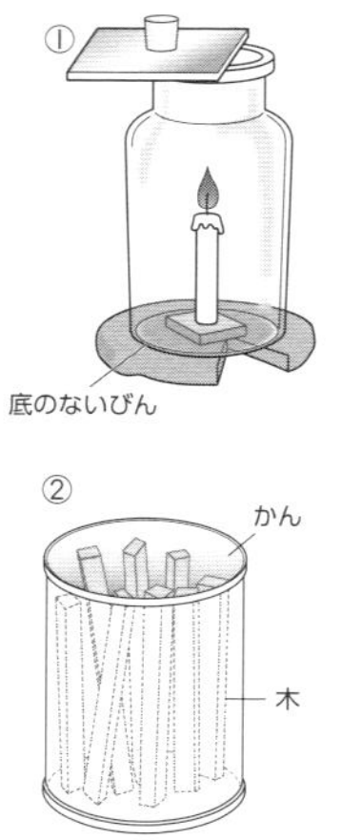

(2) ろうそくが燃え続けるのは、なぜですか。それを説明した次の文の(　)の中に、空気中にふくまれている気体の名前を書きましょう。

図のようなびんでは、空気が入れかわるので、(酸素)の体積の割合が少なくならず、ろうそくは燃え続ける。

(3) 記述 図の②のように上だけがあいている空きかんがあります。この中で木を燃やします。燃え続けさせるためには、どのようなくふうをするとよいですか。(1)、(2)を参考にして答えましょう。

(かんの下の方に穴をあける。)

(4) 鉄が燃えるとき、酸素は使われますか。また、二酸化炭素はできますか。

酸素(使われる。)
二酸化炭素(できない。)

ふりかえり ❶がわからないときは、8ページの❶にもどってかくにんしましょう。
❹がわからないときは、2ページの❶、4ページの❶、8ページの❷にもどってかくにんしましょう。

10～11ページ てびき

❶ 空気中の気体の約 78 %がちっ素《そ》、約 21 %が酸素《さんそ》です。ものが燃えると、酸素が使われて、二酸化炭素《にさんかたんそ》ができます。ものが燃える前と後で、ちっ素の割合《わりあい》は変わりません。気体検知管《きたいけんちかん》の図で、数字は気体の体積の割合を示し、㋐は 21 %、㋑は 16.5 %を表しています。割合の数字から、この気体は酸素であることがわかります。

❷ (1)、(5)ちっ素にはものを燃やすはたらきがないので、㋓のろうそくの火は消えます。

(3)、(4)酸素の体積の割合がふつうの空気より大きいとき、空気中よりもろうそくは激《はげ》しく燃えます。酸素の体積の割合が大きいほど、ろうそくは激しく燃えます。

❸ (5)酸素は空気中の体積の割合が約 21 %の気体です。

❹ (3)かんの下の方から新しい空気が入るようにすると、空気が入れかわり木は燃え続けます。

ぴったり1 準備　2. 人や動物の体　①呼吸のはたらき①

3分でまとめ

はき出した空気と吸いこむ空気の酸素や二酸化炭素をかくにんしよう。

教科書 30〜34ページ　答え 7ページ

次の(　)にあてはまる言葉を書くか、あてはまるものを○で囲もう。

1 はき出した空気と吸《す》いこむ空気は、何がちがうのだろうか。　教科書 32〜34ページ

▶石灰水《せっかいすい》の入ったポリエチレンのふくろに息をはき出してよくふると、石灰水は(① 白)くにごる。

▶吸いこむ空気を入れて、よくふると、石灰水の色は(② 白くにごる ・ (変わらない))。

吸いこむ空気というのは、周りの空気のことだね。

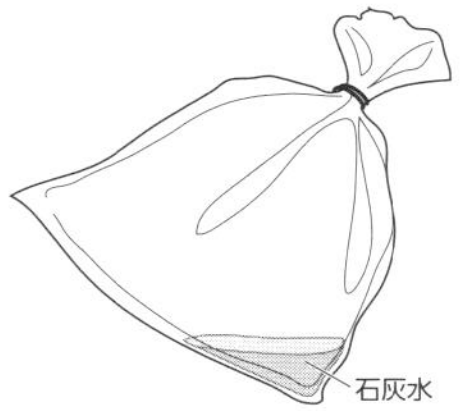

▶吸いこむ空気とはき出した空気を気体検知管《きたいけんちかん》で調べる。

・吸いこむ空気とはき出した空気では酸素《さんそ》の体積の割合《わりあい》が(③ 同じ ・ (ちがう))。

・吸いこむ空気とはき出した空気では二酸化炭素《にさんかたんそ》の体積の割合が(④ 同じ ・ (ちがう))。

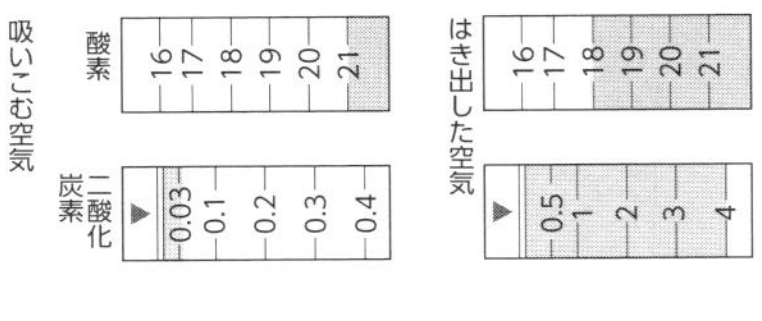

▶はき出した空気は、吸いこむ空気と比べて、(⑤ 酸素)の体積の割合が減っていて、二酸化炭素の体積の割合は(⑥ (増えている) ・ 減っている)。

右の図のように気体の体積の割合が変化しているよ。

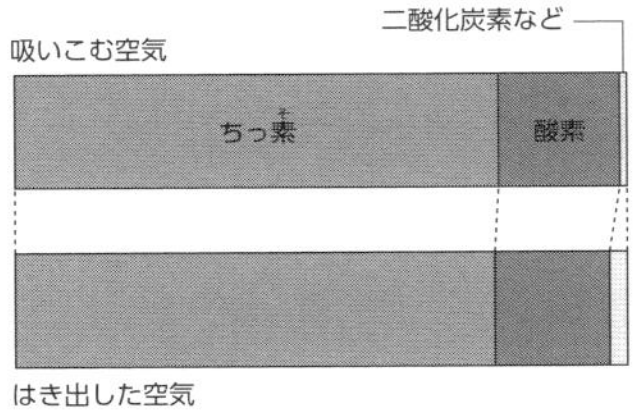

ここがだいじ！　①はき出した空気は、吸いこむ空気(周りの空気)より二酸化炭素の体積の割合が大きくなっている。

ぴたトリビア　はき出した空気は、吸いこむ空気より酸素が減り、二酸化炭素が増えます。減るだけで、酸素もふくまれています。

ぴったり2 練習　2. 人や動物の体　①呼吸のはたらき①

教科書 30〜34ページ　答え 7ページ

1 吸《す》いこむ空気と、はき出した空気のちがいを調べます。

(1) ㋐のふくろの中に息をふきこみ、石灰水を入れて㋑のようにすると、石灰水はどうなりますか。
(白くにごる。)

(2) 吸いこむ空気をふくろにとって㋑のようにすると、石灰水はどうなりますか。
(変化しない。)

(3) (1)、(2)より、どんなことがわかりますか。次の文の(　)にあてはまる言葉を答えましょう。
はき出した空気は、吸いこむ空気にくらべて、(二酸化炭素)が増える。

2 吸いこむ空気とはき出した空気の、酸素と二酸化炭素の体積の割合《わりあい》を、気体検知管《きたいけんちかん》を使って調べます。

(1) 吸いこむ空気とはき出した空気をそれぞれふくろにつめて、酸素の体積の割合を調べると、㋐は約18%、㋑は約21%でした。はき出した空気は、㋐、㋑のどちらですか。
(㋐)

(2) ㋐、㋑の中の空気のうち、二酸化炭素の体積の割合が大きいのは、どちらと考えられますか。
(㋐)

(3) ㋐、㋑の中の空気のうち、体積の割合が一番大きい気体は何ですか。(ちっ素)

13ページ　てびき

❶ (1)はき出した空気には、二《に》酸化炭素《さんかたんそ》が多くふくまれているので、石灰水《せっかいすい》が白くにごります。
(2)吸《す》いこむ空気(周りの空気)にふくまれている二酸化炭素は少ないので、石灰水は変化しません。

❷ (1)空気中の酸素《さんそ》の体積の割《わり》合《あい》は約21%なので、㋑が吸いこむ空気、㋐がはき出した空気です。
(2)二酸化炭素の体積の割合が大きいのは、はき出した空気です。
(3)ちっ素《そ》の体積の割合は、吸いこむ空気でもはき出した空気でもほぼ同じです。

おうちのかたへ　2. 人や動物の体

人の呼吸、消化、血液のはたらきを学習します。人は肺で酸素を血液中に取り入れ、また、小腸から養分を取り入れ、これらは血液によって全身に送られます。二酸化炭素は血液によって肺に運ばれ体外に出され、不要なものは腎臓で尿となって体外に出されます。この流れがポイントです。

ぴったり1 準備

2. 人や動物の体
①呼吸のはたらき②

人の肺とそのはたらきや、魚などの動物の呼吸について かくにんしよう。

教科書 35~36ページ　答え 8ページ

次の(　)にあてはまる言葉を書こう。

1 息をするしくみはどうなっているのだろうか。　教科書 35~36ページ

▶生物は息をしている。このしくみを調べる。
▶鼻や口から入った空気は、気管《きかん》を通って
(① 肺)に入る。
▶(①)に取りこまれた空気にふくまれる
(② 酸素)は、(①)にある血管の中の血液に取り入れられて、体全体に運ばれる。
▶体内の(③ 二酸化炭素)は、(①)で血液から取り出され、体からはき出される。
▶(②)を体の中に取り入れて、(③)を体からはき出すことを(④ 呼吸)という。

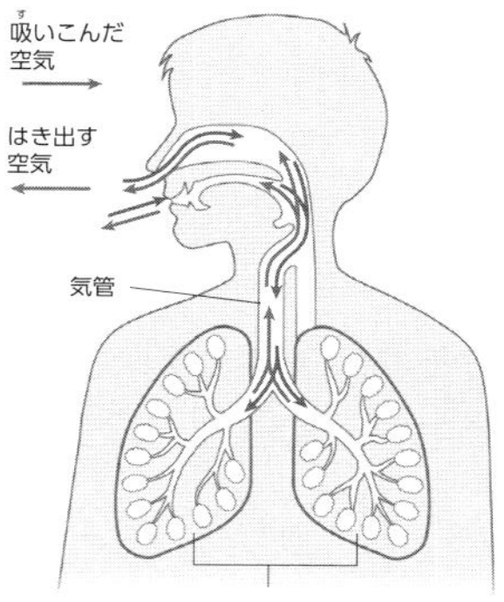

(①)

(①)がない動物はいるのかな。

▶ウサギやイヌ、鳥などは、人と同じように(①)で(④)している。クジラも海で生活しているが(①)で(④)し、ときどき海面から鼻を出して空気を出し入れしている。
▶魚は肺をもたず、(⑤ えら)で呼吸《こきゅう》している。(⑤)で水中の酸素《さんそ》を取り入れて、不要な二酸化炭素《にさんかたんそ》を水中に出す。

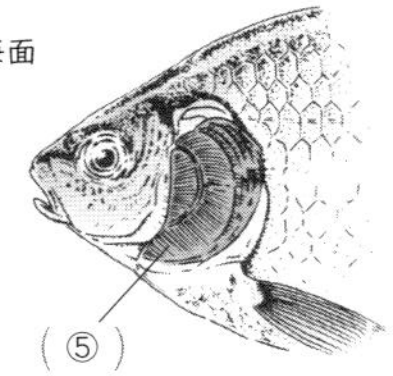
(⑤)

人などの動物は(①)で呼吸しているけど、魚などは(⑤)で呼吸しているよ。

ここがだいじ!
①鼻や口から入った空気は、気管を通って、肺に入る。
②酸素を体に取り入れて、二酸化炭素を体からはき出すことを呼吸という。
③魚には肺はなく、えらで呼吸している。

ぴたトリビア　多くのこん虫の胸や腹には「気門」という穴があります。こん虫はこの気門から空気を取り入れて呼吸しています。

ぴったり2 練習

2. 人や動物の体
①呼吸のはたらき②

教科書 35~36ページ　答え 8ページ

1 図は、人の呼吸《こきゅう》しているようすを簡単に表したものです。

(1) 人は㋐で呼吸しています。㋐を何といいますか。
(肺)
(2) 口や鼻と㋐とをつなぐ㋑の管を何といいますか。
(気管)
(3) 呼吸で㋐に出入りする空気について、正しいものに○をつけましょう。
ア(　)二酸化炭素《にさんかたんそ》が血液中に取り入れられ、不要な酸素《さんそ》が体の外へ出される。
イ(○)酸素が血液中に取り入れられ、不要な二酸化炭素が体の外へ出される。
ウ(　)ちっ素《そ》が血液中に取り入れられ、不要な酸素が体の外へ出される。
エ(　)ちっ素が血液中に取り入れられ、不要な二酸化炭素が体の外へ出される。
オ(　)二酸化炭素が血液中に取り入れられ、不要なちっ素が体の外へ出される。

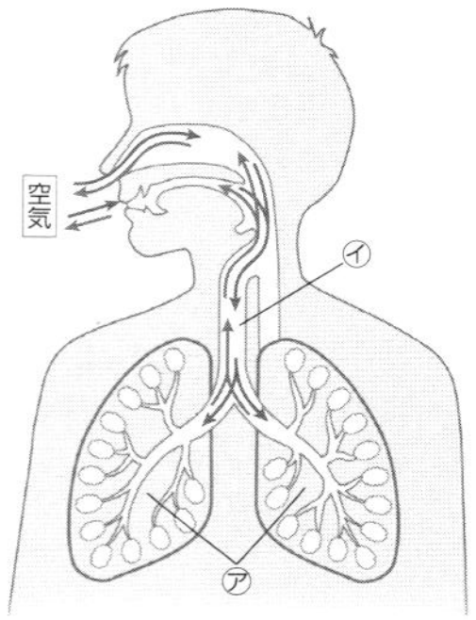

(4) 人と同じように㋐で呼吸する動物に○、㋐で呼吸しない動物に×をつけましょう。
①(○)イヌ
②(×)メダカ
③(○)ウサギ

2 魚の呼吸のしくみを調べます。

(1) 図の㋐を何といいますか。
(えら)
(2) 魚は、㋐によって、水中の何を体の中に取り入れていますか。
(酸素)
(3) 魚は、㋐から、体の中の何を水中に出していますか。
(二酸化炭素)

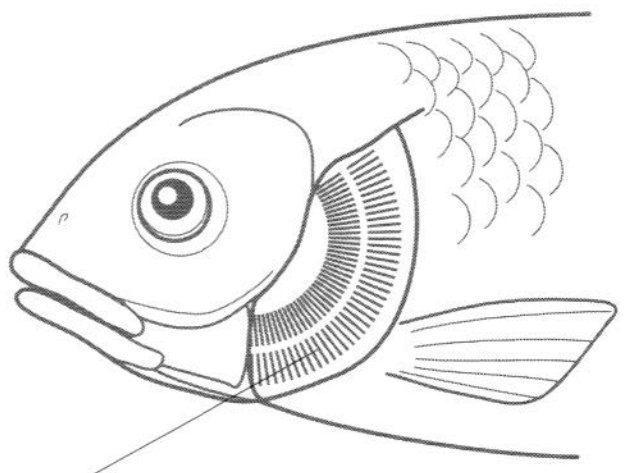

ヒント　1 (4)水中で生活している魚は、人と呼吸するところがちがいます。

15ページ　てびき

1 (1)呼吸《こきゅう》するときに空気を取り入れたり出したりするところを肺《はい》といいます。
(2)口や鼻と肺をつなぐ管を気管《きかん》といいます。
(3)呼吸では、酸素《さんそ》を血液の中に《に》取り入れて、不要な二酸化炭素《さんかたんそ》を体の外に出します。
(4)人やイヌ、ウサギなどは肺で呼吸していますが、メダカなどの魚はえらで呼吸しています。

2 (1)魚はえらで水中にとけている酸素を取り入れています。
(2)、(3)魚も人と同じように、呼吸では酸素を取り入れ、二酸化炭素を出しています。

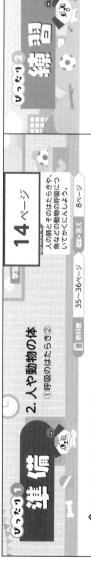

ぴったり1
準備

2. 人や動物の体
②消化のはたらき①

だ液によるでんぷんの変化や、食べ物の通り道についてかくにんしよう。

教科書 37〜41ページ　答え 9ページ

次の(　)にあてはまる言葉を書くか、あてはまるものを○で囲もう。

1 だ液はどんなはたらきをしているのだろうか。　教科書 37〜39ページ

▶でんぷんの液にだ液と水を入れる。

▶でんぷんの液にだ液を入れたものと水だけを入れたものを 10 分間ぐらい(① 体温)に近い温度(約(② 25 (40))℃)の湯につける。

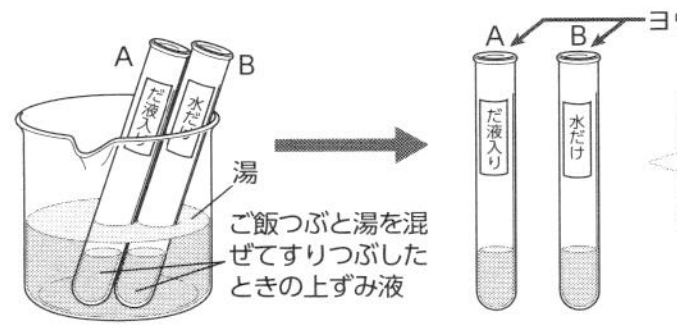

Aは色が(③ 変わった・(変わらなかった))。
Bは色が(④ (変わった)・変わらなかった)。

・ヨウ素液は、(⑤ でんぷん)がある液に混ぜると、青むらさき色になる。
したがって、(⑥ だ液)を入れた方の(⑤)は別のものに変化したことがわかる。

2 食べ物の通り道はどうなっているのだろうか。　教科書 40〜41ページ

▶食べ物は体の中のどこを通っているのだろうか。

▶食べ物は、体の中で吸収《きゅうしゅう》されやすい養分に変えられる。
このはたらきを(① 消化)という。

▶体の中の食べ物の通り道を(② 消化管)という。

▶(②)は、口→食道→胃→(③ 小腸)→大腸→こう門でできている。

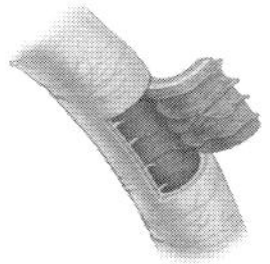

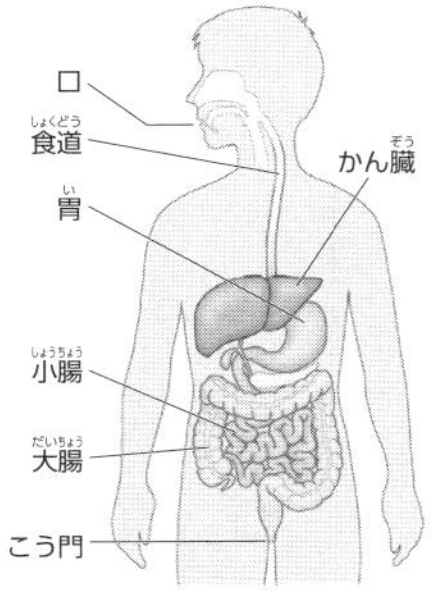

小腸の内側には、たくさんのひだがある。

ここがだいじ!
①でんぷんの液にだ液を混ぜて温めると、でんぷんが別のものに変化する。
②食べ物を吸収しやすい養分に変えるはたらきを消化《しょうか》という。
③食べ物の通り道を消化管《しょうかかん》といい、口→食道→胃→小腸→大腸→こう門でできている。

ぴたトリビア　養分は体をつくる材料となったり、体を動かすエネルギーとして使われたりします。

ぴったり2
練習

2. 人や動物の体
②消化のはたらき①

教科書 37〜41ページ　答え 9ページ

1 A、Bの試験管それぞれに、40℃くらいの湯の中ですりつぶしたご飯つぶの上ずみ液を入れます。Aにはだ液を加え、Bには水だけを加えて、しばらく 40℃くらいの湯で温めます。

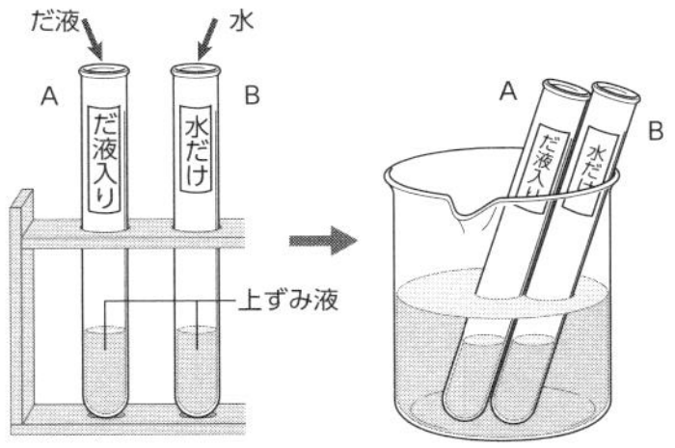

(1) ご飯つぶにヨウ素液をつけるとどうなりますか。
(青むらさき色になる。)

(2) (1)のようになったのは、ご飯つぶに何がふくまれているからですか。(色が変化する。)
(でんぷん)

(3) 湯につけた後、A、Bの試験管にヨウ素液を入れたとき、それぞれどうなりましたか。
A(変化しなかった。)
B(青むらさき色になった。(色が変化した。))

(4) (3)から、試験管の中にあるものが別のものに変わったのは、A、Bのどちらですか。
(A)

2 図は、人の食べ物の通り道を簡単に表したものです。

(1) ㋐、㋑、㋒の名前を書きましょう。
㋐(胃)
㋑(小腸)
㋒(大腸)

(2) 口から入った食べ物が通っていく順を、㋐〜㋒の記号で答えましょう。
口→食道→(㋐)→(㋑)→(㋒)→こう門

(3) 口からこう門までの食べ物の通り道を何といいますか。
(消化管)

(4) 食べ物は、口からこう門までの食べ物の通り道を通りながら、体に吸収されやすい養分に変えられます。このはたらきを何といいますか。
(消化)

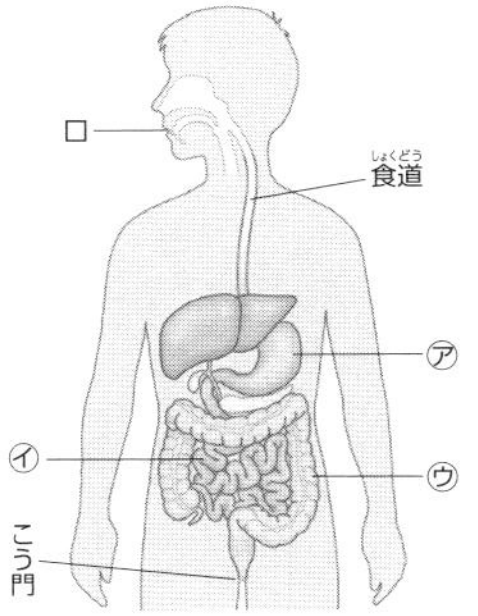

ヒント　1 (3)Aの試験管では、だ液のはたらきで、でんぷんが別のものに変わっています。

17ページ てびき

1 (1)ご飯つぶにはでんぷんがふくまれているので、ご飯つぶにヨウ素液をつけると、青むらさき色になります。
(3)でんぷんにだ液を加えて体温に近い温度の湯で温めると、ヨウ素液を入れても色が変わらなくなります。湯で温めているのは、だ液が体温に近い温度のときによくはたらくためです。
(4)水だけを加えたBでは青むらさき色になり、だ液を加えたAでは変化しないことから、Aではだ液がでんぷんを別のものに変えたと考えられます。

2 (1)消化管《しょうかかん》でもっとも長いのが小腸《しょうちょう》です。
(2)、(3)食べ物の通り道を消化管といい、口→食道《しょくどう》→胃《い》→小腸→大腸《だいちょう》→こう門とつながっています。
(4)食べ物を吸収《きゅうしゅう》されやすい養分に変えることを消化《しょうか》といいます。

2. 人や動物の体

②消化のはたらき②
③血液のはたらき①

3分でまとめ

食べ物が消化・吸収されるしくみ、血液の流れとはたらきをかくにんしよう。

教科書 40～45ページ　答え 10ページ

次の（　）にあてはまる言葉を書こう。

1 食べ物が消化《しょうか》・吸収《きゅうしゅう》されるしくみはどうなっているのだろうか。 教科書 40ページ

▶食べ物は体の中の消化管《しょうかかん》を通る。
▶食べ物は、口、食道《しょくどう》、胃《い》、小腸《しょうちょう》を通るときに、（① だ液 ）、胃液、腸液などで消化される。これらの、食べ物を消化するはたらきをもつ液を（② 消化液 ）という。
▶水や消化された養分は（③ 小腸 ）で吸収される。
▶（③）で吸収されなかったものは（④ 大腸 ）に送られる。
▶（④）で主に水が吸収され、残ったものは便としてこう門から出される。

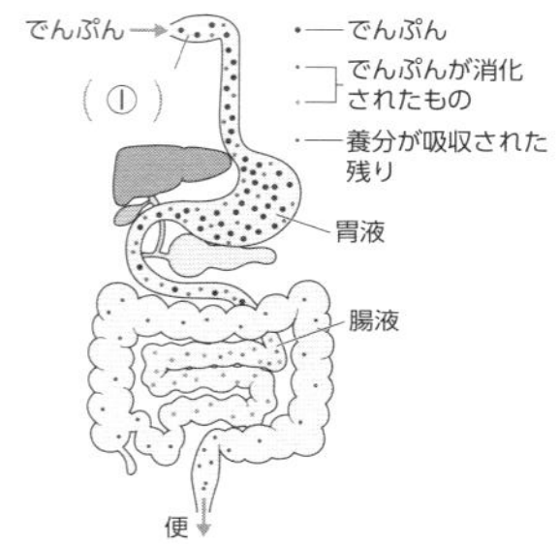
でんぷん
（①）
でんぷん
でんぷんが消化されたもの
養分が吸収された残り
胃液
腸液
便

2 血液の流れと、はたらきはどうなっているのだろうか。 教科書 43～45ページ

▶血液は全身の血管を通って流れている。
▶血液は胸のところにある（① 心臓 ）が縮《ちぢ》んだりゆるんだりすることで、全身に送り出されている。この動きをはく動という。
▶（①）から出た血液は、全身に送り出され、小腸で吸収した（② 養分 ）や肺《はい》で取りこんだ（③ 酸素 ）を体のすみずみまで運ぶ。
▶血液は、体の各部でいらなくなった（④ 二酸化炭素 ）を受け取り、肺で（③）と交かんする。

（①）はにぎりこぶしくらいの大きさだよ。

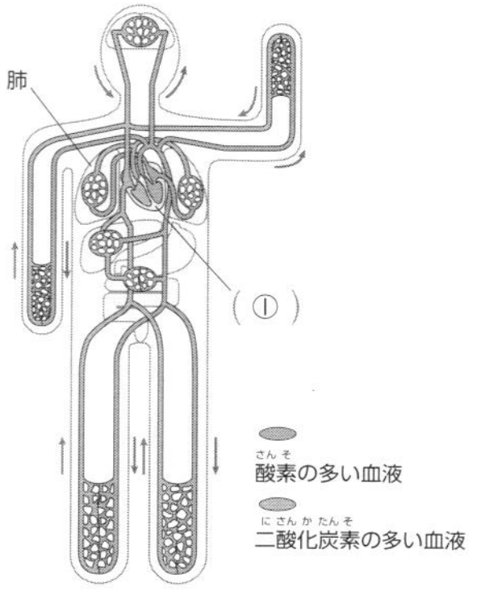
肺
（①）
酸素《さんそ》の多い血液
二酸化炭素《にさんかたんそ》の多い血液

ここがだいじ!
①食べ物は消化液のはたらきで消化され、消化された養分は小腸で吸収される。
②血液は心臓《しんぞう》から送り出され、体のすみずみに酸素や養分を運んでいる。

ぴたトリビア　血液は液体のようですが、赤血球などの固形成分もふくまれます。赤血球は酸素を運ぶはたらきがあります。

2. 人や動物の体

②消化のはたらき②
③血液のはたらき①

教科書 40～45ページ　答え 10ページ

1 図は、消化管《しょうかかん》を表しています。

(1) ㋐、㋑から出る液は何ですか。
㋐（ だ液 ）
㋑（ 胃液 ）
(2) 食べ物が体に吸収《きゅうしゅう》されやすい養分に変えられることを何といいますか。
（ 消化 ）
(3) (1)の液は、食べ物を体に吸収されやすい養分に変えるはたらきをもっています。このような液を何といいますか。
（ 消化液 ）
(4) 養分は、主にどこで吸収されますか。
（ 小腸 ）
(5) 水は消化管のどこで吸収されますか。2つ書きましょう。
（ 小腸 ）
（ 大腸 ）

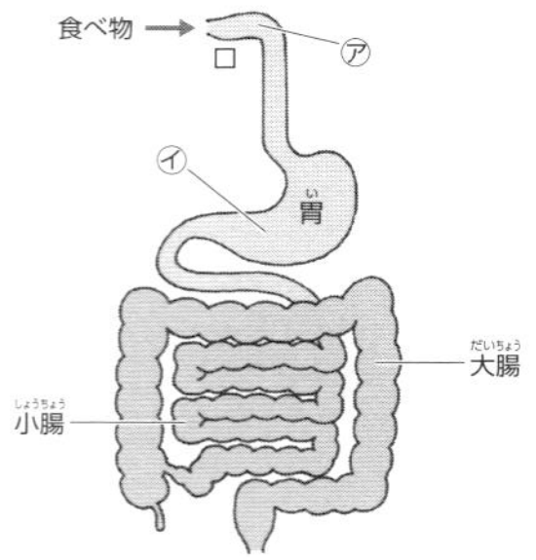
食べ物
㋐
㋑
胃《い》
大腸《だいちょう》
小腸《しょうちょう》

2 人の血液は、図のようにして全身をめぐります。

(1) 脈《みゃく》はくは、心臓《しんぞう》の動きがもとになっています。この心臓の動きのことを何といいますか。
（ はく動 ）
(2) 血液が全身をめぐる間に、体のすみずみに運ぶものは何ですか。2つ書きましょう。
（ 酸素 ）
（ 養分 ）
(3) 図の赤色と青色はそれぞれあるものが多い血液を表しています。それぞれ何か答えましょう。
赤色（ 酸素 ）
青色（ 二酸化炭素 ）
(4) 血液は全身をめぐる間に、体の各部でいらなくなった二酸化炭素《にさんかたんそ》を受け取ります。これは、どこで酸素《さんそ》と交かんされますか。
（ 肺 ）

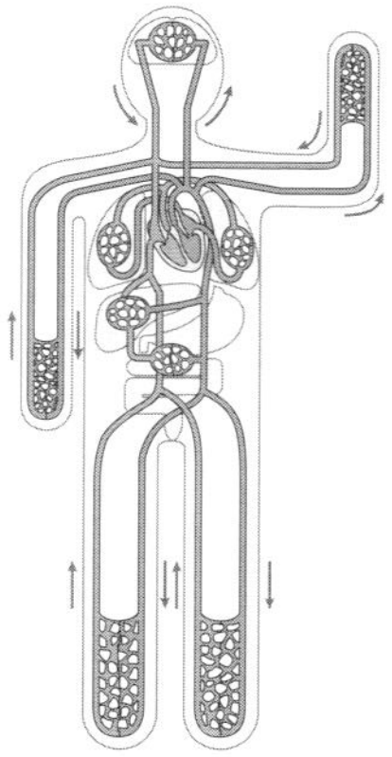

ヒント 2 (3)心臓から体全体（肺以外）へ向かう血液には酸素が多く、体全体から心臓にもどる血液には二酸化炭素が多くふくまれています。

19ページ　てびき

1 (1)～(3)口からはだ液が出て、胃《い》からは胃液が出ます。これらのような、食べ物を消《しょう》化《か》するはたらきをもつ液を消化液といいます。
(4)消化された養分は主に小《しょう》腸《ちょう》で吸収《きゅうしゅう》されます。
(5)小腸は養分といっしょに水も吸収します。また、大《だい》腸《ちょう》でも水が吸収されます。

2 (1)心臓《しんぞう》が血液を送るために、縮《ちぢ》んだりゆるんだりする動きのことをはく動といいます。
(2)血液は、肺《はい》で受け取った酸素《さんそ》と小腸で受け取った養分を体のすみずみまで運びます。
(3)心臓から手足の方へ流れていく血液（図の赤色）は酸素が多い血液です。逆に手足から心臓へもどっていく血液（図の青色）は、酸素をわたして二酸化炭素《にさんかたんそ》を受け取った血液なので、二酸化炭素を多くふくんでいます。

ぴったり1
準備
2. 人や動物の体
③血液のはたらき②

20ページ

吸収された養分のゆくえや、不要になったもののゆくえをかくにんしよう。

教科書 45〜49ページ　答え 11ページ

次の（　）にあてはまる言葉を書こう。

1 吸収《きゅうしゅう》された養分はどうなるのだろうか。
教科書 45〜46ページ

▶小腸《しょうちょう》の血管から吸収された養分は血液によって、まず（① **かん臓** ）に運ばれる。
▶（ ① ）に運ばれた養分の一部は（ ① ）にたくわえられ、必要なときに使われる。
▶養分は、成長するためや生きていくために使われる。
▶胃《い》、小腸、大腸《だいちょう》、肺《はい》、心臓《しんぞう》、かん臓、じん臓《ぞう》などを（② **臓器** ）という。

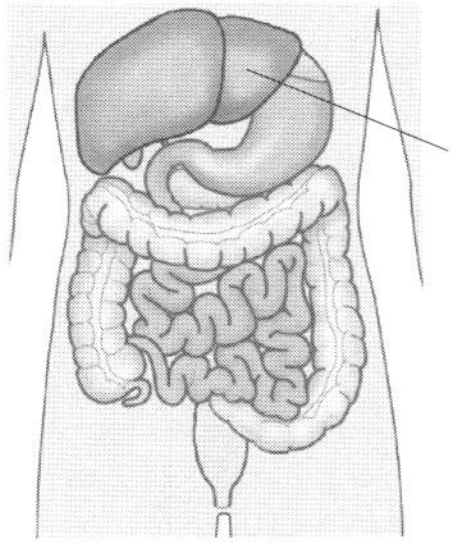

2 不要になったものはどうなるのだろうか。
教科書 46ページ

▶血液は体の各部で二酸化炭素《にさんかたんそ》を受け取るとともに、いらなくなったものを受け取る。
▶体の中の余分な水やいらなくなったものは（① **じん臓** ）で血液からこし出される。
▶こし出された水やいらなくなったものは、（② **にょう** ）となる。
▶（ ② ）は（③ **ぼうこう** ）にためられてから、体の外へ出される。

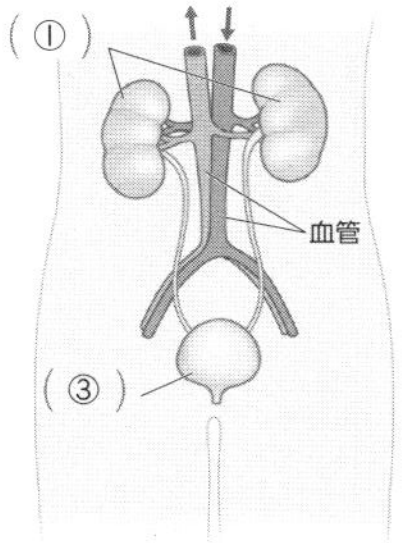

じん臓は背中《せなか》側のこしくらいの高さのところに左右ひとつずつあるよ。

ここがだいじ！
①吸収された養分は、まずかん臓に運ばれ、一部はたくわえられる。
②血液は、体のすみずみから二酸化炭素や不要なものを受け取っている。

ぴたトリビア　昔の日本では、人の内臓には体調や心の状態を変化させる虫がすみついているという考えがありました。「虫の知らせ」などの慣用句はその考え方の名残という説があります。

ぴったり2
練習
2. 人や動物の体
③血液のはたらき②

21ページ

教科書 45〜49ページ　答え 11ページ

1 人の消化とかん臓《ぞう》のはたらきについて調べました。

(1) 次の文の（　）にあてはまる言葉を書きましょう。
　取り入れた食べ物は、口から胃《い》、小腸《しょうちょう》を通る間に、だ液、胃液、（ **腸液** ）などによって消化されます。このような消化のはたらきをもつ液を消化《しょうか》液《えき》といいます。

(2) かん臓は、㋐〜㋕のどれですか。
（ ㋒ ）

(3) 次の文の（　）にあてはまる言葉を書きましょう。
　かん臓に運ばれた養分の一部はかん臓にたくわえられ、必要に応じて再び（ **血液** ）中に送り出されます。

(4) かん臓に運ばれる養分は主にどの臓器で吸収されたものですか。㋐〜㋕の中から１つ選びましょう。
（ ㋔ ）

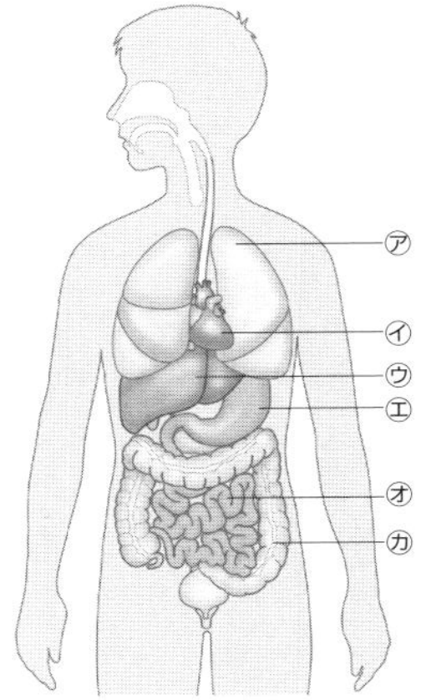

2 人が不要になったものを体の外に出すしくみについて調べます。

(1) 図の㋐、㋑の名前を書きましょう。
㋐（ **じん臓** ）
㋑（ **ぼうこう** ）

(2) 血液は、体の各部で二酸化炭素を受け取るとともに、何を受け取りますか。
（ **不要になったもの** ）

(3) 血液が受け取った(2)は、水とともにこし出され、何となって体の外へ出されますか。
（ **にょう** ）

(4) (3)は、㋐、㋑のどちらにたまりますか。
（ ㋑ ）

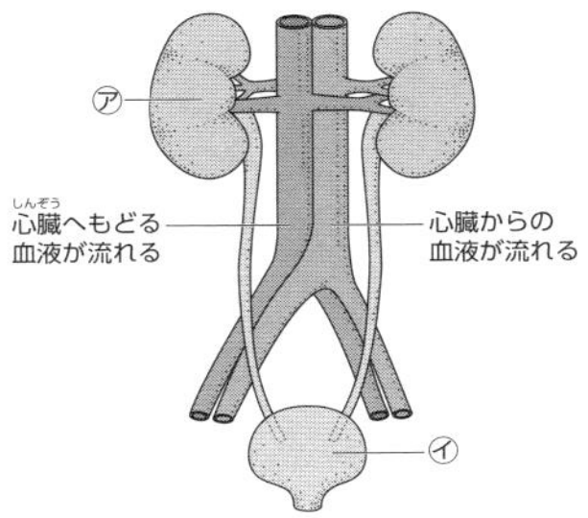

21ページ　てびき

1 (1)消化液《しょうかえき》には、だ液、胃《い》液、腸液などがあります。
(2)かん臓《ぞう》は胃の上にある㋒です。
(3)かん臓で養分がたくわえられ、養分が必要なときなどに、血液によって全身へと送り出されます。
(4)養分は小腸《しょうちょう》で吸収《きゅうしゅう》されます。小腸は図の㋔です。

おうちのかたへ
小腸で養分を吸収した血液は、心臓に戻る前に肝臓を通ります。ここで、養分の一部がたとえばグリコーゲンなどとして蓄えられます。

2 (2)血液は、体の各部で二酸《にさん》化炭素《かたんそ》、不要になったものを受け取ります。
(3)血液が受け取った不要になったものは、水とともにじん臓でこし出されて、にょうとして体の外に出されます。
(4)にょうは㋑のぼうこうにたまります。

ぴったり3 確かめのテスト。

2. 人や動物の体

22ページ

100 合格70点

教科書 30～49ページ　答え 12ページ

1 図は、人の呼吸《こきゅう》のしくみを簡単に表したものです。 各5点(25点)

(1) 図の㋐、㋑の部分をそれぞれ何といいますか。

㋐(気管)
㋑(肺)

(2) ㋑に出入りする空気A、Bのうち、石灰水《せっかいすい》を白くにごらせる気体が多くふくまれているのはどちらですか。また、その気体を何といいますか。

記号(B)
名前(二酸化炭素)

(3) 空気A、Bを体に吸いこんだり、はき出したりするときに、これらにふくまれている気体を体の中で運ぶものは何ですか。

(血液)

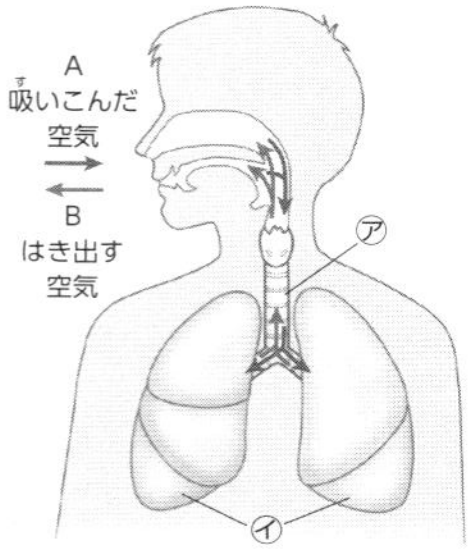

A
吸《す》いこんだ空気
B
はき出す空気
㋐
㋑

よく出る

2 図は、人の消化管《しょうかかん》などのつくりを簡単に表したものです。 各5点(25点)

(1) 食べ物がしだいに体の中に吸収《きゅうしゅう》されやすいものに変わっていくことを何といいますか。

(消化)

(2) ㋐～㋔の消化管のうち、(1)のようにされた食べ物の養分を体内に吸収しているのはどれですか。記号とその臓器《ぞうき》の名前を書きましょう。

記号(㋓)
名前(小腸)

(3) 吸収された養分は、何によって全身に運ばれますか。

(血液)

(4) (2)で、吸収された養分は、まず、どこに運ばれますか。

(かん臓)

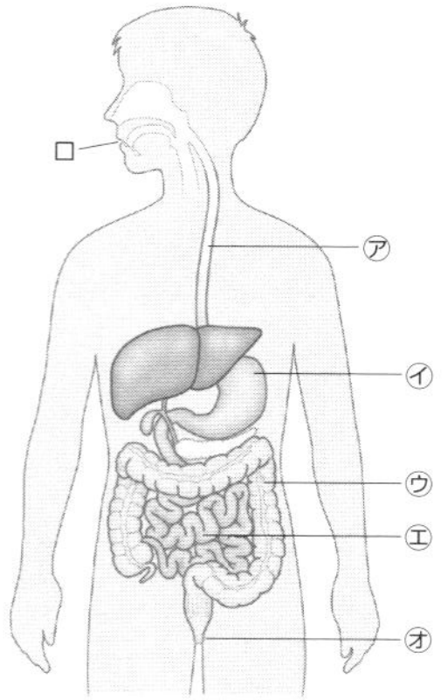

□
㋐
㋑
㋒
㋓
㋔

23ページ

学習

よく出る

3 図のように、だ液のはたらきを調べる実験をします。 技能 各4点(20点)

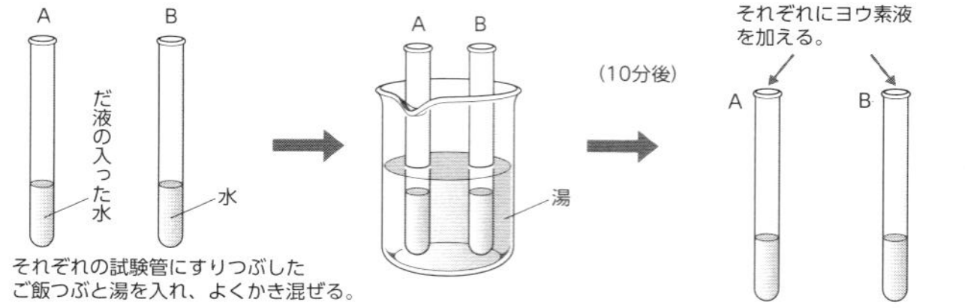

A
B
だ液の入った水
水
それぞれの試験管にすりつぶしたご飯つぶと湯を入れ、よくかき混ぜる。
A
B
湯
(10分後)
それぞれにヨウ素液を加える。
A
B

(1) 実験に使った湯は何℃くらいですか。正しいものに○をつけましょう。

ア( )20～21℃　イ(○)40～41℃
ウ( )50～51℃　エ( )80～81℃

(2) 試験管Aの液と試験管Bの液で、ヨウ素液を加えて色が変わったのはどちらですか。

(B(試験管Bの液))

(3) (2)の試験管の液は何色になりましたか。

(青むらさき色)

(4) ヨウ素液の変化から、(2)の試験管の液には何がふくまれていたことがわかりますか。

(でんぷん)

(5) だ液のような、食べ物を消化《しょうか》するはたらきをもつ液を何といいますか。

(消化液)

できたらスゴイ!

4 人の血液は、図のようにして全身をめぐります。 思考・表現 各10点、(2)は全部できて10点(30点)

(1) 図の赤色の血液と青色の血液で、全身(手足など)から心臓《しんぞう》にもどる血液はどちらですか。

(青色の血液)

(2) 記述 (1)の血液には、心臓から全身へ向かう血液に比べ、酸素《さんそ》と二酸化炭素《にさんかたんそ》のどちらが増えていますか。また、そのように考えた理由を書きましょう。

気体名(二酸化炭素)

理由(体の各部で二酸化炭素を受け取っているから。)

(3) 記述 ㋐では養分を多くふくむ血液が流れています。その理由を説明しましょう。

(小腸を通ってすぐの血液が流れているところだから。)

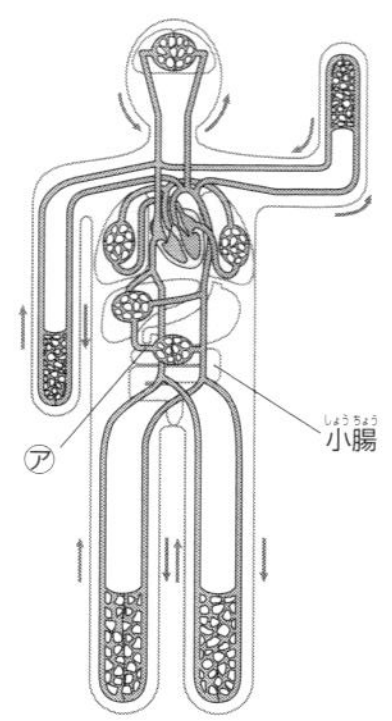

小腸《しょうちょう》
㋐

ふりかえり 3がわからないときは、16ページの1、18ページの1にもどってかくにんしましょう。
4がわからないときは、18ページの2にもどってかくにんしましょう。

22～23ページ　てびき

1 (1)㋐は気管《きかん》、㋑は肺《はい》です。
(2)石灰水《せっかいすい》を白くにごらせるのは二酸化炭素《にさんかたんそ》です。二酸化炭素ははき出す空気に多くふくまれています。

2 (2)消化《しょうか》された食べ物の養分を吸収《きゅうしゅう》するのは小腸《しょうちょう》(㋓)です。
(4)小腸で吸収された養分は、血液のはたらきで、まず、かん臓《ぞう》に運ばれます。

3 (2)～(4)でんぷんにだ液を加えると、でんぷんは別のものに変化します。ヨウ素液はでんぷんがあるときに青むらさき色になるので、だ液を加えない試験管Bの液の色が変わります。

4 (1)手足や頭から心臓にもどる血液を答えます。
(2)血液は、体の各部に酸素《さんそ》を運び、二酸化炭素を受け取るので、心臓にもどる血液は二酸化炭素を多くふくんでいます。
(3)食べ物の養分は小腸で吸収されるので、小腸を通ってすぐの血液には養分が多くふくまれています。

ぴったり1 準備　24ページ

3. 植物の養分と水
①植物と日光の関係①

アルミニウムはくやヨウ素液を用いて、植物と日光の関係をかくにんしよう。

教科書 50〜55ページ　答え 13ページ

次の(　)にあてはまる言葉を書こう。

1 植物と日光の関係はどのようなものだろうか。　教科書 50〜53ページ

▶日光のはたらきを調べる。

日光をよく当てたジャガイモと当てなかったジャガイモでは、日光をよく当てた方が、育ちが(① よい)。

日光を当てたジャガイモ　日光を当てなかったジャガイモ

▶植物は、(② 日光)が当たると、よく育つ。

▶植物は、日光が当たることによって、(③ でんぷん)をつくり出し、それを養分として育っていると考えられる。

2 植物と日光の関係を調べるにはどうすればよいだろうか。　教科書 53〜55ページ

▶日光の当たった葉と当たっていない葉を調べた。

・実験をする前の日の午後に、調べる葉に(① アルミニウムはく)でおおいをする。

・晴れた日の午前中、日光を当てたい葉から(①)を外す。

・でんぷんがあるかどうかを調べるには、(② ヨウ素液)を使う。

・ヨウ素液はでんぷんがあると(③ 青むらさき)色に変わる。

おおいをすると、葉に日光が当たらなくなる。

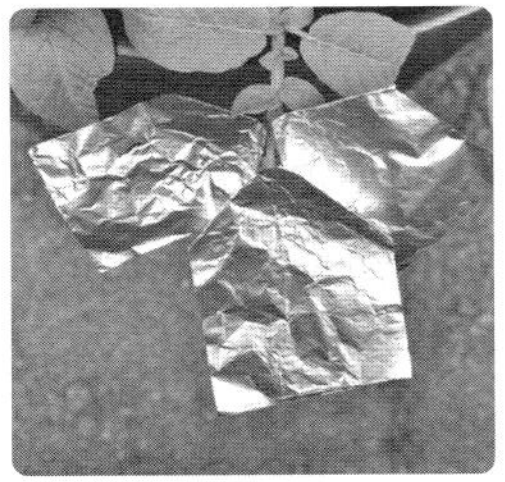

前の日から日光を当てていなかった葉にはでんぷんがふくまれていないよ。

ここがだいじ!
①植物と日光の関係を調べるには、ひとつは日光に当て、もうひとつは当てないようにし、それ以外の条件は同じにする。
②でんぷんがふくまれているかどうかは、ヨウ素液で調べる。

ぴたトリビア　植物の葉に日光が当たるとでんぷんができるはたらきを光合成といいます。

ぴったり2 練習　25ページ

3. 植物の養分と水
①植物と日光の関係①

教科書 50〜55ページ　答え 13ページ

1 植物と日光の関係について調べます。

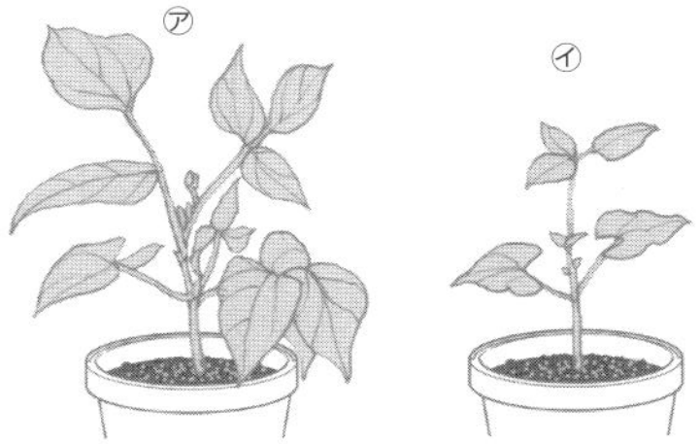

(1) 日光によく当てて育てた方のインゲンマメは、㋐と㋑のどちらですか。
(㋐)

(2) 記述 (1)から、植物と日光の関係についてどのようなことがいえますか。簡単に書きましょう。
(植物は、日光がよく当たるとよく育つ。)

2 植物に日光が当たると、でんぷんがつくられるかどうかを調べます。

(1) この実験では、どのような葉とどのような葉を比べるとよいですか。正しいものに○をつけましょう。

水をたくさんあたえて日光に当てた葉と、水を少しもあたえずに日光に当てた葉かな。　ア(　)

日光に当てた葉とおおいをして日光に当てなかった葉かな。　イ(○)

(2) でんぷんがあるかどうかを調べるときに使う図の㋐の薬品は何ですか。
(ヨウ素液)

(3) (2)の薬品は、でんぷんがあると何色に変化しますか。
(青むらさき色)

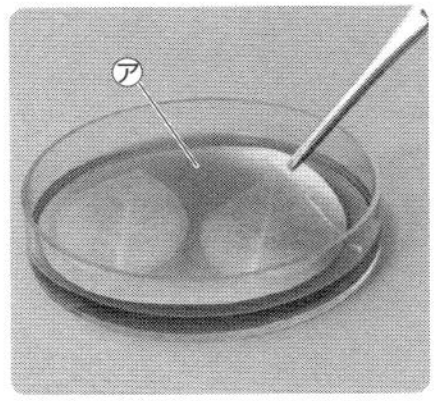

おうちのかたへ　3. 植物の養分と水
植物に日光が当たるとでんぷんができること、植物の茎や葉には根から取り入れた水が通る細い管があること、根から取り入れた水は主に葉から水蒸気として出ていくことを学習します。でんぷんの有無は、ヨウ素液を使って調べることができることがポイントです。

25ページ

1 (1)、(2)日光をよく当てると、植物はよく育つので、葉が多く、大きく成長した方が日光をよく当てたインゲンマメです。

おうちのかたへ
植物が育つためには、日光が重要な役目をしています。日光により、でんぷんという養分をつくっていることをつかんでいることがポイントです。

2 (1)植物と日光との関係を調べるので、日光を当てたものと当てていないものを比べます。それ以外の条件はすべて同じにします。
(2)、(3)でんぷんがあるかどうかを調べるときはヨウ素液を使います。でんぷんはヨウ素液につけると、青むらさき色になります。

ぴったり1 準備

3. 植物の養分と水

①植物と日光の関係②

26ページ

たたきぞめや葉の色をぬいて、でんぷんがふくまれているかかくにんしよう。

教科書 54～57ページ　答え 14ページ

次の(　)にあてはまる言葉を書くか、あてはまるものを○で囲もう。

1 でんぷんがふくまれているかはどう調べたらよいだろうか。　教科書 55ページ

▶2通りの方法で葉にでんぷんがふくまれているか調べる。

▶たたきぞめで調べる。

(①ヨウ素液)

▶葉の色をぬいて調べる。

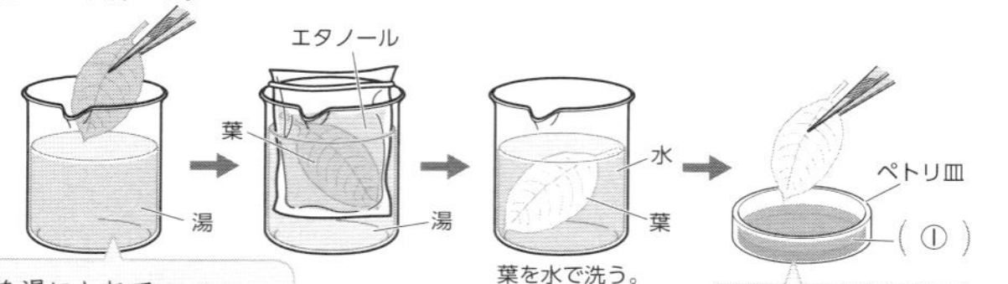

葉を湯に入れて、(②やわらかく)する。

(①)

(①)にひたす。

2 葉に日光が当たると何ができるのだろうか。　教科書 54～56ページ

▶日光を当てた葉と当てなかった葉をたたきぞめで調べる。

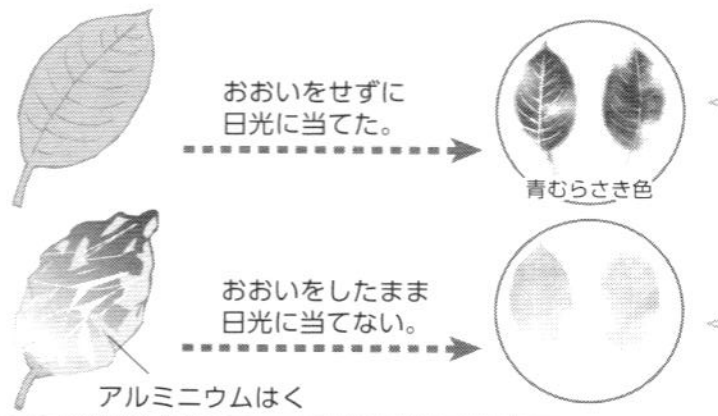

葉に日光が当たると、でんぷんが(① (できる)　できない　)。

葉に日光が当たらないと、でんぷんが(②　できる　(できない))。

ここがだいじ!

①植物の葉に日光が当たると、でんぷんができる。
②ヨウ素液ででんぷんがあるかどうかを調べる前に葉の色をぬき、色の変化がよく見えるようにする。

ぴたトリビア　エタノールに入れて葉の緑色をぬくと、ヨウ素液による色の変化がわかりやすいです。

ぴったり2 練習

3. 植物の養分と水

①植物と日光の関係②

27ページ

教科書 54～57ページ　答え 14ページ

1 日光に当てた葉と日光に当てない葉を使って、次の図のような方法で葉のようすを調べて、比べます。

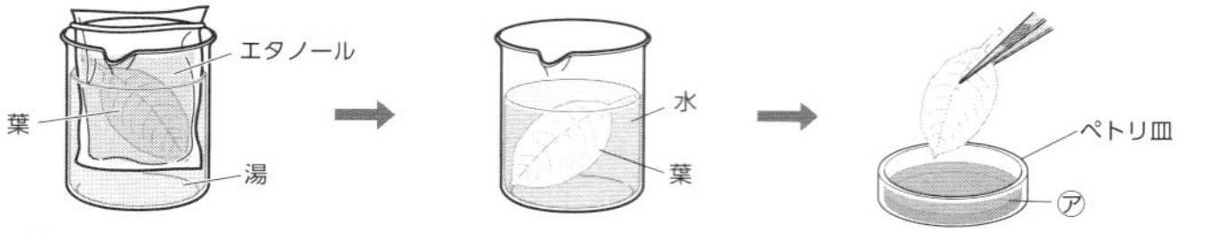

①湯に入れてやわらかくした葉を、エタノールに入れてふくろごと温める。
②葉をエタノールから取り出して、水で洗う。
③洗った葉を㋐の液にひたして、色の変化を見る。

(1) エタノールに入れて温めると、葉にはどのような変化が見られますか。
(　色がぬける。　)

(2) ㋐の液の名前を答えましょう。
(　ヨウ素液　)

(3) ㋐の液にひたして、葉の色が変わったのは、日光に当てた葉と日光に当てない葉のどちらですか。
(　日光に当てた葉　)

(4) 次の文の(　)にあてはまる言葉を書きましょう。
(3)より、㋐の液にひたして、葉の色が変わった方の葉では、(　でんぷん　)ができている。

2 日光に当てた葉と日光に当てない葉を使って、葉にでんぷんができているかどうかを、たたきぞめで調べます。

(1) 葉にでんぷんがたくさんできているのは、㋐と㋑のどちらですか。
(　㋐　)

(2) 日光に当てた葉は、㋐と㋑のどちらですか。
(　㋐　)

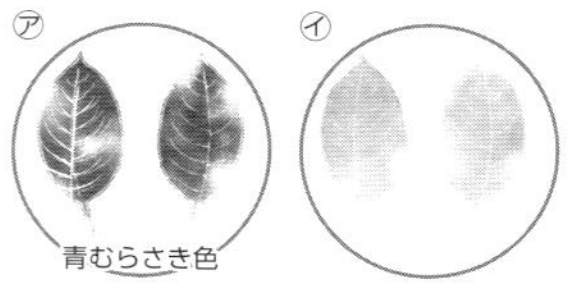

(3) 記述 葉をそのままヨウ素液にひたさずに、❶や上の図のようにしたのはなぜですか。
(　ヨウ素液による反応(色の変化)を見やすくするため。　)

ヒント ❷ (1)たたきぞめでは、でんぷんの量が多い方が、❶の㋐の液で青むらさき色がこくなることから考えましょう。

27ページ てびき

❶ (1)エタノールには葉の色をぬくはたらきがあるので、エタノールに葉を入れて温めると、葉の色がぬけます。
(2)ヨウ素液を使って、でんぷんがあるかどうかを調べます。
(3)、(4)日光に当てた葉ではでんぷんができているので、葉の色が青むらさき色に変わります。

❷ (1)たたきぞめでは、ヨウ素液につけたとき、青むらさき色のこい方が、でんぷんがたくさんできている葉です。
(2)日光に当てた葉では、でんぷんがたくさんできています。
(3)葉をそのままヨウ素液につけると、ヨウ素液の色の変化がわかりにくいので、エタノールを用いて、葉の色をぬきます。

ぴったり1 準備

3. 植物の養分と水

②植物の中の水の通り道

植物が水を根から取り入れ、葉から出るまでの流れをかくにんしよう。

教科書 58〜65ページ　答え 15ページ

次の（　）にあてはまる言葉を書くか、あてはまるものを○で囲もう。

1 植物が根から取り入れた水の通り道はどうなっているだろうか。　教科書 58〜60ページ

▶植物の根から、切り花着色ざいや食用色素をとかした色水を吸《す》わせて、水の通り道を調べる。

▶色水にさしたホウセンカのくきを切ったとき、横切りの切り口は、図の（①㋐・㋑）で、縦切りの切り口は、図の（②㋒・㋓）である。

▶植物の根から取り入れられた水は、くきや葉の（③　細い管　）を通って、植物の体全体に運ばれる。

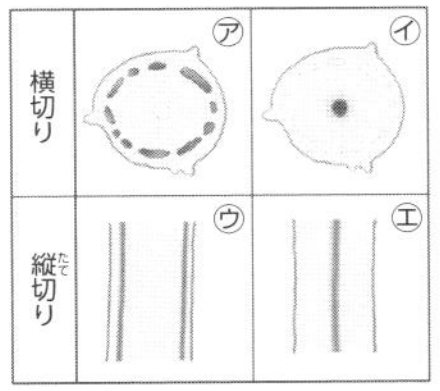

2 葉まで運ばれた水はどうなるのだろうか。　教科書 62〜63ページ

▶晴れた日に葉のついた植物と葉を全部取った植物にポリエチレンのふくろをかぶせた。

▶2時間後、㋐と㋑のポリエチレンのふくろの中を比べると、（①㋐・㋑）のポリエチレンのふくろの内側の方が、よりくもった。

・主に葉から（②　水　）が出ていることがわかる。

▶根からくきを通って葉にきた水は、（③　水蒸気　）となって、空気中に出ていく。

▶植物の体の中の水が（③）となって空気中に出ていくことを（④　蒸散　）という。

主に葉から水蒸気《すいじょうき》が出るから、葉を全部取ったものからは水蒸気がほとんど出ないね。

ここがだいじ！
①植物の根から取り入れられた水は、くきや葉の細い管を通る。
②根から植物の体に取り入れられた水は、主に葉から水蒸気となって出ていく。このことを蒸散《じょうさん》という。

ぴたトリビア　植物の根から取り入れられた水が通る細い管のことを道管といいます。ホウセンカの道管は、くきでは輪の形に並んでいますが、トウモロコシなどでは全体に散らばっています。

ぴったり2 練習

3. 植物の養分と水

②植物の中の水の通り道

教科書 58〜65ページ　答え 15ページ

1 色水に、根がついたホウセンカをさして、植物の水の通り道について調べます。

(1) 右の図は、色水にさしてから数時間後に切ったくきの横や縦《たて》の切り口です。色がついているのは、図の㋐〜㋕のどの部分ですか。すべて書きましょう。
（㋑、㋓）

(2) この実験から、くきには、何の通り道があることがわかりますか。
（水）

(3) 根から取り入れられた水は、植物のどこにいきますか。正しいものに○をつけましょう。
ア（　）葉だけにいく。
イ（○）体のすみずみにいく。

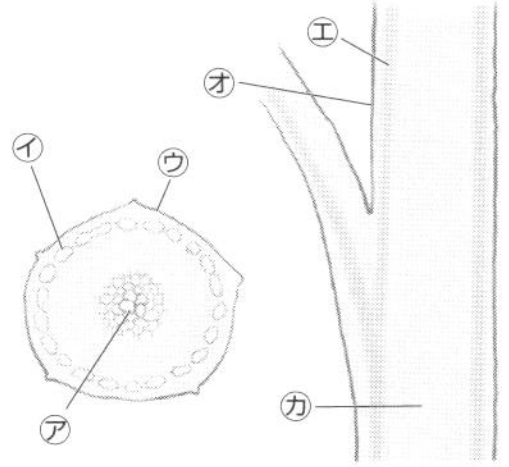

2 図のように、葉のついた植物と葉をすべて取った植物にポリエチレンのふくろをかぶせます。しばらくして、ふくろのようすを調べます。

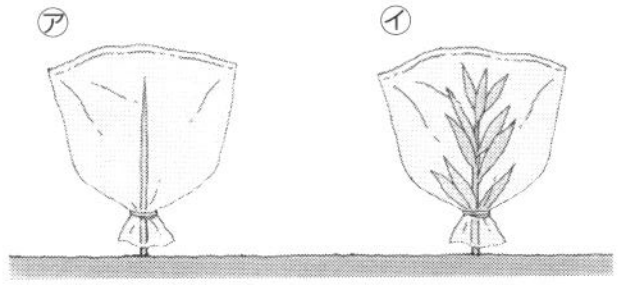

(1) ふくろの内側がよりくもったのは図の㋐、㋑のどちらですか。
（㋑）

(2) ふくろの内側がくもったのは、内側に何がついたからですか。
（水(水てき)）

(3) (2)の元となるものは、どこから出たものですか。正しいものに○をつけましょう。
ア（　）ふくろの中にもともとあった。
イ（○）根から吸《す》い上げたものが主に葉から出た。
ウ（　）地面から蒸発《じょうはつ》した。

(4) 植物の体の中の水が水蒸気《すいじょうき》になって出ていくことを何といいますか。
（蒸散）

29ページ　てびき

1 (1)植物によって、水が通る場所はちがいますが、ホウセンカやジャガイモなどは、くきの中の外側にある細い管を水が通ります。
(2)色水がくきの中を通っているので、くきには水の通り道があると考えられます。
(3)根から取り入れた水は、水の通り道を通って植物の体のすみずみにいきわたります。

2 (1)植物は葉から水(水蒸気《すいじょうき》)を出すので、葉のついている㋑の方が水てきがたくさんつきます。
(2)植物から出た水(水蒸気)は水てきとなって、ふくろの内側につきます。
(3)ふくろの内側につく水てきは、植物の根から吸《す》い上げられた水が、主に葉から水蒸気となって出てきたものです。

ぴったり3 確かめのテスト。

3. 植物の養分と水

合格 70 点 /100

教科書 50〜65ページ　答え 16ページ

よく出る

1 赤い色水にジャガイモの根を入れてしばらく置きます。 各4点(20点)

(1) くきを切ったようすで、正しい方に○をつけましょう。

①くきの切り口(横)　②くきの切り口(縦《たて》)

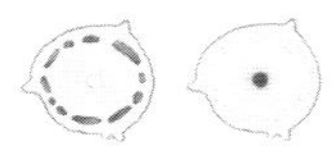

ア(○)　イ(　)　ウ(○)　エ(　)

ジャガイモ
色水(食用色素で色をつけた水)

(2) 赤い色水でそまったところは根から葉までつながっていますか。

(つながっている。)

(3) この実験から、くきには何の通り道があることがわかりますか。

(水)

(4) 水は植物のどこに運ばれていますか。

(体全体)

2 植物と水、養分、日光の関係について調べます。 各5点(15点)

(1) インゲンマメの発芽には水が必要ですか。正しいものに○をつけましょう。

日光さえあれば水はなくても発芽すると思うよ。

ア(　)

水がないと発芽しないから、水は必要だと思うな。

イ(○)

(2) 日光をよく当てたインゲンマメと、当てなかったインゲンマメではどちらの方がよく育ちますか。

(日光をよく当てたインゲンマメ)

(3) 植物は、日光が当たることによって、何をつくり出していますか。

(でんぷん)

できたらスゴイ!

3 よく晴れた日の早朝と、その日の午後とで、葉を１枚ずつ取り、でんぷんがあるかを調べます。 技能 各5点(25点)

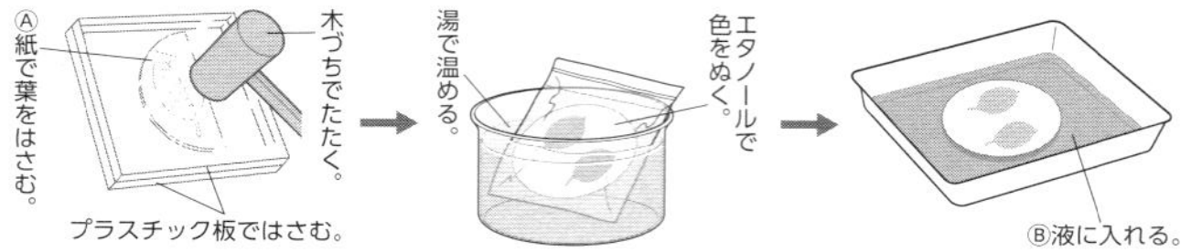
Ⓐ紙で葉をはさむ。
木づちでたたく。
プラスチック板ではさむ。
湯で温める。
エタノールで色をぬく。
Ⓑ液に入れる。

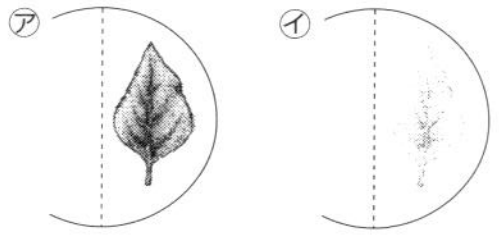
㋐
㋑

(1) 実験で使った、Ⓐ紙とⒷ液とは何ですか。

Ⓐ…(ろ)紙

Ⓑ…(ヨウ素)液

(2) 実験の結果は左のようになりました。早朝に取った葉は、㋐、㋑のどちらですか。

(㋑)

(3) この実験からわかったことを２つ選んで、○をつけましょう。

ア(　)葉は、一度養分をつくると、次の日の朝まで、その多くをたくわえている。

イ(○)葉は、つくった養分のほとんどを夜の間に、どこかに移しているか使ってしまっている。

ウ(　)葉は、日光がよく当たる昼より、夜にたくさん養分をつくっている。

エ(○)葉は、日光が当たると養分をつくるが、いつまでも葉にたくわえていることはない。

よく出る

4 根から吸《す》い上げられた水が葉まで運ばれ、その後どうなるか実験します。 思考・表現 各10点(40点)

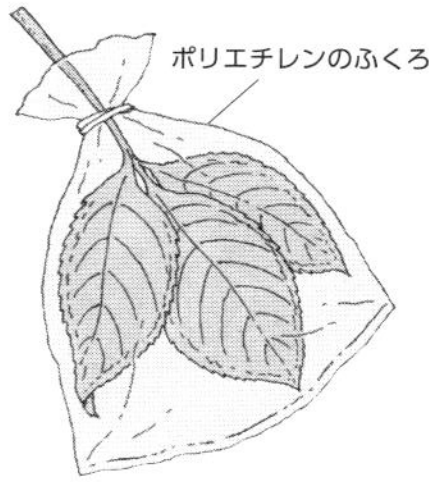
ポリエチレンのふくろ

(1) 図のようにして、サクラの葉から水が出ているかどうか調べようとしました。正しく調べるためには、どのような枝と比べればよいでしょうか。

(葉を全部取った枝)

(2) 記述 ポリエチレンのふくろの中が白くくもりました。このことから、どのようなことがいえますか。

(葉から水蒸気が出ている。)

(3) (2)のような植物のはたらきを何といいますか。漢字で書きましょう。

(蒸散)

(4) 葉にある水蒸気《すいじょうき》が出ていく小さな穴《あな》を何といいますか。

(気孔)

ふりかえり
1がわからないときは、28ページの**1**にもどってかくにんしましょう。
3がわからないときは、26ページの**1**、**2**にもどってかくにんしましょう。

30〜31ページ　てびき

1 (3)くきには、水の通り道があり、そこを色水が通っています。

2 (1)インゲンマメの発芽には、水や空気、適当な温度が必要です。

3 (2)早朝に取った葉は、あまりでんぷんをもっていないので、ヨウ素液をつけても色がほとんど変わりません。
(3)早朝に取った葉にあまりでんぷんが残っていないことから、葉はつくったでんぷん(養分)を夜の間にどこかに移しているか使ってしまっていると考えられます。また、葉でつくられた養分は、いつまでも葉にたくわえられていないこともわかります。

4 (1)葉を全部取った枝と比べれば、水は葉から出ているのか、葉から出ていないのかがわかります。
(2)ポリエチレンのふくろが白くくもるのは、葉から水《すい》蒸気《じょうき》(水)が出ているからです。

ぴったり1 準備 3分でまとめ

4. 生物のくらしと環境《かんきょう》

①食物を通した生物どうしの関わり

32ページ

学習 植物は養分をつくり出し、動物は生物を食べていることをかくにんしよう。

教科書 66~74ページ　答え 17ページ

次の(　)にあてはまる言葉や記号を書くか、あてはまるものを○で囲もう。

1 動物はどのようなものから養分を取り入れているのだろうか。 教科書 68ページ

▶食物による生物どうしの関係を調べた。
▶動物は自分で養分をつくることが(① できる・(できない))。
▶動物は、(② 植物)やほかの動物を食べて、生きている。

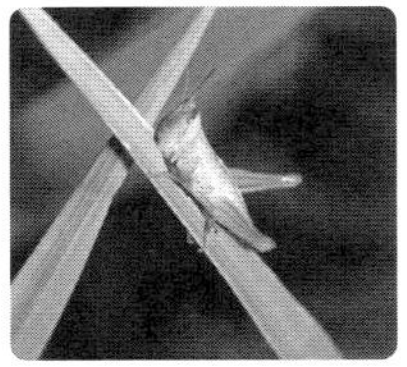

バッタは草を食べている動物だね。

2 食物による生物どうしの関係はどのようになっているのだろうか。 教科書 68~72ページ

▶すべての生物はある関係でつながっている。

「食べられる」生物から「食べる」生物に向かって、○に矢印をかきましょう。

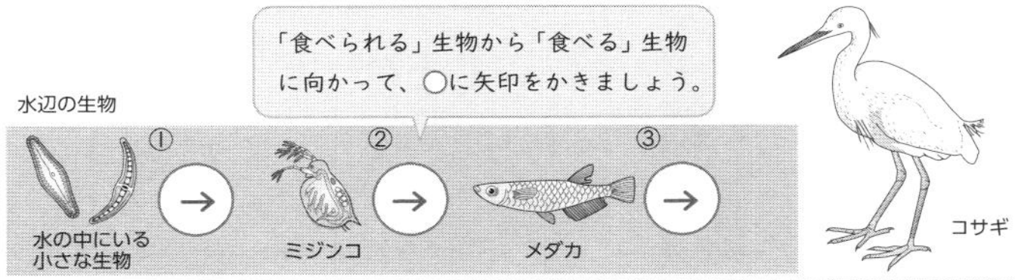

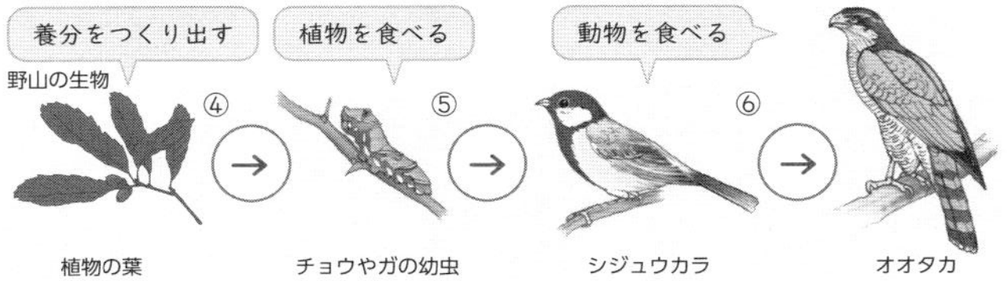

▶生物どうしは、「(⑦ 食べる)」「食べられる」の関係でつながっている。
▶このような関係を(⑧ 食物れんさ)という。

ここがだいじ!
①生物どうしは、「食べる」「食べられる」の関係にあり、1本のくさりのようにつながっている。このような関係を食物《しょくもつ》れんさという。
②植物は養分をつくり、動物は、植物やほかの動物を食べて養分を取り入れている。

ぴたトリビア 多くの動物はいろいろな植物や動物を食べます。このため、1種類の生物が多くの食物れんさに関係し、食物れんさは複雑にからみ合っています。

ぴったり2 練習

4. 生物のくらしと環境《かんきょう》

①食物を通した生物どうしの関わり

33ページ

教科書 66~74ページ　答え 17ページ

1 右の図のように穴《あな》があいているキャベツの葉があります。

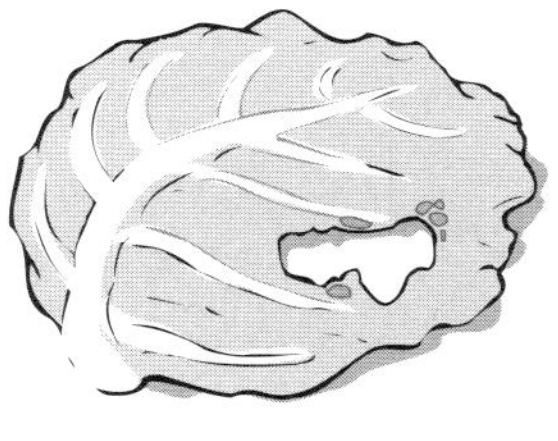

(1) キャベツの葉に穴があいていたのはなぜですか。正しいものに○をつけましょう。
ア(　)強い雨が当たったから。
イ(　)ほとんど水をあたえていなかったために、かれかかっていたから。
ウ(○)動物に食べられたから。

(2) 次の動物の中で、植物を食べる動物には○、植物以外のものを食べる動物には×をつけましょう。
①(○)リス　②(○)バッタ
③(×)ライオン　④(○)ウサギ
⑤(×)トラ　⑥(○)ウマ
⑦(○)ウシ　⑧(○)チョウの幼虫

(3) 右の図の生物を何といいますか。名前を書きましょう。
(ミジンコ)

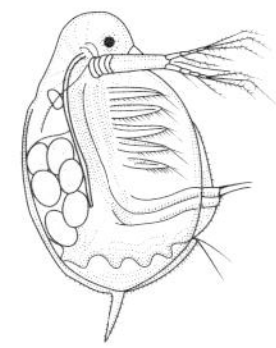

(4) (3)の生物について、正しいものに○をつけましょう。
ア(　)何も食べないで生きている。
イ(　)アブラナなど、陸の上で生活している植物に食べられる。
ウ(　)コサギなど、大きめの動物に食べられる。
エ(○)メダカなど、小さめの動物に食べられる。

2 次の文の中で、正しいものに○をつけましょう。
ア(　)動物も植物と同じように、日光が当たることによってでんぷんをつくり出すことができる。
イ(　)植物は、虫だけに食べられ、虫はネズミやウサギなどの自分よりも大きい動物に食べられている。
ウ(○)植物は、こん虫やウシやウサギなどいろいろな動物によって食べられている。
エ(　)すべての動物は、植物だけを食べて養分を取り入れている。
オ(　)すべての植物は動物を食べて生きている。
カ(　)食物《しょくもつ》れんさは、陸の上の生物どうしでは見られるが、水の中の生物どうしには見られない。

ヒント 2 植物以外にも私たちは肉などを食べています。

33ページ てびき

1 (1)キャベツの葉はモンシロチョウの幼虫などに食べられます。
(2)植物を食べる動物だけでなく、ライオンやトラのように、動物を食べる動物もいます。

おうちのかたへ
動物を食べる動物を肉食動物、植物を食べる動物を草食動物といいます。この用語は中学校理科で学習します。

(4)メダカは水の中の小さな生物を食べて生きています。
2 植物は、さまざまな動物に食べられています。

おうちのかたへ 4. 生物のくらしと環境
生物は「食べる」「食べられる」という関係でつながっていること、生物は水が無いと生きていけないこと、植物も動物も呼吸を行っていることを学習します。植物は日光が当たると、二酸化炭素を取り入れ、酸素を出しますが、このときも呼吸を行っていることがポイントです。

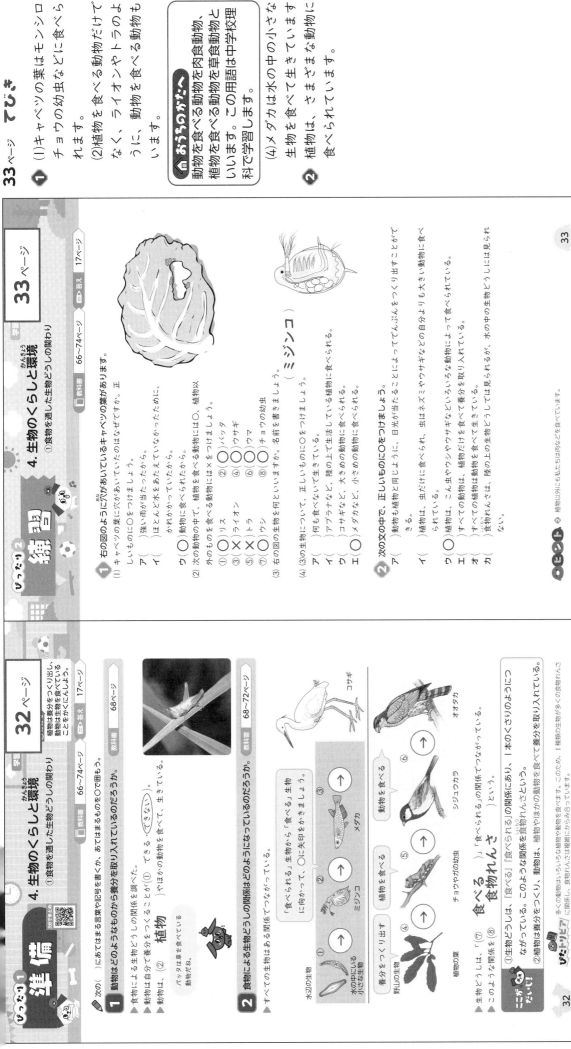

ぴったり1 準備

4. 生物のくらしと環境《かんきょう》

②生物と水との関わり

生物は水を得て生きており、水は自然をめぐっていることをかくにんしよう。

教科書 75〜76ページ　答え 18ページ

次の(　)にあてはまる言葉を書こう。

1 動物や植物は、水とどのように関わっているのだろうか。

教科書 75〜76ページ

▶動物や植物と水の関わりを調べてみよう。

シマウマたちが水を飲んでいるね。水は、食物を消化《しょうか》・吸《きゅう》収するのに使われたり、吸収した養分を体全体に運ぶのに使われたりするよ。

▶動物は常に外から(①　水　)を取り入れている。
▶水は、体にたくさんふくまれており、(②　命　)を支えるはたらきをしている。
▶人(成人)の体のおよそ(③　60　)%は水でできている。
▶動物や植物は、(④　水　)が無いと生きていけない。

2 自然の中で水はどのようにめぐっているのだろうか。

教科書 76ページ

▶水は、自然の中をさまざまな姿《すがた》でめぐっている。

・水は、自然の中で、固体、液体、(①　気体　)とその姿を変えながらめぐっている。
・雲は、海や地表などから蒸発《じょうはつ》した水が、上空で(②　液体　)や(③　固体　)になったものである。

▶冬に息をはくと白くくもるのは水が(④　液体　)になっているからである。

①〜④の(　)の中に、固体、液体、気体のどれかを書こう。

ここがだいじ!
①動物や植物は、水を取り入れないと生きていけない。
②動物や植物の体の中には、多くの水がふくまれている。
③水は、固体、液体、気体と姿を変えながら自然をめぐっている。

ぴたトリビア　地球上にある水の97%以上は海にあります。水は地球のすべての生物の命を支える大切なものです。

ぴったり2 練習

4. 生物のくらしと環境《かんきょう》

②生物と水との関わり

教科書 75〜76ページ　答え 18ページ

1 人や動物、植物と水の関わりについて調べます。

(1) 人の体にはおよそ何%の水がふくまれていますか。正しいものに○をつけましょう。
ア(　)30%　イ(○)60%　ウ(　)90%

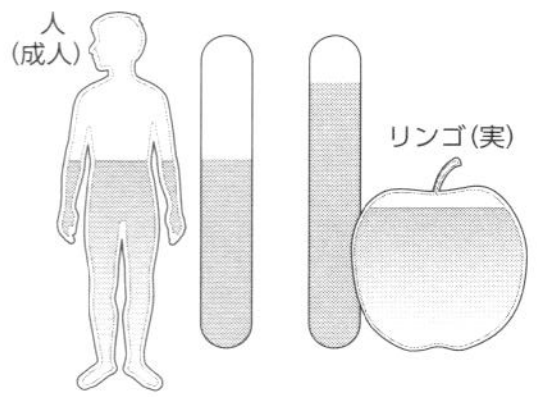

(2) 人や動物の体の中で、水はどんなことに使われていますか。正しいもの2つに○をつけましょう。
ア(○)食物を消化《しょうか》・吸収《きゅうしゅう》するのに使われる。
イ(　)ものを見るときに使われる。
ウ(○)吸収した養分を体のすみずみに運ぶのに使われる。
エ(　)骨と骨をつないで、動かすのに使われる。

(3) 植物は、体のどこから水を取り入れていますか。　(　根　)

2 自然をめぐる水について調べます。

(1) 自然の中で、水は姿を変えてめぐっています。次の文のとき、水はどのような姿をしていますか。(　)に、固体、液体、気体のいずれかを書きましょう。
①(　液体　)冬に息をはいたら、白く見えた。
②(　液体　)雨が降ってきた。
③(　固体　)冬、湖の表面がこおった。
④(　液体　)葉のついた枝にふくろをかぶせ、日光に当てたら内側が白くなった。
⑤(　気体　)海から、水が蒸発《じょうはつ》した。

(2) 水は動物や植物にとって、何を支える無くてはならないものですか。　(　命　)

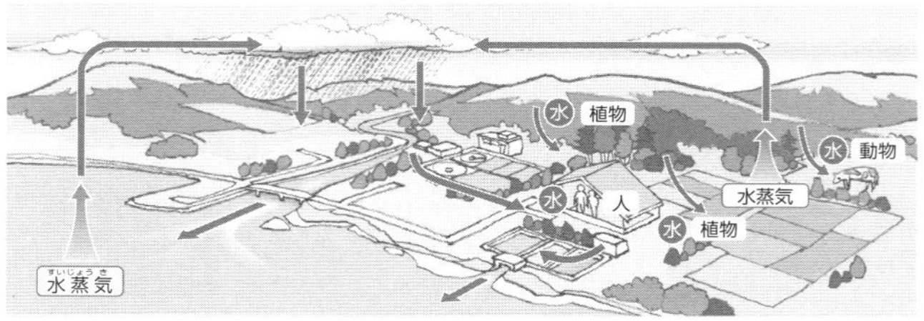

35ページ　てびき

❶ (1)人の体にはおよそ60%の水がふくまれています。
(2)人や動物が食べ物を消《しょう》化《か》・吸収《きゅうしゅう》するときに、水が使われています。また、吸収した養分を体のすみずみに運ぶのにも水が使われています。
(3)植物は、根から水を取り入れています。

❷ (1)冬にはく息や雲などの白く見える状態のときの水は、気体のように思えますが、液体です。水が気体になったときは、目に見えません。
(2)水は植物や人や動物の命を支える、かけがえのないものです。

ぴったり1 準備

4. 生物のくらしと環境《かんきょう》

③生物と空気との関わり

学習 植物に日光が当たると、二酸化炭素を取り入れることをかくにんしよう。

教科書 77~81ページ　答え 19ページ

次の(　)にあてはまる言葉を書くか、あてはまるものを○で囲もう。

1 植物は、空気とどのように関わっているのだろうか。　教科書 77~79ページ

▶植物が酸素《さんそ》を出しているか調べる。

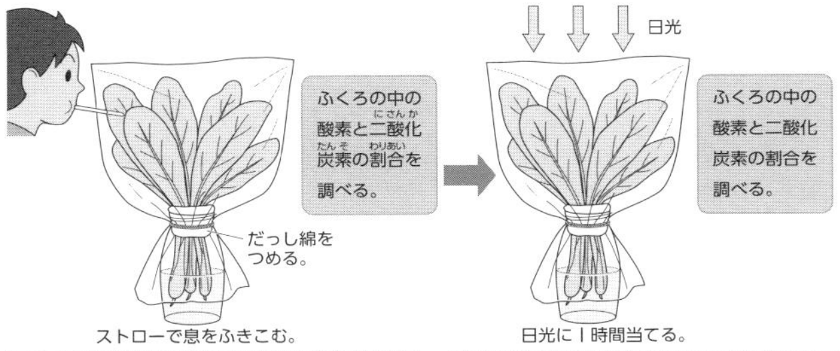
日光
ふくろの中の酸素と二酸化《にさんか》炭素《たんそ》の割合《わりあい》を調べる。
ふくろの中の酸素と二酸化炭素の割合を調べる。
だっし綿をつめる。
ストローで息をふきこむ。
日光に1時間当てる。

結果	酸素の割合	二酸化炭素の割合
日光に当てる前	16％	5％
1時間後	18％	3％

二酸化炭素の割合は(①　増え・(減り))、
酸素の割合は(②　(増える)・減る　)。

▶植物は、日光が当たると
(③　**二酸化炭素**　)を取り入れ、(④　**酸素**　)を出している。

2 動物は、空気とどのように関わっているのだろうか。　教科書 77、79ページ

▶動物と空気の関係を調べた。
▶動物は、呼吸によって、
(①　**酸素**　)を取り入れて、
(②　**二酸化炭素**　)を出している。

植物も動物も空気と関わりをもちながら生きているんだね。

ここがだいじ!
①植物は、日光に当たると、空気中の二酸化炭素を取り入れ、酸素を出す。
②人や動物の呼吸では、酸素が使われ、二酸化炭素が出される。
③動物と植物は、空気を通してたがいに関わり合っている。

ぴたトリビア 植物に日光をじゅうぶんに当てると呼吸より光合成の方がさかんですが、日光が弱いと、呼吸と光合成がつり合うこともあります。

ぴったり2 練習

4. 生物のくらしと環境《かんきょう》

③生物と空気との関わり

教科書 77~81ページ　答え 19ページ

1 はちに植えた同じ大きさの植物にふくろをかぶせ、息を数回ふきこんだものを2つ(㋐、㋑)つくります。そして、ふくろの中の空気中にふくまれる気体の割合をはかってから、㋑のみ日光によく当てた後、再びふくろの中の空気中にふくまれる気体の割合をはかります。

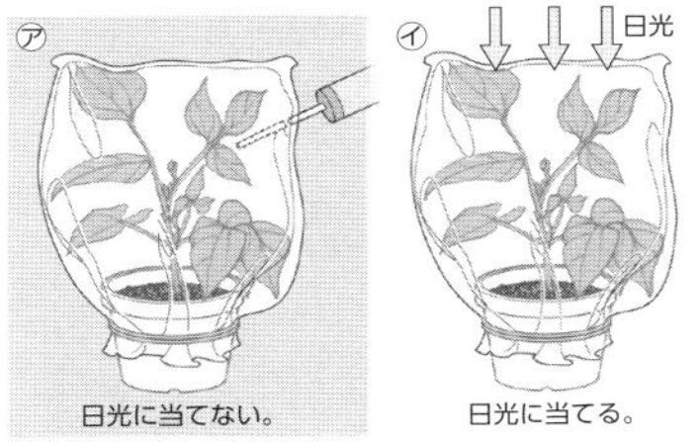
㋐
㋑
日光
日光に当てない。
日光に当てる。

(1) ふくろに息をふきこんだのは、何の割合の変化を見やすくするためですか。
(　**二酸化炭素(二酸化炭素の割合の変化)**　)

(2) ㋑のふくろの中の空気中にふくまれる気体の割合を比べるとどうなりますか。正しいもの2つに○をつけましょう。
ア(○)日光に当てると、酸素《さんそ》の割合が多くなっている。
イ(　)日光に当てると、酸素の割合が少なくなっている。
ウ(　)日光に当てると、二酸化炭素《にさんかたんそ》の割合が多くなっている。
エ(○)日光に当てると、二酸化炭素の割合が少なくなっている。
オ(　)日光に当てても、二酸化炭素の割合は変わらない。

(3) (2)より、どんなことがわかりますか。正しいものに○をつけましょう。
ア(○)植物は日光が当たると、二酸化炭素を取り入れて、酸素を出す。
イ(　)植物は日光が当たると、酸素を取り入れて、二酸化炭素を出す。
ウ(　)植物はいつも二酸化炭素を取り入れて、酸素を出す。

(4) ㋐のふくろの中の酸素と二酸化炭素の割合は、どうなりますか。
酸素(　**減る。**　)
二酸化炭素(　**増える。**　)

2 次の文で、正しいものには○、まちがっているものには×をつけましょう。
①(×)植物は、日光が当たるときだけ、空気中の酸素を取り入れ、二酸化炭素を出している。
②(×)人が海へもぐるときは、二酸化炭素だけが入ったボンベを用意する。
③(○)木が燃えるときには、酸素を使い、二酸化炭素を出している。
④(×)動物は、常に呼吸《こきゅう》をしているが、植物は、昼は呼吸をしていない。
⑤(×)動物は、酸素をつくり出すことができる。
⑥(○)植物は、日光が当たっていても呼吸をしている。

37ページ　てびき

1 (1)空気中の二酸化炭素《にさんかたんそ》の割合《わりあい》はとても少ないので、息をふきこんで二酸化炭素を増やしておかないと、実験による割合の変化がわかりにくいです。
(2)日光に当てた㋑は、酸素《さんそ》の割合が多くなり、二酸化炭素の割合が少なくなっています。
(3)(2)より、植物は日光が当たると(㋑の場合)、二酸化炭素を取り入れて、酸素を出していることがわかります。
(4)㋐の植物には日光が当たっていないので、二酸化炭素を取り入れて酸素を出すことはしません。呼吸《こきゅう》だけを行うので、酸素の割合は減り、二酸化炭素の割合は増えます。

2 動物も植物も常に呼吸をして、酸素を取り込み、二酸化炭素を出しています。植物は、日光が当たるときには、二酸化炭素を取り入れて、酸素を出しています。

ぴったり3

確かめのテスト

4. 生物のくらしと環境《かんきょう》

/100 合格 70点

教科書 66～81ページ　答え 20ページ

1 次の文のとき、水はどのように姿を変えていますか。(　　)に、固体、液体、気体のいずれかを書きましょう。　各3点(18点)

①(液体)ポリエチレンのふくろに息をふきこむと、内側が白くくもった。

②(液体)温泉に行くと、湯気が出ていた。

③(気体)水たまりの水が蒸発《じょうはつ》した。

④(固体)冬に池に行くと水がこおっていた。

⑤(液体)外で遊んでいると雨が降ってきた。

⑥(液体)かき氷を置いておくととけた。

よく出る

2 私《わたし》たちは、常に呼吸《こきゅう》をくり返し、食物を食べたり、水を飲んだりしています。

各3点、(2)～(4)は全部できて3点(12点)

(1) 私たちの呼吸によって、体の中に取り入れられる気体は何ですか。

(酸素)

(2) 植物や人や動物は、どのようにして生きるための養分を得ていますか。次の文の(　　)にあてはまる言葉を書きましょう。

植物は、(① 日光)を受けてでんぷんをつくり出す。自分では養分をつくることのできない人や動物は、ほかの動物や(② 植物)を食べることによって、生きるための養分を得ている。

(3) 下の図は、生物の「食べる」「食べられる」の関係を表したものです。(　　)に食べられるものの側から、食べるものの側へ矢印をかきましょう。

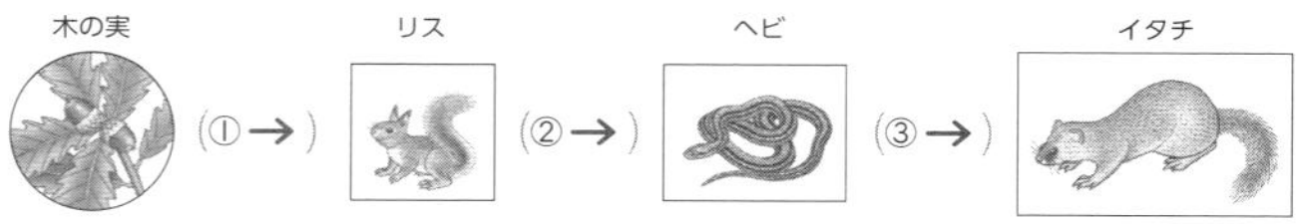

(4) 私たちの体の中で、水はどのようなことに使われますか。次の文の(　　)にあてはまる言葉を書きましょう。

水は、体の中で食物の(① 消化)・吸収《きゅうしゅう》や、吸収した養分を体のすみずみに(② 運ぶ)ことに使われる。

3 植物を右の図のように、ポリエチレンのふくろに入れます。ポリエチレンのふくろに息をふきこんで、気体の割合《わりあい》を調べます。日光に当てて1時間置いた後、再びポリエチレンのふくろの中の気体の割合を調べます。　技能　各5点(30点)

(1) 酸素《さんそ》や二酸化炭素《にさんかたんそ》の割合を調べる器具は、検流計、気体検知管《きたいけんちかん》のどちらですか。　(気体検知管)

(2) (1)の器具を使って、実験前と1時間置いた後の二酸化炭素の割合を調べました。1時間置いた後の結果はどちらですか。正しい方に○をつけましょう。(0.5～8％用の二酸化炭素用検知管)

ア(　)　イ(○)

(3) (2)から、1時間置いた後、二酸化炭素は増えていますか、減っていますか。

(減っている。)

(4) (1)の器具を使って、(2)と同じように酸素の割合も調べました。1時間置いた後の酸素の割合は増えていますか、減っていますか。

(増えている。)

(5) 植物は、日光が当たると、何を取り入れて、何を出しているといえますか。

取り入れているもの(二酸化炭素)

出しているもの(酸素)

4 生物どうしの関わりについて調べました。　思考・表現

各10点、(3)は全部できて10点(40点)

(1) 動物は、自分で養分をつくり出すことができますか。

(できない。)

(2) 記述 (1)のために、動物はどのようにして養分を取り入れていますか。

(植物やほかの動物を食べる。)

(3) 下の動物のうち、植物を食べるもの2つに○をつけましょう。

ア(　)キツネ　イ(　)ライオン　ウ(○)ウマ　エ(○)ウシ

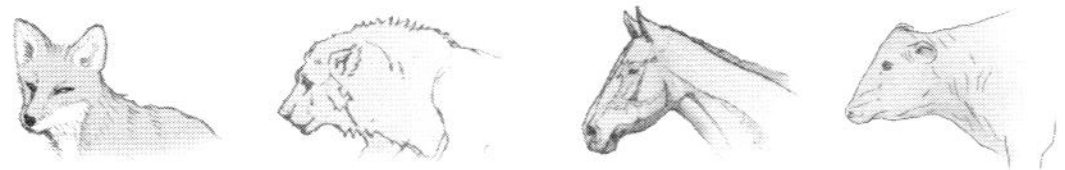

(4) 生物どうしの「食べる」「食べられる」の関係を何といいますか。

(食物れんさ)

この本の終わりにある「夏のチャレンジテスト」をやってみよう！

ふりかえり　2がわからないときは、32ページの1 2、34ページの1、36ページの2にもどってかくにんしましょう。

38～39ページ　てびき

1 ②湯気は液体の水です。

2 (1)呼吸《こきゅう》では、酸素《さんそ》を取り入れて、二酸化炭素《にさんかたんそ》を出します。

(2)植物は日光を受けて、自分で養分をつくります。自分で養分をつくれない人や動物は、植物やほかの動物を食べています。

(3)木の実はリスに食べられ、リスはヘビに食べられ、ヘビはイタチに食べられます。

(4)水は、私たちの体の中で、食物を消化《しょうか》・吸収《きゅうしゅう》し、養分を体のすみずみに運ぶのに使われます。

3 (2)～(5)日光を当てた植物は二酸化炭素を取り入れ、酸素を出しています。したがって、二酸化炭素の割合《わりあい》は減り、酸素の割合は増えています。

4 (1)動物は自分で養分をつくり出すことはできません。

(2)動物は植物や、植物を食べた動物を食べて、養分を取り入れます。

(3)ウマとウシは植物を食べています。

ぴったり１ 準備

5. てこのしくみとはたらき

①てこのはたらき①

40ページ

支点から力点までのきょりを変えたときの、手ごたえをかくにんしよう。

3分でまとめ

教科書 84〜90ページ　答え 21ページ

次の(　)にあてはまる言葉を書こう。

1 てこはどのような道具だろうか。　教科書 86ページ

▶てこについて調べた。

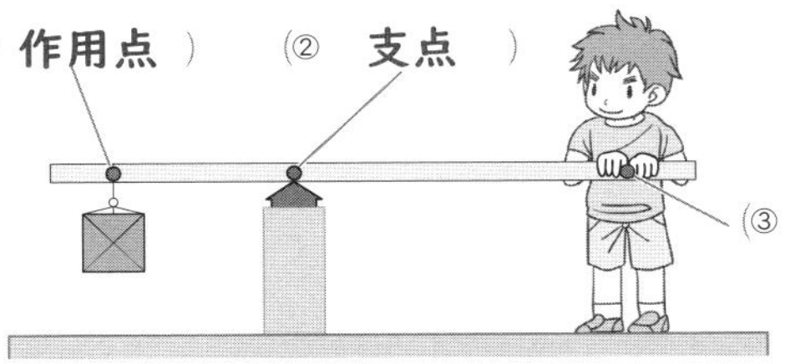

(① 作用点)　(② 支点)　(③ 力点)

▶棒《ぼう》の１点を支えにして、棒の一部に力を加えてものを動かせるようにした道具を(④ てこ)という。

▶(④)には、次の３つの点がある。

棒を支えている点…(⑤ 支点)

棒に力を加えている点…(⑥ 力点)

ものに力がはたらいている点…(⑦ 作用点)

てこを使うと、楽にものを持ち上げることができるのかな。

2 支点《してん》から力点《りきてん》までのきょりを変えると、力点の手ごたえはどうなるだろうか。　教科書 86〜90ページ

▶支点から力点までのきょりを変えて、力点での手ごたえが変わるのかを調べる。

力点の位置を変える

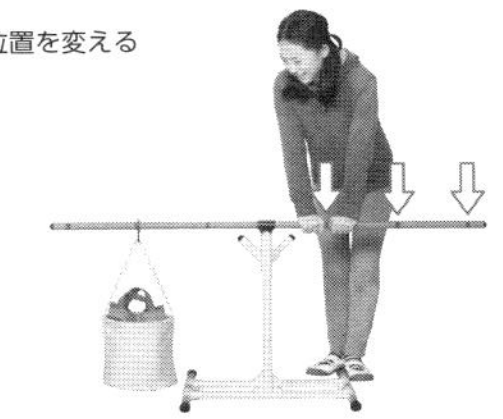

▶支点から力点までのきょりを長くするほど、(① 小さい)力でものを持ち上げられる。

力点の位置を変えると、手ごたえが変わる。

ここがだいじ！

①てこを支える点を支点、力を加える点を力点、ものに力がはたらいている点を作用点《さようてん》という。

②支点から力点までのきょりを長くするほど小さい力でものを持ち上げられる。

ぴたトリビア　支点から力点までのきょりが短くなると、より大きな力が必要になります。

ぴったり２ 練習

5. てこのしくみとはたらき

①てこのはたらき①

41ページ

教科書 84〜90ページ　答え 21ページ

1 棒《ぼう》を使って重いものを動かします。

(1) 棒で、重いものを楽に持ち上げたり動かしたりする道具を何といいますか。

(てこ)

(2) ㋐〜㋒の３つの点をそれぞれ何といいますか。

㋐(作用点)

㋑(支点)

㋒(力点)

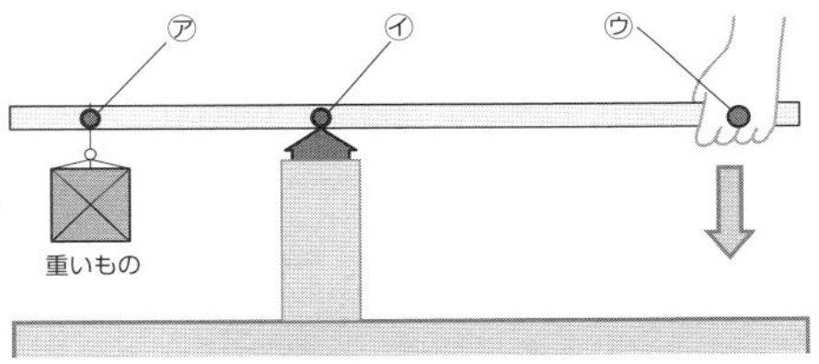

(3) 棒の㋒を矢印の向きに下げると、重いものはどの向きに動きますか。正しいものに○をつけましょう。

ア(〇)上の方に動く。

イ(　)下の方に動く。

2 力を加える位置をいろいろと変えて、ものを持ち上げるときの手ごたえを比べます。

(1) 手で力を加える点を㋑から㋐に移すと、手ごたえはどうなりますか。正しいものに○をつけましょう。

ア(〇)大きくなる。

イ(　)小さくなる。

ウ(　)変わらない。

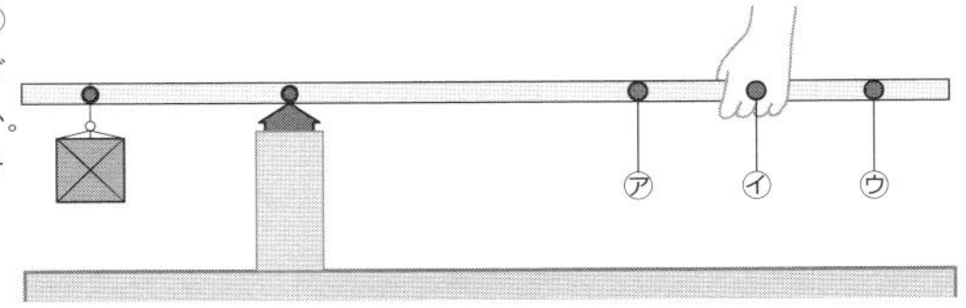

(2) 手で力を加える点を㋑から㋒に移すと、手ごたえはどうなりますか。正しいものに○をつけましょう。

ア(　)大きくなる。

イ(〇)小さくなる。

ウ(　)変わらない。

(3) 次の(　)にあてはまる言葉を書きましょう。

てこでは、支点《してん》から作用点《さようてん》までのきょりが同じときは、支点から(① 力点)までのきょりが(② 長い)ほど、小さい力でものを持ち上げることができる。

おうちのかたへ　5. てこのしくみとはたらき

てこの支点から力点までの距離、支点から作用点までの距離を変えたときの力点の手ごたえ、てこのしくみを使っている道具について学習します。てこが水平につり合うときのきまり(左右のうでで、「おもりの重さ×支点からの距離」が等しい)がポイントです。

41ページ　てびき

❶ (2)㋐は重いものを持ち上げるはたらきをしているので作用点《さようてん》です。㋑はてこを支えているので支点《してん》です。㋒は力を加えているので力点《りきてん》です。

おうちのかたへ

支点、力点、作用点は道具によってそのつど変わります。ふつう、位置が変わらない点が支点と考えてよいでしょう。

(3)棒《ぼう》を矢印の向きに下げると、反対側にあるものは上の方に動きます。

❷ (1)〜(3)支点と作用点の位置が決まっているとき、支点から力点までのきょりが長いほど、小さな力でものを持ち上げることができます。きょりが短いと、大きな力が必要になり、手ごたえが大きくなります。

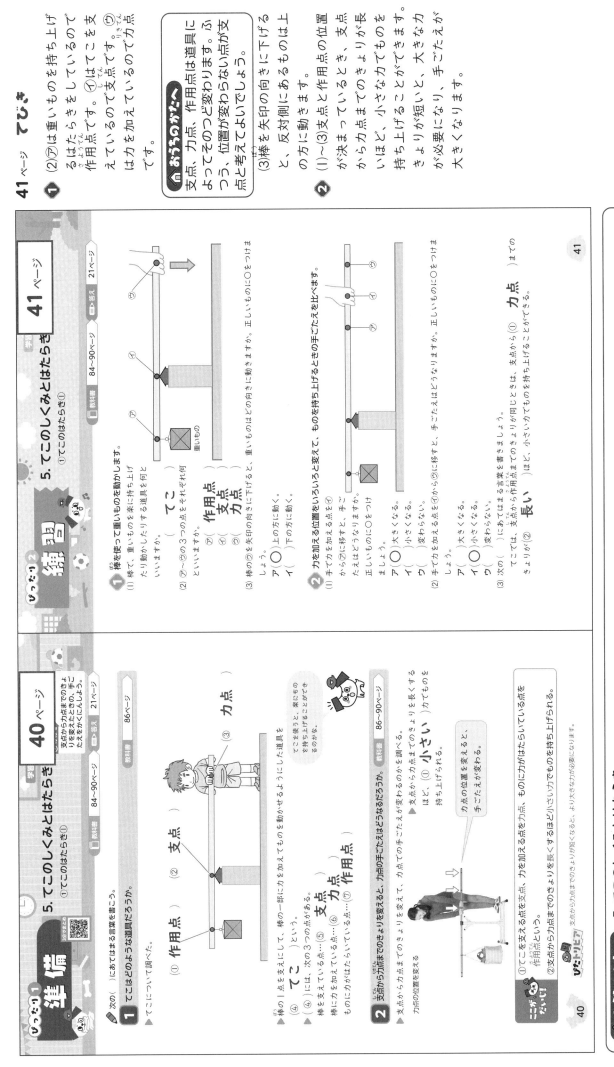

ぴったり1
準備
5. てこのしくみとはたらき
①てこのはたらき②

支点から作用点までのきょりを変えたときの、手ごたえをかくにんしよう。

教科書 86~91ページ　答え 22ページ

次の(　)にあてはまる言葉を書くか、あてはまるものを○で囲もう。

1 支点《してん》から作用点《さようてん》までのきょりを変えると、力点《りきてん》の手ごたえはどうなるだろうか。　教科書 86~90ページ

作用点の位置を変える

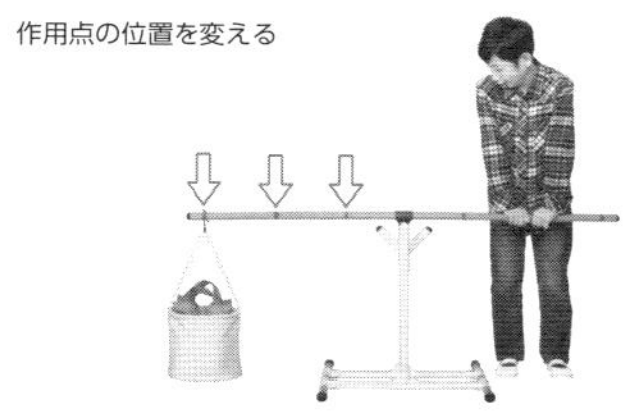

▶支点から作用点までのきょりを長くするほど、ものを持ち上げるのには(① 大きな)力が必要である。

作用点の位置を変えると、手ごたえが変わるね。

2 力点に加える力の大きさはどうなるだろうか。　教科書 91ページ

▶力点に加わる力の大きさを、おもりを使って調べる。

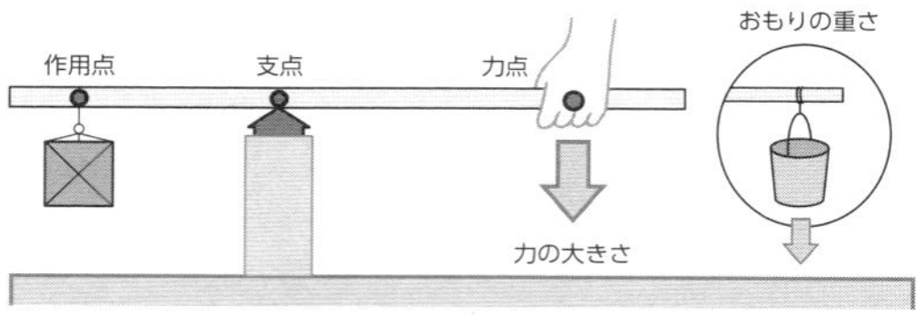

力点に加える力の大きさは、手ごたえだけでは、はっきりと(① 表せる 表せない)。

▶力点に加える力の大きさは、おもりの(② 重さ)で表すことができる。

▶てこがつり合うとき、力点に加わるおもりの重さは、支点から力点までのきょりが(③ 長く)なるほど軽くなる。

手で力を加えるのだと、力の大きさがどのくらいなのか、わかりにくいな。

ここがだいじ!
①支点から作用点までのきょりが長いほど、ものを持ち上げるのに大きな力が必要になる。
②力の大きさは、おもりの重さ(単位: g や kg)で表すことができる。

ぴたトリビア　支点から作用点までのきょりを短くするほど、楽にものを持ち上げることができます。

ぴったり2
練習
5. てこのしくみとはたらき
①てこのはたらき②

教科書 86~91ページ　答え 22ページ

1 おもりをつり下げる位置をいろいろ変えて、ものを持ち上げるときの手ごたえを比べます。

(1) 右の図で、最も手ごたえが小さいのは、おもりを㋐~㋒のどこにつり下げたときですか。記号で答えましょう。

(㋒)

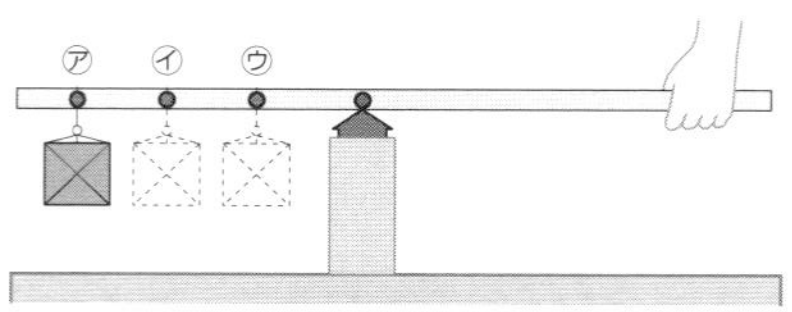

(2) 次の(　)にあてはまる言葉を書きましょう。

支点《してん》から(① 作用点)までのきょりが(② 短い)ほど、小さい力でものを持ち上げることができる。

支点の位置が動いてしまうと、正しい結果が得られないよ。実験を始める前に、しっかり固定しておこう。

2 手ごたえでは、力点《りきてん》に加えている力の大きさがはっきりしないので、下の図のように、おもりを使って調べることにします。

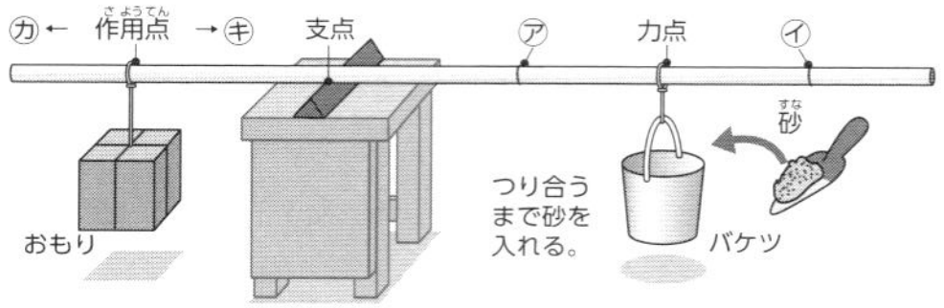

(1) どのようにして力点に加わる力の大きさを調べましたか。上の図を見て、(　)にあてはまる言葉を書きましょう。

(① 力点)に、バケツをつるし、棒《ぼう》がつり合うまで、(② 砂)を入れ、そのときのバケツの重さを体重計ではかって、力点に加わる力の大きさを調べた。

(2) 力点を、㋐、㋑に移して、棒をつり合わせたときのバケツの重さは、図の場合と比べて、重いですか。軽いですか。

㋐(重い)
㋑(軽い)

(3) 棒をつり合わせるとき、バケツをできるだけ軽くするには、作用点の位置を㋕、㋖のどちら向きに移しますか。

(㋖)

ヒント 2 (2)支点から力点までのきょりが長いほど、力点に加えている力の大きさ(バケツに入れる砂の重さ)は小さくなります。

43ページ　てびき

1 (1)、(2)支点《してん》と力点《りきてん》の位置を変えないとき、支点から作《さ》用点《ようてん》までのきょりを短くすれば、小さな力でものを持ち上げることができます。きょりを長くすれば、ものを持ち上げるのに大きな力が必要になります。

2 (1)バケツに砂《すな》を入れると、力点に力を加えるのと同じはたらきがあります。

(2)支点と作用点の位置を変えないとき、支点から力点までのきょりが長いほど、小さな力でものを持ち上げることができます。したがって、㋑に力点を移すと、水平につり合うときのバケツの重さは軽くなります。逆に㋐に力点を移すと、水平につり合うときのバケツの重さは重くなります。

44ページ

ぴったり1 準備

5. てこのしくみとはたらき

②てこがつり合うときのきまり

てこが水平につり合うときのきまりについてかくにんしよう。

教科書 92〜97ページ　答え 23ページ

次の(　)にあてはまる言葉を書くか、あてはまるものを○で囲もう。

1 てこが水平につり合うときのきまりは何なのだろうか。　教科書 92〜95ページ

▶てこの両側におもりをつるして調べた。

・てこのうでをかたむけるはたらきは、次のように表すことができる。
おもりの(① **重さ**)×支点《してん》からの(② **きょり**)

・左のうでをかたむけるはたらきと(③ **右**)のうでをかたむけるはたらきが等しくなったとき、てこは水平に(④**つり合う**)。

・てこが水平につり合うときのきまりは、次のように表すことができる。

左のうでをかたむけるはたらき　おもりの重さ×支点からのきょり　＝　右のうでをかたむけるはたらき　おもりの重さ×支点からのきょり

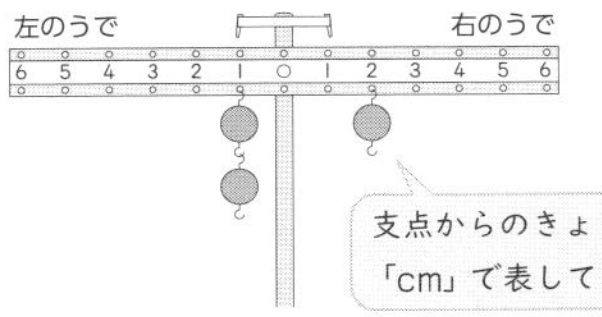
左のうで
右のうで
6 5 4 3 2 1 0 1 2 3 4 5 6
支点からのきょりは長さ「cm」で表してもよい。
つり合うとき、重さときょりの積は、左右のうでで等しくなるよ。

2 てこがつり合わないときはどうなるのだろうか。　教科書 92〜95ページ

▶てこがつり合わないときはどのようなときだろうか。

・左のうでをかたむけるはたらきが、右のうでをかたむけるはたらきよりも大きいとき、てこは水平につり合わず、てこのうでは(① (左)・右)が下にかたむく。

・右のうでをかたむけるはたらきが、左のうでをかたむけるはたらきよりも大きいとき、てこは水平につり合わず、てこのうでは(② 左・(右))が下にかたむく。

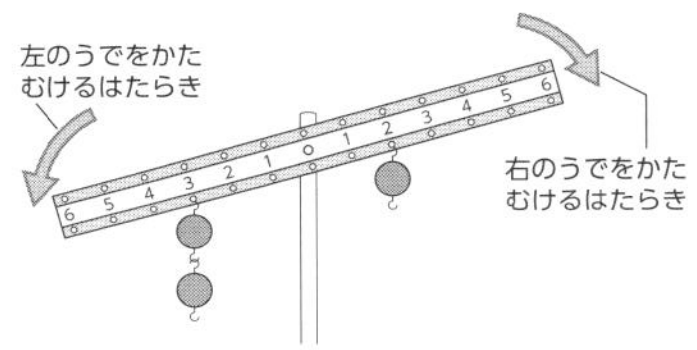
左のうでをかたむけるはたらき
右のうでをかたむけるはたらき

ここがだいじ!
①てこが水平につり合うとき、左右のうでで、うでをかたむけるはたらき(おもりの重さ×支点からのきょり)は等しくなっている。
②つり合わないときは、うでをかたむけるはたらきが大きい方が下にかたむく。

ぴたトリビア　上皿てんびんは、左右のうでの長さが同じなので、左右に同じ重さのものをのせると水平につり合うことを利用して、重さをはかる道具です。

44

45ページ

ぴったり2 練習

5. てこのしくみとはたらき

②てこがつり合うときのきまり

教科書 92〜97ページ　答え 23ページ

1 実験用てこと重さがすべて等しいおもりを使って、てこのつり合いを調べます。

(1) 左のうでの3の位置におもりを3個つるし、右のうでの4の位置におもりを2個つるしたとき、うでをかたむけるはたらきは、左右のうでで、どちらが大きいですか。
(**左のうで(左)**)

(2) 左のうでの2の位置におもりを2個つるしました。1個のおもりを、右のうでのどの数字の位置につるせば、てこは水平につり合いますか。
(**4(の位置)**)

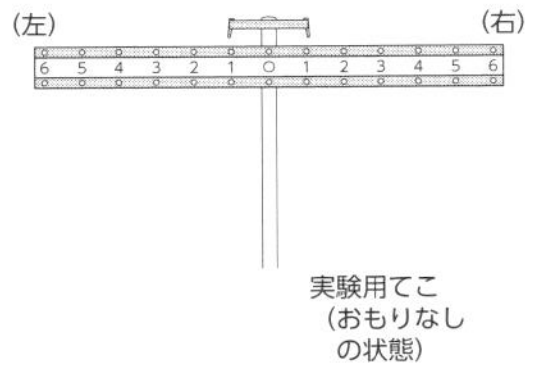
(左)
(右)
実験用てこ(おもりなしの状態)

2 次の実験用てこのうち、うでが、右が下へかたむくものには「右」を、左が下へかたむくものには「左」を、水平につり合うものには「○」を書きましょう。

①(**右**)　②(**○**)　③(**左**)
④(**左**)　⑤(**○**)

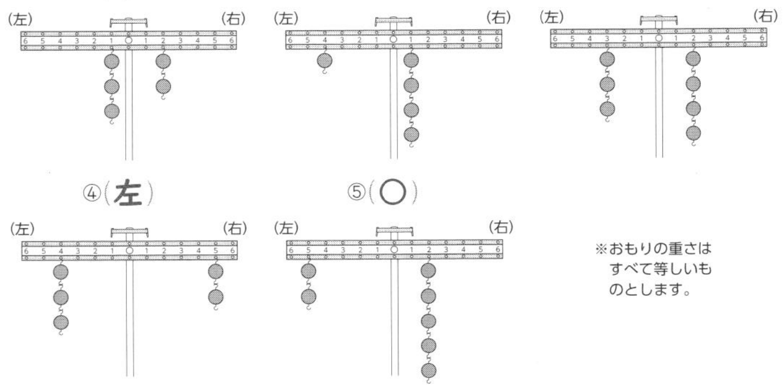
(左)
(右)

※おもりの重さはすべて等しいものとします。

3 右の図は、重さをはかる道具です。

(1) この道具を何といいますか。
(**上皿てんびん**)

(2) 片方《かたほう》の皿にはかりたいものを、もう片方の皿に分銅《ふんどう》をのせたら、水平につり合いました。ものの重さと分銅の重さについて、どのようなことがいえますか。
(**同じ。**)

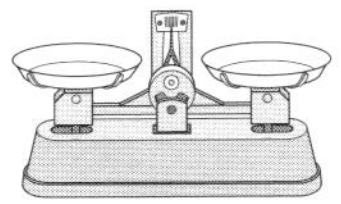

ヒント 3 (1)ものをのせる皿がうでの上についているのが特ちょうです。

45

45ページ　てびき

1 (2)左のうでをかたむけるはたらきは2×2＝4です。右のうでの4の位置におもりを1個つるすと、右のうでをかたむけるはたらきは、1×4＝4となり、左のうでをかたむけるはたらきと等しくなります。

2 ②左のうでをかたむけるはたらきが1×4＝4、右のうでをかたむけるはたらきが4×1＝4なので、水平につり合います。

おうちのかたへ
てこのつり合いはこのように、うでを左に傾けるはたらき(モーメントといいます)と右に傾けるはたらきを計算して比較します。

3 (1)上皿てんびんは、うでの上に皿があるてんびんです。片方《かたほう》の皿にはかりたいものを、もう片方の皿に分銅《ふんどう》をのせてつり合わせることで重さをはかります。
(2)水平につり合ったのだから、ものの重さと分銅の重さは同じです。

ぴったり1 準備

5. てこのしくみとはたらき
③てこの利用

学習 てこのしくみを使っている道具について、かくにんしよう。

教科書 98〜103ページ　答え 24ページ

次の(　)にあてはまる言葉を書こう。

1 てこのしくみを使っている道具にはどんなものがあるだろうか。 教科書 98〜101ページ

▶支点《してん》が、力点《りきてん》と作用点《さようてん》の間にあるてこ

くぎぬき

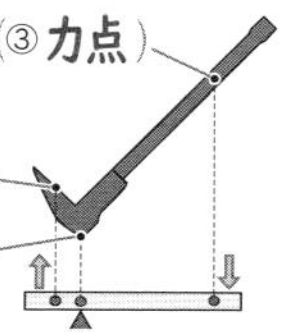

ほかの例：ペンチ、洋ばさみ

支点から力点までのきょりが、支点から作用点までのきょりより(④ 長い)ので、作用点により(⑤ 大きな)力がはたらく。

▶作用点が、支点と力点の間にあるてこ

穴あけパンチ

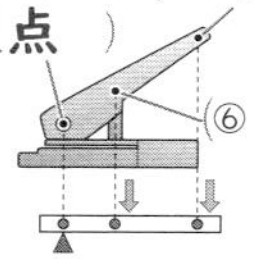

ほかの例：空きかんつぶし器、せんぬき

支点から力点までのきょりが、支点から作用点までのきょりより(⑨ 長い)ので、作用点により(⑩ 大きな)力がはたらく。

▶力点が、支点と作用点の間にあるてこ

ピンセット

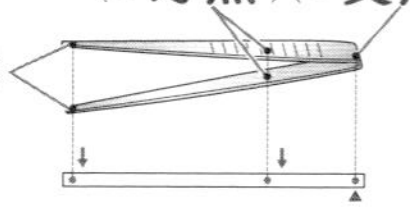

ほかの例：和ばさみ

支点から力点までのきょりが、支点から作用点までのきょりより(⑭ 短い)ので、作用点により(⑮ 小さな)力がはたらく。

▶輪じく

ドアノブ

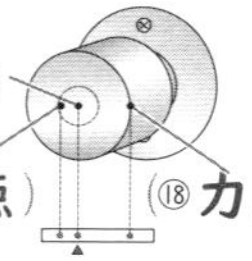

ほかの例：ドライバー、じゃ口のハンドル

大きい輪と小さい輪でできている。力点に力を加えると、作用点により(⑲ 大きな)力がはたらく。

・輪じくは、輪の中心が支点、大きい輪が力点、小さい輪が作用点にあたる。

ここがだいじ！
①力を加えるところが力点、力がはたらくところが作用点、動かないところが支点である。
②てこを利用した道具の力点、作用点、支点の場所はさまざまである。

ぴたトリビア　てこのしくみを利用すると、そのままでは動かすことができない重いものも、人の力で動かすことができます。

ぴったり2 練習

5. てこのしくみとはたらき
③てこの利用

教科書 98〜103ページ　答え 24ページ

1 てこを利用した道具について調べます。

(1) 右の図のような洋ばさみは、てこを利用した道具の１つです。

①次の㋐〜㋒の部分は、力点《りきてん》、支点《してん》、作用点《さようてん》のどの部分にあたりますか。

㋐にぎる部分　(　力点　)

㋑切る部分　(　作用点　)

㋒真ん中のじくの部分　(　支点　)

②厚い紙を切るとき、㋐〜㋒のどこで切ると、いちばん楽に切ることができますか。記号で答えましょう。　(　㋒　)

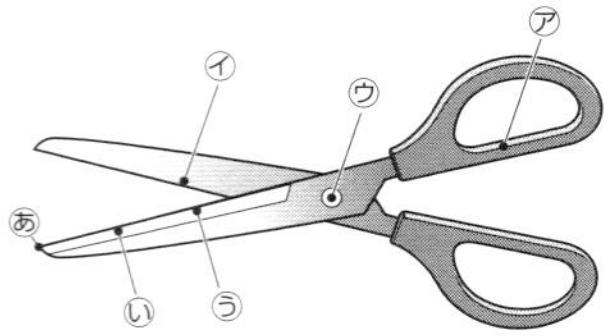

洋ばさみは支点・力点・作用点の位置が棒《ぼう》のてこと似ている。

(2) 右の図のようなじゃ口のハンドルも、てこを利用した道具の１つです。㋐〜㋒のうち、支点、力点、作用点はそれぞれどこですか。記号で答えましょう。

支点(㋐)
力点(㋑)
作用点(㋒)

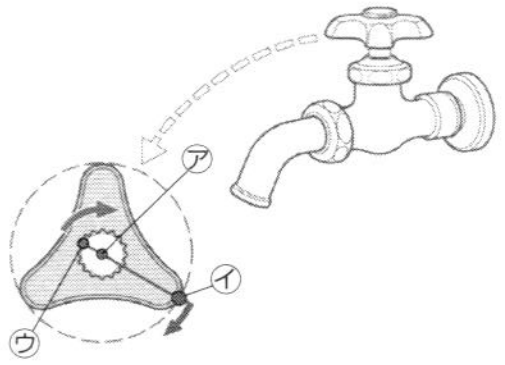

2 次の文で、正しいものには○、まちがっているものには×をつけましょう。

①(○)支点から力点までのきょりが、支点から作用点までのきょりより長い洋ばさみは、作用点により大きな力がはたらく。

②(×)支点と力点の間に作用点がある空きかんつぶし器は、支点から力点までのきょりが、支点から作用点までのきょりより長いので、作用点により小さな力がはたらく。

③(×)支点と作用点の間に力点があるピンセットは、支点から力点までのきょりが、支点から作用点までのきょりより短いので、作用点ではより大きな力がはたらく。

④(×)穴あけパンチは、力点が、支点と作用点の間にある。

⑤(×)和ばさみは、作用点が、支点と力点の間にある。

⑥(○)ペンチは、支点が、力点と作用点の間にある。

ヒント 1 (2)じゃ口のハンドルは大きい輪と小さい輪でできていて、輪じくとなっています。動かない支点はどこでしょうか。

47ページ　てびき

1 (1)①にぎる部分が力点《りきてん》、切る部分が作用点《さようてん》、動かないじくの部分が支点《してん》です。
②支点と力点の位置を変えないとき、支点から作用点までのきょりを短くすれば、より大きな力がはたらきます。
(2)支点は動かないじくの部分です。力点は力を加えるところ、作用点は力点に力を加えることで動作をする部分です。

2 支点と力点の間のきょりと、支点と作用点の間のきょりを比べたときに、支点と力点の間のきょりの方が長ければ大きな力がはたらきます。逆に、支点と力点の間のきょりの方が短ければ小さな力がはたらきます。

ぴったり3 確かめのテスト。

5. てこのしくみとはたらき

48ページ

/100 合格 70 点

教科書 84〜103ページ　答え 25ページ

よく出る

1 力を加える位置やおもりをつるす位置を変えて、おもりを持ち上げるときの手ごたえを比べます。
各8点(32点)

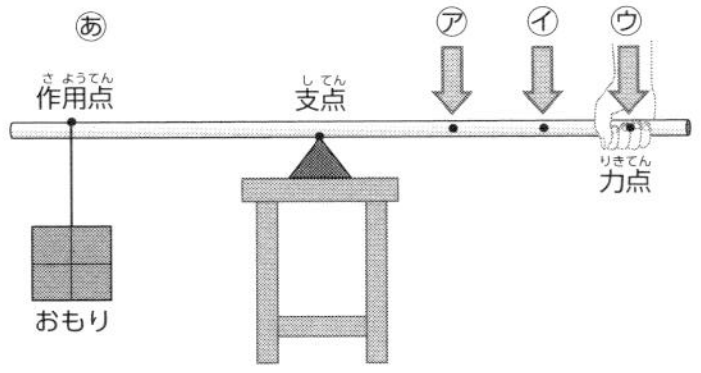

(1) あの図で、最も手ごたえが小さいのは、ア〜ウのどの点に力を加えたときですか。記号で答えましょう。
(ウ)

(2) あの図のように、支点から作用点までのきょりを変えないとき、より小さい力でおもりを持ち上げることができるのは、支点から力点までのきょりが、長いときですか、短いときですか。
(長いとき)

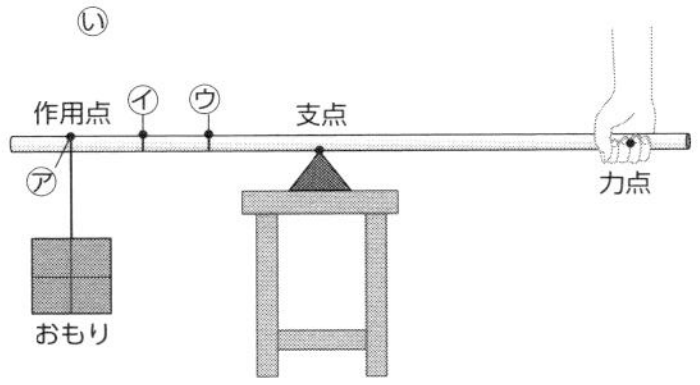

(3) いの図で、最も手ごたえが小さいのは、おもりをア〜ウのどの点につるしたときですか。記号で答えましょう。
(ウ)

(4) いの図のように、支点から力点までのきょりを変えないとき、より小さい力でおもりを持ち上げることができるのは、支点から作用点までのきょりが、長いときですか、短いときですか。
(短いとき)

よく出る

2 下の実験用てこのうち、水平につり合うものには「○」、左が下へかたむくものには「左」、右が下へかたむくものには「右」と書きましょう。
各5点(10点)

(1)(左)

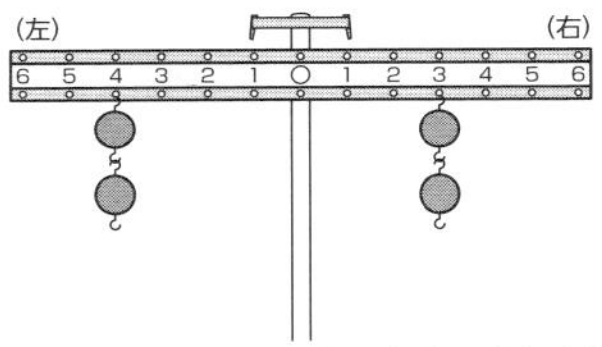

(2)(○)

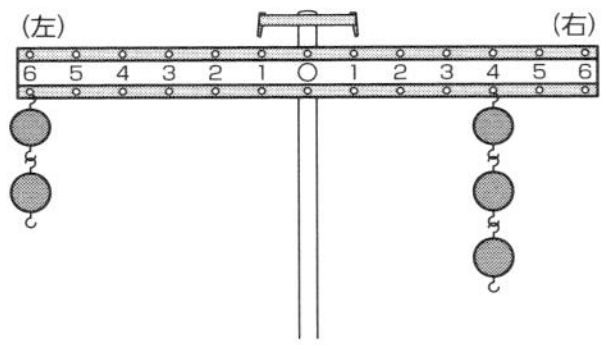

※おもりの重さはすべて等しいものとします。

学習

49ページ

3 右の図のように、バケツに砂《すな》を入れて棒《ぼう》を水平にし、力点に加える力の大きさを調べました。
技能 各6点(30点)

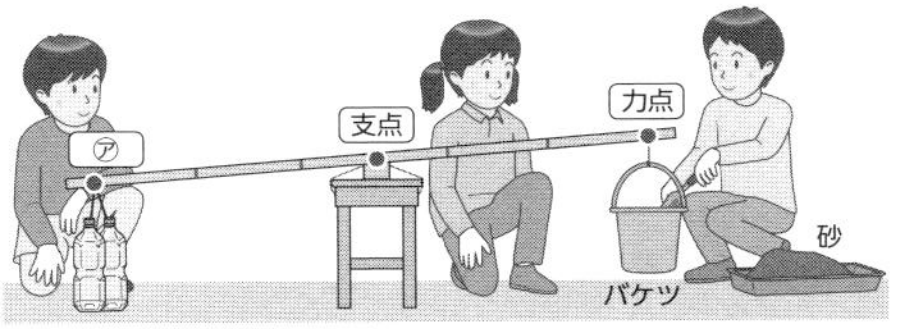

(1) このとき、アの点は、何を表していますか。
(作用点)

(2) 砂を入れたバケツの重さは、力点に加わる力の大きさと考えてよいですか。
(考えてよい。)

(3) バケツに入れる砂を多くすると、力点に加わる力はどうなりますか。 (大きくなる。)

(4) (2)のことから、力点に加わる力の大きさはどのような単位ではかれますか。正しいものに○をつけましょう。

ア(　)cm や m
イ(○)g や kg
ウ(　)%

(5) 支点から力点までのきょりを長くして、棒を水平にするには、バケツに入れる砂の量は増やしますか、減らしますか。
(減らす。)

できたらスゴイ!

4 てこを利用した道具について調べます。
思考・表現 各7点、(3)は全部できて7点(28点)

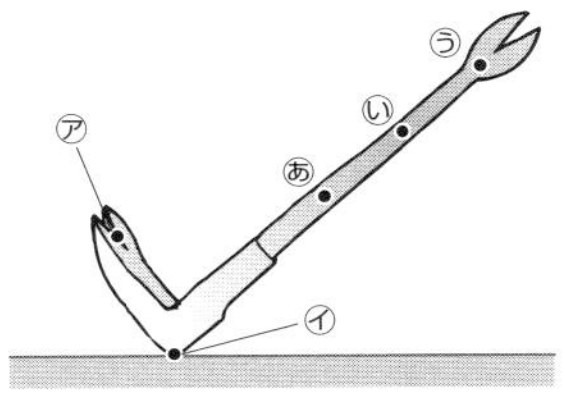

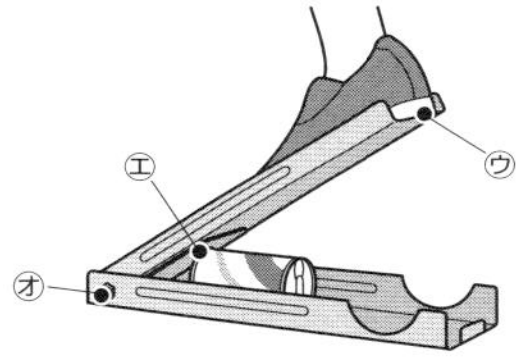

(1) 右の上の図のくぎぬきで、ア、イのうち、支点はどちらですか。記号で答えましょう。
(イ)

(2) 右の上の図のくぎぬきで、最も小さい力でくぎをぬくには、あ〜うのうち、どの部分に力を加えればよいですか。
(う)

(3) 右の下の図の空きかんつぶし器で、ウ〜オのうち、支点と作用点はそれぞれどこですか。記号で答えましょう。
支点(オ)
作用点(エ)

(4) 右の下の図の空きかんつぶし器で、エではたらく力はウに加わる力より大きいですか、小さいですか。
(大きい。)

ふりかえり
2がわからないときは、44ページの1、2にもどってかくにんしましょう。
4がわからないときは、46ページの1にもどってかくにんしましょう。

48〜49ページ　てびき

1 (3)、(4)支点《してん》と力点《りきてん》の位置を変えないとき、支点から作《さ》用点《ようてん》までのきょりが短いほど、手ごたえは小さくなります。

2 (2)左のうでをかたむけるはたらきは2×6＝12、右のうでをかたむけるはたらきも3×4＝12なので、水平につり合います。

3 (4)重さの単位のgやkgです。力の大きさを重さで表していることになります。
(5)支点から力点までのきょりを長くすると、同じものを持ち上げる力は小さくなるので、バケツに入れる砂《すな》の量は減ります。

4 (2)支点と作用点の位置が決まっているとき、支点から力点までのきょりが長いほど、小さな力で大きなはたらきができます。
(4)支点から作用点までのきょりよりも、支点から力点までのきょりの方が長いので、エにはより大きな力がはたらきます。

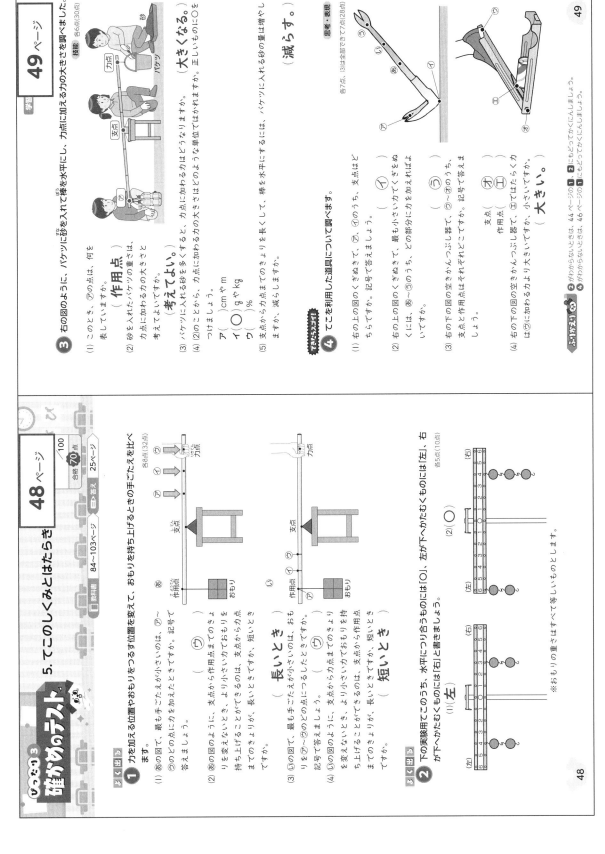

ぴったり1 準備
6. 月の形と太陽
①月の形とその変化

50ページ

月の形の変化と太陽との関係についてかくにんしよう。

教科書 104～109ページ　答え 26ページ

次の(　)にあてはまる言葉を書くか、あてはまるものを○で囲もう。

1 月の形と、そのときの太陽の位置はどうなっているだろうか。 教科書 106～109ページ

▶太陽がしずむころの月の方位や高さを観察して記録する。

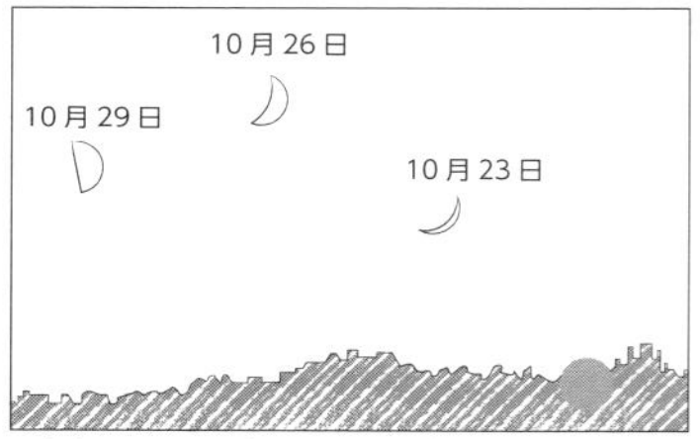

うでをのばして、にぎりこぶしひとつ分を見たときの角度は約(① ⑩・20)度(°)である。これを使って高さを調べる。

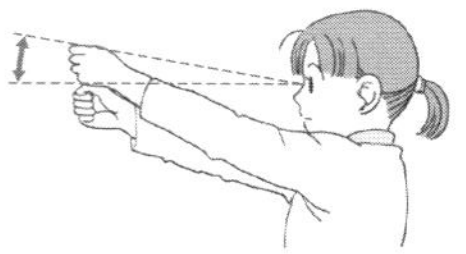

▶必ず同じ場所と(② 時刻)で観察する。
▶方位磁針《じしん》で観察する(③ 方位)を調べる。
▶太陽を見るときは必ず(④ しゃ光板)を使う。

2 月の形の変化と太陽との関係はどうなっているだろうか。 教科書 106～109ページ

▶月の形は日がたつにつれて変化する。

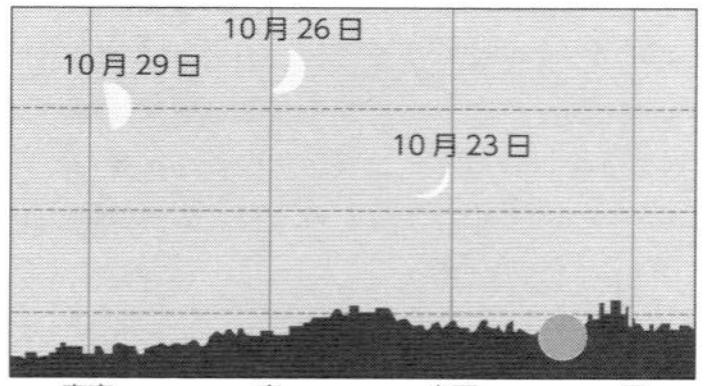

夕方見える月の、日による変化

▶月は、日によって(① ちがう)形をしている。
▶月のかがやいている側は(② 太陽)の方向を向いている。
▶夕方見える月の形はしだいに明るい部分が(③ 増えて)いき、その位置は(④ 東)へと変化していく。

夕方見える月は、同じ時刻に見るとしだいに太陽からはなれていくよ。

▶月は、１日の間で(⑤ 東)からのぼって、(⑥ 西)にしずむ。

ここがだいじ！
①夕方見える月の位置は、日がたつと東へ移動し、明るく見える部分が増えていく。
②月のかがやいている側は、太陽の方向を向いている。

ぴたトリビア　月は太陽の光を受けてかがやいているため、月のかがやいている側に太陽があります。

ぴったり2 練習
6. 月の形と太陽
①月の形とその変化

51ページ

教科書 104～109ページ　答え 26ページ

1 夕方見える月の形の見え方と、太陽の位置関係を観察します。

(1) 太陽を見るときは、何という道具を使いますか。
(　しゃ光板　)

(2) 月と太陽との位置の関係を記録するときの方法として、まちがっているものに×をつけましょう。
ア(×)月と太陽だけをできる限り大きく記録する。
イ(　)必ず同じ場所と時刻で観察して、記録する。
ウ(　)月の形や、かたむきに注意して記録する。
エ(　)周りの景色といっしょに記録する。
オ(　)方位磁針《じしん》を使って、観察する方位を記録する。

(3) 月や太陽の高さを調べる方法として、にぎりこぶしで調べる方法があります。
① にぎりこぶしひとつ分の角度は、およそ何度になりますか。
(　10度(10°)　)
② 月がにぎりこぶし３つ分の角度のところにありました。月の高さは、およそ何度ですか。
(　30度(30°)　)

2 夕方見える月の形の見え方と、太陽の位置関係を観察します。

(1) 夕方の月は、日がたつにつれて、東と西のうち、どちらの方向に動いていますか。
(　東　)

(2) 月のかがやいている側は、何がある方向を向いていますか。
(　太陽　)

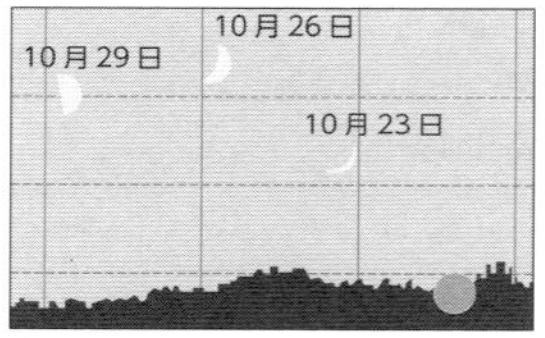

夕方見える月の、日による変化

(3) 次の文は、月について書いたものです。正しいものに○をつけましょう。
ア(○)月は、１日の間で太陽と同じように、東からのぼり、西にしずむ。
イ(　)月は、１日の間で太陽と反対に、西からのぼり、東にしずむ。
ウ(　)月は、１日の間で東からのぼり西にしずむときもあれば、西からのぼり東にしずむときもある。
エ(　)月は、いつも同じ場所に見え、形だけが変わる。
オ(　)月は、見える場所は変わるが、形は変わらない。

おうちのかたへ　**6. 月の形と太陽**

月は自ら光を出さず、太陽の光を反射していることから、見かけの月の形が太陽と月の位置関係によって変わることを学習します。１日の間で、月は東から西へ動いて見えますが、夕方見える月の位置は、日がたつと逆の西から東へ動いて見えることがポイントです。

51ページ　てびき

1 (1)太陽を直接見ると目を痛《いた》めるのでとても危険《きけん》です。必ずしゃ光板を使って観察します。
(2)月と太陽の位置関係を記録するとき、月と太陽だけをかいたのでは、方位などがよくわかりません。周りの景色《けしき》などといっしょに記録しましょう。
(3)①にぎりこぶしひとつ分はおよそ10度(10°)になります。
②にぎりこぶしひとつ分の３倍の30度(30°)になります。

2 (1)夕方の月は、日がたつにつれて、東に動いていきます。
(2)月のかがやいている側には、太陽があります。
(3)月は、１日の間で東からのぼって西にしずみます。

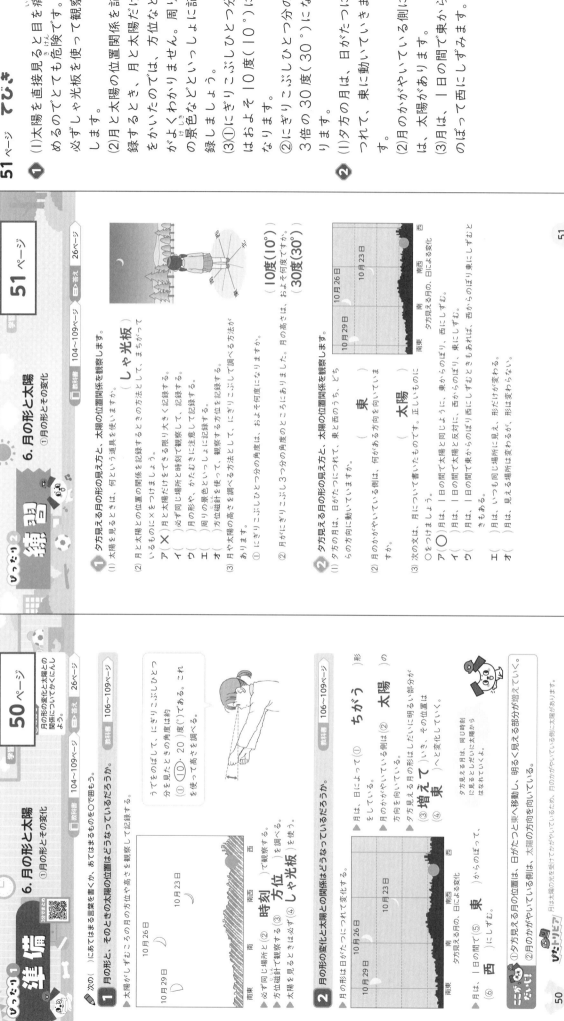

ぴったり1 **準備**

6. 月の形と太陽
②月の形の変化と太陽

52ページ

月の形や表面のようす、見かけの月の形が日によって変わるわけをかくにんしよう。

教科書 110〜119ページ　答え 27ページ

次の(　)にあてはまる言葉を書くか、あてはまるものを○で囲もう。

1 月の表面のようすや形はどうなっているだろうか。　教科書 110〜112ページ

▶月の表面を観察する。

- 月は、ボールのような(① 球)形をしている。
- 月の表面は(② 岩石)でできている。
- 月の表面には(③ クレーター)とよばれる丸いくぼ地がある。
- 月は自らは(④ 光)を出さず、(⑤ 太陽)の光を反射《はんしゃ》してかがやいている。

月の表面はそう眼鏡や望遠鏡で観察しよう。

2 ボールを使って、月の形が変わって見えるわけを調べるとどうなるだろうか。　教科書 114〜118ページ

▶人の周りでボールを持ってみて、月の形がどうなるか見てみよう。

- 月の形が日によって変わって見えるのは、(① 太陽)と月との位置関係が変化し、(①)の光を反射している部分の見え方が、変わるからである。
- 月はおよそ(② ⓵ 2)か月で、見える形が元にもどる。

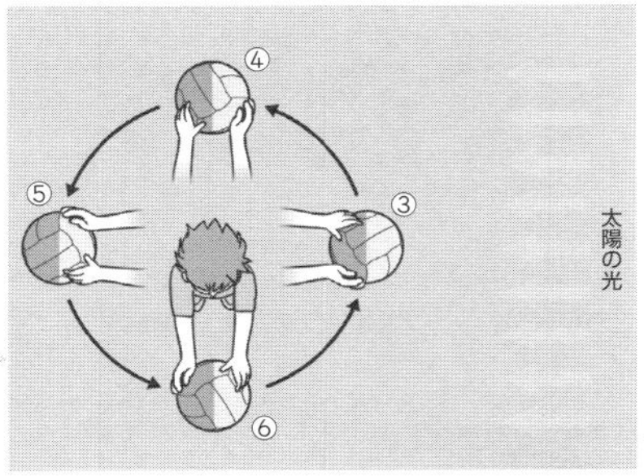

③〜⑥の月の名前を書いてみよう。
(③ 新月)
(④ 半月(上弦の月))
(⑤ 満月)
(⑥ 半月(下弦の月))

ここがだいじ!
①月は球形をしている。
②月の表面は岩石でできており、自らは光を出さず、太陽の光を反射している。
③見かけの月の形が変わるのは、太陽と月の位置関係が変化するからである。

ぴたトリビア 月の表面には、「クレーター」とよばれる丸いくぼ地が多く見られます。大きいものでは、直径500 km 以上もあり、石や岩などが月にぶつかってできたと考えられています。

ぴったり2 **練習**

6. 月の形と太陽
②月の形の変化と太陽

53ページ

教科書 110〜119ページ　答え 27ページ

1 太陽や月の表面の観察をしました。

(1) 太陽の観察をするとき、目を痛《いた》めないために必要な道具は何ですか。
(　しゃ光板　)

(2) 月の観察をするとき、必要な道具は何ですか。2つ書きましょう。
(望遠鏡(そう眼鏡))
(　方位磁針　)

(3) 月は、どのような形をしていますか。
(　球形　)

(4) 月の表面には、㋐のような丸いくぼ地が見られました。このくぼ地は、何とよばれていますか。
(　クレーター　)

(5) 月の表面で、㋑の部分のように明るい部分は、何の光が当たって明るくなっていますか。
(太陽(太陽の光))

2 月の形がどのように変わって見えるか、図のようにボールを月に見立てて調べました。

(1) 図のAは、何の位置にあたりますか。
(　地球　)

(2) Aの位置から㋐〜㋔のボールを見ると、どのように見えますか。それぞれ、図の○にかがやいて見える部分をぬりましょう。

(3) 次の(　)にあてはまる言葉を書きましょう。
太陽の光を(① 反射)している部分の見え方が変化するので、見かけの月の(② 形)は日によって変わると考えられる。

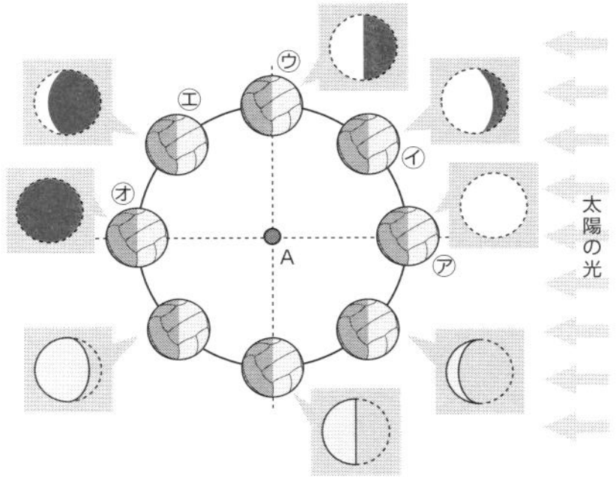

53ページ　てびき

❶ (1)太陽は直接見ずに、必ずしゃ光板を通して見ます。
(2)月は、望遠鏡やそう眼鏡を使って見ます。
(3)月は球形をしています。
(4)月の表面の丸いくぼ地は、クレーターとよばれています。
(5)月は、太陽の光を反射《はんしゃ》してかがやいています。

❷ (1)Aが地球の位置にあたります。
(2)Aから見て、ボールのどの部分が光っているのかを考えてみましょう。
(3)月は、太陽の光を反射してかがやいているので、太陽がある側だけがかがやきます。かがやいている部分の見え方が日によって変わるので、月の形が変化するように見えます。

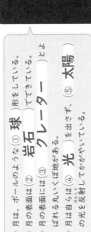

ぴったり3 確かめのテスト。 6. 月の形と太陽

/100 合格 70 点

教科書 104～119ページ　答え 28ページ

1 次の文を、月に関するものと太陽に関するものに分けましょう。　各3点(6点)

①表面に、クレーターとよばれる丸いくぼ地がたくさん見られる。
②自らは光を出さないが、光を反射《はんしゃ》してかがやいている。
③観察するときは、直接見ないで、しゃ光板を使って見なければいけない。

月(①、②)　太陽(③)

よく出る

2 次の図は、太陽と、地球上で観察する人、月の位置関係を表しています。㋐～㋗の月の見え方を、下のあ～くからそれぞれ選びましょう。　各3点(24点)

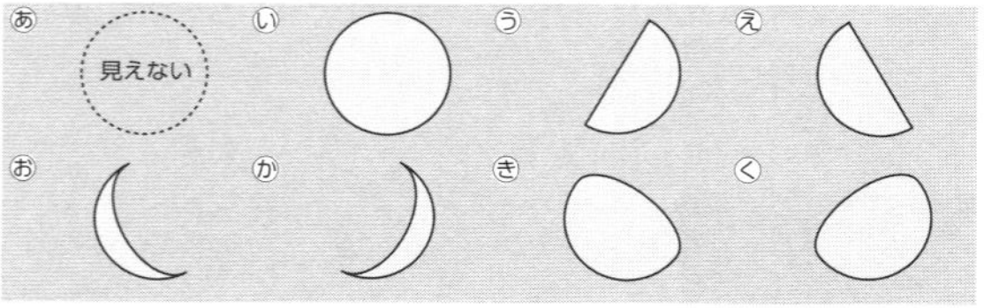

㋐(え)　㋑(き)　㋒(い)　㋓(く)
㋔(う)　㋕(か)　㋖(あ)　㋗(お)

3 月の表面のようすの観察や、月の見え方が変わるようすを調べるための実験を行います。

技能　各6点、(1)、(2)①は全部できて6点(30点)

(1) 見かけの月の形が日によって変わる理由を調べるために、実験を行いました。このときに必要な道具を2つ選んで、記号で答えましょう。

(㋐)(㋔)

(2) 月の位置や表面のようすを観察します。次の問いに答えましょう。

①このときに必要な道具を3つ選んで、記号で答えましょう。

(㋒)(㋓)(㋕)

②観察について、正しいことには○、まちがっていることには×をつけましょう。

㋐(×)夜の観察を行うときは、子どもだけのグループで行う。
㋑(○)月の位置を観察するときは、必ず同じ場所や同じ時刻《じこく》で、観察を行う。
㋒(○)月の位置を記録するときは、周りの景色《けしき》や方位も記録する。

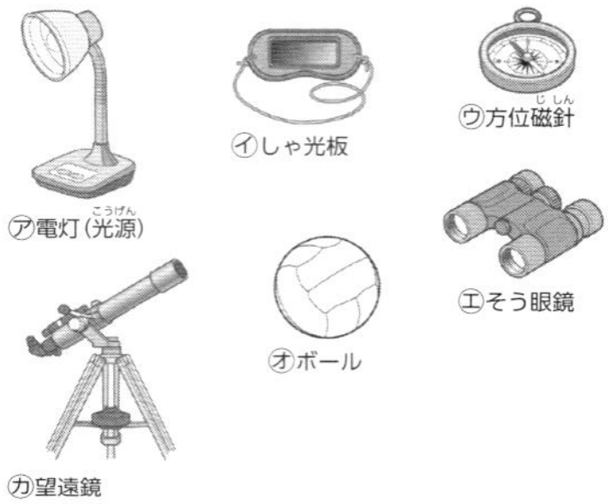

4 月と太陽の位置関係について観察します。

思考・表現　各10点(40点)

(1) 図のように、右半分の半月が見られるのは、午前と午後のどちらですか。

(午後)

(2) 左半分の半月が見られるのは、午前と午後のどちらですか。

(午前)

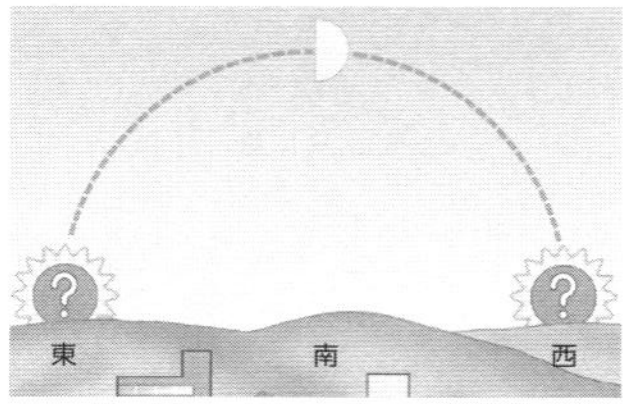

(3) 記述 (1)の理由を、「そのとき太陽がどちら側にあるか」をもとに、説明しましょう。

(**月は、太陽がある側の部分がかがやいて見えるので、月の右半分が見えるときは、右側の西に太陽があるから。**)

(4) 月がかがやいて見えるのは、何の光を反射《はんしゃ》しているからですか。

(太陽)

ふりかえり　2がわからないときは、52ページの2にもどってかくにんしましょう。

54～55ページ　てびき

1 太陽は光を出していて、月はその光を反射《はんしゃ》しています。

2 ボールと光源《こうげん》などを使った実験を思い出します。ボールが、人から見てどのように見えるのかを想像します。

3 (1)実験には、太陽のかわりの電灯、月のかわりのボールが必要です。

(2)①月のようすを観察するときには、月を見るためのそう眼鏡や望遠鏡、方位を調べるための方位磁針《じしん》が必要です。

②夜の観察を行うときは、子どもだけでは危《あぶ》ないので必ず大人といっしょに行きましょう。

4 (1)～(3)月は、太陽がある側の部分がかがやいて見えます。右半分がかがやいて見えるとき、右側の西に太陽があります。西に太陽が見えるのは、午後です。逆に、左半分がかがやいて見えるとき、左側の東に太陽があります。東に太陽が見えるのは、午前です。

ぴったり1 **準備**

7. 大地のつくりと変化

①しま模様に見えるわけ

56ページ

3分でまとめ

地層がしま模様に見えるわけや、化石についてかくにんしよう。

教科書 120～128ページ　答え 29ページ

次の(　)にあてはまる言葉を書こう。

1 なぜしま模様《もよう》に見えるのだろうか。　教科書 122～124ページ

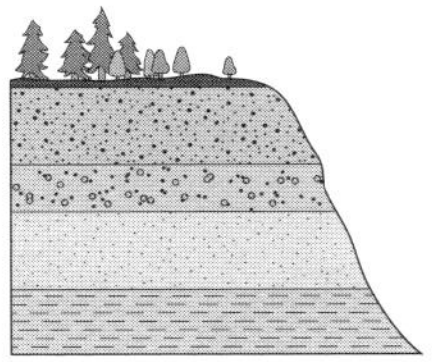

▶地面の下のしま模様を観察する。
▶がけに見られるしま模様は、れき、砂《すな》、(① **どろ**)、火山灰《かざんばい》がそれぞれ層になってできている。
▶このような層の重なりを、(② **地層**)といい、横にもおくにも広がっている。
▶しま模様に見えるのは、それぞれの層をつくっているれきや砂などのつぶの(③ **色**)や(④ **大きさ**)がちがうからである。
▶れき、砂、(①)は、(⑤ **つぶ**)の大きさで区別される。

・れき

直径(⑥ **2**)mm 以上

・砂

直径 2mm ～ (⑦ **0.06**)mm

・どろ

直径(⑧ **0.06**)mm 以下

2 どのような化石《かせき》があるだろうか。　教科書 126～127ページ

▶地層《ちそう》には化石がふくまれていることがある。
▶化石は、大昔の(① **生物**)の体や、それらが(② **生活**)していたあとが大地にうもれてできたものである。

・木の葉の化石

・貝の化石

大昔の生物のようすがわかるなんてすごいね。

ここがだいじ！
①地層は、れき、砂、どろや火山灰がそれぞれ層になり積み重なったものである。
②しま模様に見えるのは、各層をつくるつぶの色や大きさがちがうからである。

ぴたトリビア　化石には、例えば花粉の化石のように、けんび鏡で見ないとわからない小さな化石もあります。

ぴったり2 **練習**

7. 大地のつくりと変化

①しま模様に見えるわけ

57ページ

教科書 120～128ページ　答え 29ページ

1 がけで、図のようなしま模様になっているところを観察します。

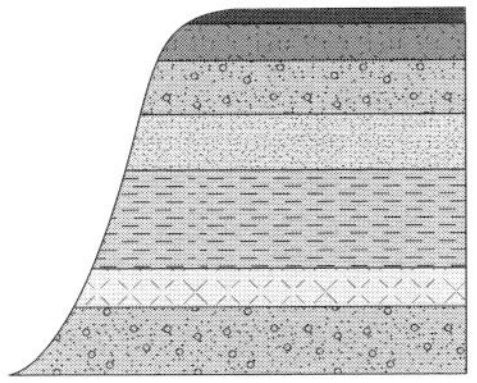

(1) 図のようなしま模様を何といいますか。
(**地層**)

(2) しま模様は、主にどのようなものでつくられていますか。4つ書きましょう。
(**れき**)
(**砂**)
(**どろ**)
(**火山灰**)

(3) しま模様に見えるのは、層によって何がちがうためですか。正しいもの1つに○をつけましょう。
ア(　)つぶのかたさがちがうため。
イ(◯)つぶの色や大きさがちがうため。
ウ(　)つぶの形がちがうため。
エ(　)つぶの数がちがうため。

(4) しま模様のそれぞれの層について、正しいものには○、まちがっているものには×をつけましょう。
①(×)それぞれの層の厚さはみな同じである。
②(◯)それぞれの層は、色にちがいがある。
③(×)それぞれの層のつぶは、みな同じ大きさである。
④(◯)目に見える面だけではなく、おくの方まで層は続いている。

2 化石《かせき》について調べます。

(1) 化石とは、何が大地にうもれることによって、できたものですか。
(**大昔の生物の体や生活していたあと**)

(2) 下の図は、それぞれ何の化石ですか。名前を書きましょう。

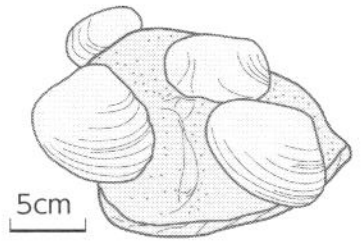
5cm

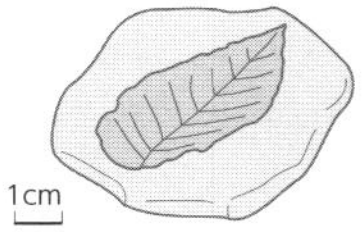
1cm

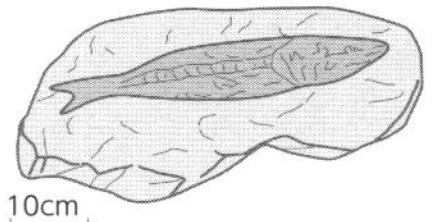
10cm

①(**貝**)の化石　②(**木の葉(葉)**)の化石　③(**魚**)の化石

ヒント　1 (2)火山の噴火《ふんか》によってふき出した直径 2mm 以下のつぶである火山灰が、積み重なってできたものも忘《わす》れないようにします。

57ページ てびき

1 (1)がけなどで見られるしま模様のことを地層《ちそう》といいます。
(2)地層は、れき、砂《すな》、どろ、火山灰《かざんばい》などでできています。
(3)それぞれの層をつくっているつぶの色や大きさがちがうので、しま模様に見えます。
(4)地層のそれぞれの層の厚さやつぶの大きさはばらばらです。また、地層は目に見えるところだけではなく、おくの方まで広がっています。

2 (1)化石《かせき》は、生物の体や生活していたあとが大地にうもれてできたものです。
(2)貝や木の葉の化石などは、生きているときと同じ形をしているものもあります。

おうちのかたへ　7. 大地のつくりと変化

地層がしま模様に見えるわけ、地層のでき方、火山の噴火や地震と大地の変化について学習します。火山灰の粒は角ばっているが、れき、砂、泥の粒は丸みを帯びていること、れき、砂、泥は粒の大きさが違うので、水のはたらきで分かれて堆積することがポイントです。

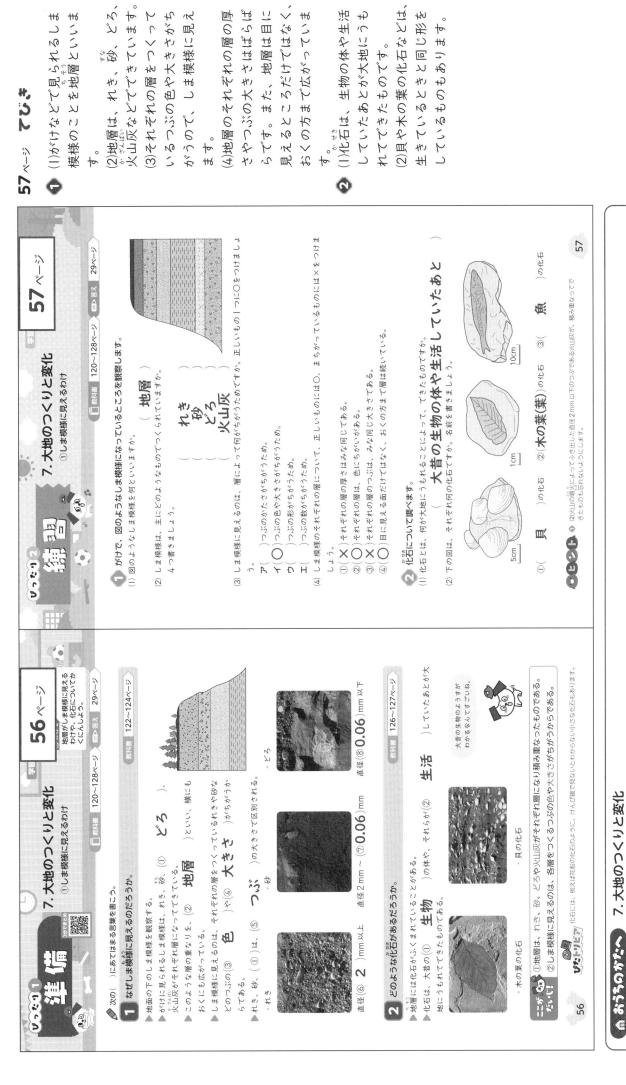

7. 大地のつくりと変化
②地層のでき方①

砂とどろでは、砂の方が下にたい積することをかくにんしよう。

教科書 129～132ページ ▶答え 30ページ

次の(　)にあてはまる言葉を書こう。

1 砂《すな》やどろは、水中でどのようにたい積するだろうか。 教科書 129～131ページ

▶砂とどろをふくむ土に水を入れて混ぜたものを容器に注ぐ。

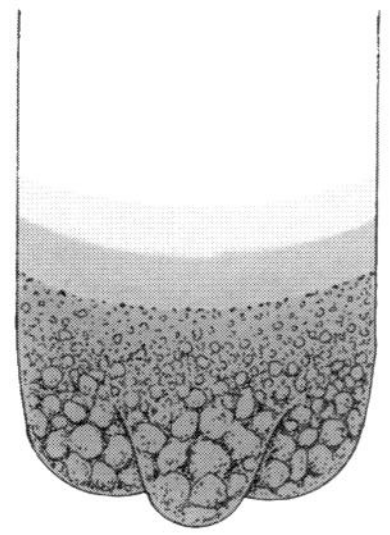

砂とどろをふくむ土に水を入れて混ぜたものを、容器に注ぎ、静かに置いておくと、下から(① **砂**)、(② **どろ**)の順にたい積した。

▶何回も同じものを注ぐと、(①)と(②)の層が順に積み重なっていく。

▶砂とどろをふくむ土は、つぶの(③ **大きさ**)のちがいから、それぞれ分かれて層になってたい積する。

2 水のはたらきでできた地層《ちそう》は、どのようにできただろうか。 教科書 130～132ページ

▶水のはたらきで地層ができるまでをまとめる。

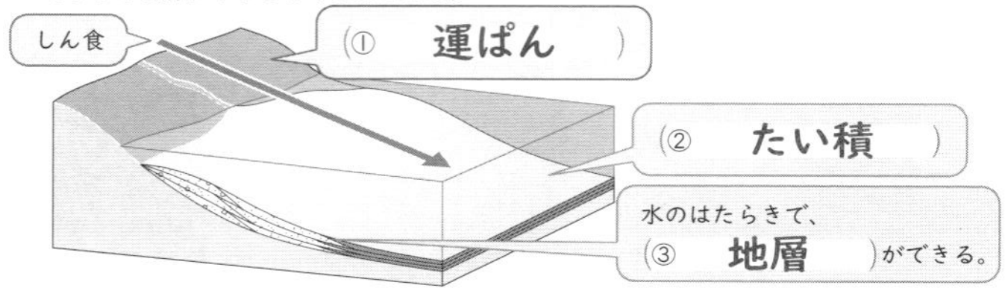

▶水のはたらきで運ぱんされたれきは、角がとれて(④ **丸み**)を帯びている。

▶地層をつくっているものの中には、長い間、上にたい積したものの重みでおし固められて、かたい(⑤ **岩石**)になっているものがある。

ここがだいじ！
①水のはたらきでできた地層は、れき、砂、どろなどが層になって重なっている。
②水のはたらきでできた地層の中のれきは、角がとれ、丸みを帯びている。

ぴたトリビア れき岩のつぶの大きさは直径2mm以上、砂岩のつぶの大きさは直径2mm～0.06mm、でい岩のつぶの大きさは直径0.06mm以下です。

7. 大地のつくりと変化
②地層のでき方①

教科書 129～132ページ ▶答え 30ページ

1 図は、れき、砂《すな》、どろが海の底に積み重なって地層《ちそう》をつくるようすを表したものです。

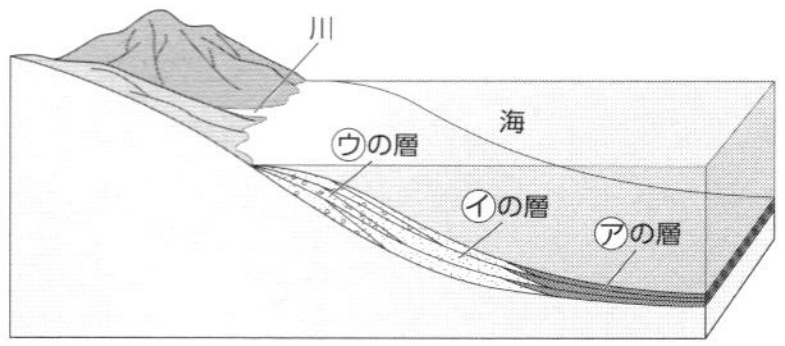

(1) 地層のでき方について、次の文の(　)にあてはまる言葉を書きましょう。

　川の水によって運ばれたれき、砂、どろは、つぶの(**大きさ**)によって分けられて、海や湖の底に積み重なる。

(2) れき、砂、どろが海や湖の底に積み重なることを何といいますか。(**たい積**)

(3) ㋐の層は、主に直径が0.06mm以下のつぶでできた層で、㋑の層は直径2mm～0.06mmのつぶでできた層でした。㋐の層をつくっているつぶは何ですか。正しいものに○をつけましょう。

ア(　)れき
イ(　)砂
ウ(○)どろ

(4) ㋒の層をつくっているつぶは、直径2mm以上のものが多くありました。つぶのようすはどのようになっていますか。正しいものに○をつけましょう。

ア(　)角ばっている。
イ(○)丸みを帯びている。
ウ(　)どれも白色をしている。
エ(　)どれも黒色をしている。

2 がけに見られる地層から出てきた岩石を、虫めがねで観察しました。下の図は、そのときのスケッチです。

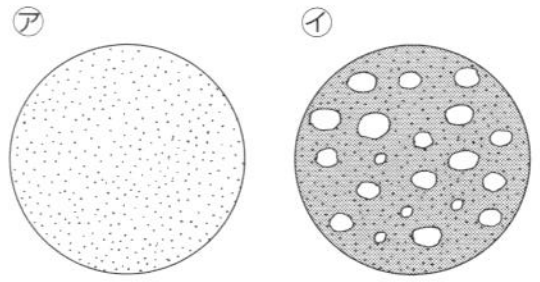

㋐は砂からできたものです。
㋑はれきが固まったものです。

(1) ㋐と㋑の岩石の名前を書きましょう。
㋐(**砂岩**)㋑(**れき岩**)

(2) ㋑の岩石のつぶは、全体に角がとれていました。これは、この岩石が何のはたらきでできた地層の中にあったためですか。(**水**)

(3) ㋐と㋑の岩石は、長い年月の間、何によっておし固められたと考えられますか。(　)にあてはまる言葉を書きましょう。

　長い年月の間、その上に積み重なったものの(**重み(重さ)**)によっておし固められた。

59ページ てびき

❶ (1)つぶの大きさごとに分けられます。
(2)水のはたらきには、しん食、運ぱん、たい積があります。
(3)㋐の層はどろの層、㋑の層は砂《すな》の層、㋒の層はれきの層と考えられます。
(4)水のはたらきで運ぱんされる間に、けずられて丸みを帯びていきます。

❷ (1)れき、砂、どろはつぶの大きさで分けられています。
(2)水のはたらきでけずられたため、丸みを帯びています。この地層《ちそう》は水のはたらきでできたと考えられます。
(3)その上にたい積したものの重みによって、長い年月の間におし固められて、かたい岩石になったと考えられます。

ぴったり1 準備　7. 大地のつくりと変化

②地層のでき方②

60ページ

学習 火山のはたらきでできた地層では、角ばった石が見られることをかくにんしよう。

教科書 133〜139ページ　答え 31ページ

次の(　)にあてはまる言葉を書こう。

1 火山のはたらきでできた地層《ちそう》は、どうなっているだろうか。

教科書 133〜134ページ

▶火山のはたらきでできた地層もある。

- 火山の噴火によって、ふき出した(① **火山灰**)など がたい積してできた地層がある。
- (①)の地層の中には、(② **角**)ばったれきや小さな穴《あな》がたくさんあいたれきが混ざっていることがある。

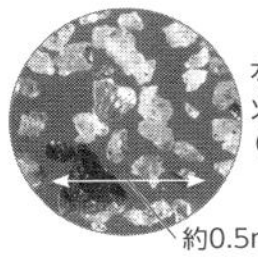

水で洗《あら》った
火山灰《かざんばい》のつぶ
(約40倍)
約0.5mm

2 身近な地層のつくりを調べるとどうなっているだろうか。

教科書 135ページ

▶地層全体のようすを観察して、層の色や(① **重なり方**)を調べる。

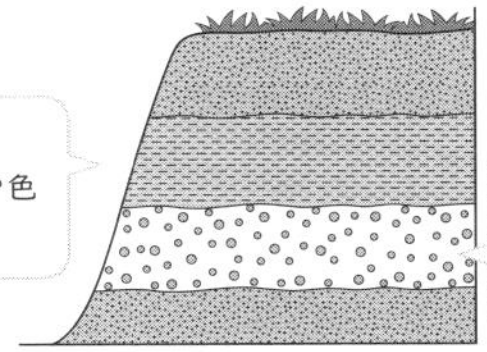

それぞれの層の(② **厚さ**)や色を調べる。

それぞれの層をつくっている岩石やそのつぶの(③ **形**)、大きさも調べる。

▶地面の下のようすを調べたいときには、(④ **ボーリング**)試料も活用できる。

地層を観察しに行くときの服装《ふくそう》について、まとめておこう。

ぼうし
の服
長ズボン

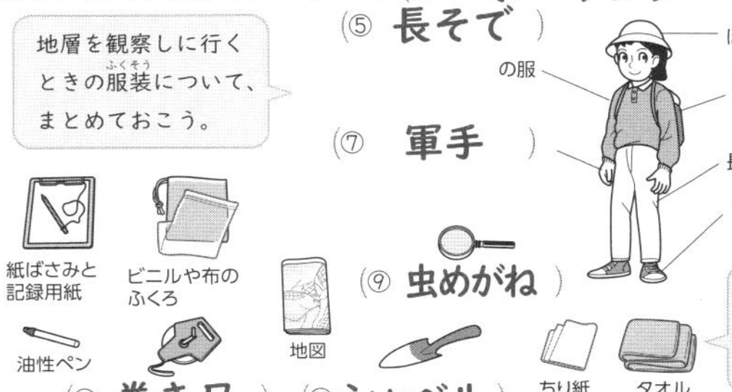

(⑤ **長そで**)
(⑥ **ナップザック**) など
(⑦ **軍手**)
(⑧ **運動ぐつ**)

紙ばさみと
記録用紙
ビニルや布の
ふくろ
油性ペン

地図

(⑨ **虫めがね**)
(⑩ **巻き尺**)
(⑪ **シャベル**)
ちり紙　タオル

観察するのに使う道具の名前を(　)に書こう。

ここがだいじ！
①火山のはたらきでできた地層には、火山灰などがたい積してできたものがある。
②火山灰の地層の中には、角ばったれきや小さな穴がたくさんあるれきもある。

ぴたトリビア　火山灰は、火山の地下にあるマグマがふき出すときに発泡してできた細かい破片のことです。木や紙などを燃やしてできる灰とはちがいます。

ぴったり2 練習　7. 大地のつくりと変化

②地層のでき方②

61ページ

教科書 133〜139ページ　答え 31ページ

1 図は、火山のそばに見られるがけの地層《ちそう》のようすをスケッチしたものです。図の左下は、地層をつくる岩石のつぶのようすです。

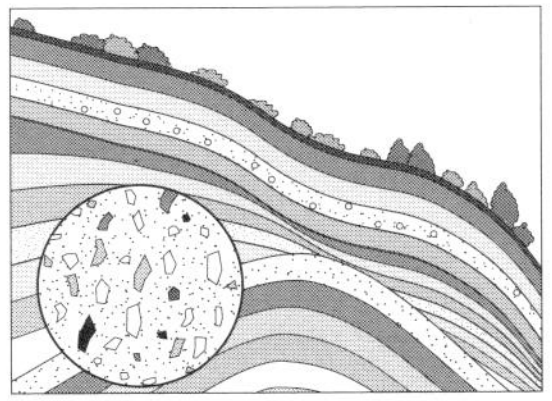

(1) 図の岩石が見られる地層について、次の(　)にあてはまる言葉を書きましょう。

　この地層は、火山の(① **噴火**)によってふき出た(② **火山灰**)などが降《ふ》り積もってできたものである。

(2) 図の岩石のつぶは、どのようなようすですか。

(**角ばっている。**)

(3) 地層には、このような火山のはたらきでできたもののほかに、何のはたらきでできたものがありますか。

(**水(水のはたらき)でできたもの)**)

2 下の図は、いろいろな場所で地層を調べ、記録したものです。水のはたらきでできた地層すべてに○をつけましょう。

ア
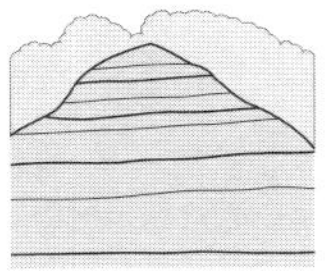
おし固められて岩石となった砂《すな》やどろの層が積み重なった地層
(○)

イ
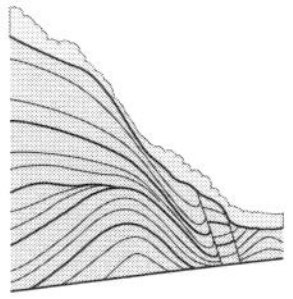
火山灰《かざんばい》などが積み重なってできた地層
(　　)

ウ
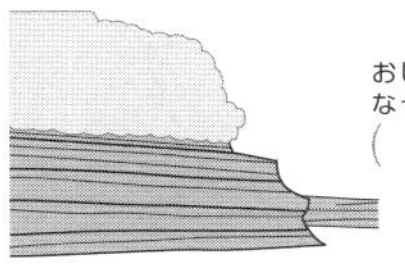
おし固められてかたくなったどろの地層
(○)

エ
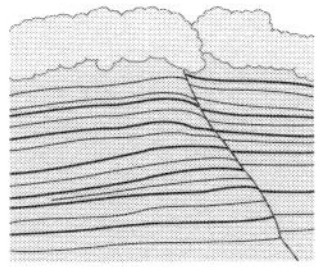
主に砂の層が積み重なった地層
(○)

61ページ　てびき

1 (1)地層《ちそう》には、火山の噴火《ふんか》によってふき出た火山灰《かざんばい》などでできたものもあります。
(2)火山灰でできた層のつぶは角ばっています。
(3)地層には、火山のはたらきでできたものと、水のはたらきでできたものがあります。

2 砂《すな》やどろでできた地層は、水のはたらきでできたものです。

ぴったり1 準備

★ 火山の噴火《ふんか》と地震《じしん》

①火山の噴火や地震と大地の変化
②火山の噴火や地震と私たちのくらし

3分でまとめ

62ページ

火山の噴火や、地震が起きると、どのような変化が起こるのかかくにんしよう。

教科書 140〜153ページ　答え 32ページ

次の(　)にあてはまる言葉を書こう。

1 火山が噴火すると、どんなものが出てくるだろうか。

教科書 140〜153ページ

- 火山が噴火すると、さまざまな変化が起こる。
- 火山の地中深くには、高温のどろどろにとけた(① マグマ)がある。
- 火山が噴火すると、(② 火山灰)が降り積もったり、(③ よう岩)が流れ出したりする。
- 火山が噴火すると、流れ出たよう岩などによって、建物や道路が(④ うもれ)たり、ふき出た(⑤ 火山灰)によって、農作物などがひ害を受けたりする。

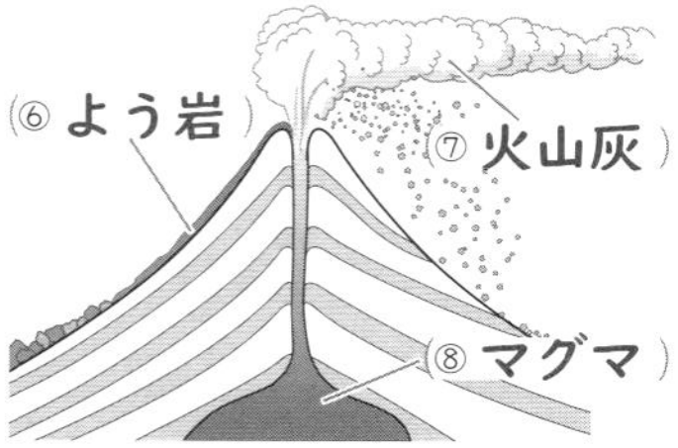

2 地震が起きると、どのような変化が起きるのだろうか。

教科書 140〜153ページ

- 地震が起きると、さまざまなひ害が出る。
- 大地に大きな力が加わってできたずれを(① 断層)といい、(①)が動くと(② 地震)が起こる。
- 大きな地震が起こると、(③ 土地)全体がもち上がったり、しずんだりすることもある。
- 右の図は、地震によってかつて海底だったところが(④ もち上げられ)て、陸地になった地形を表している。

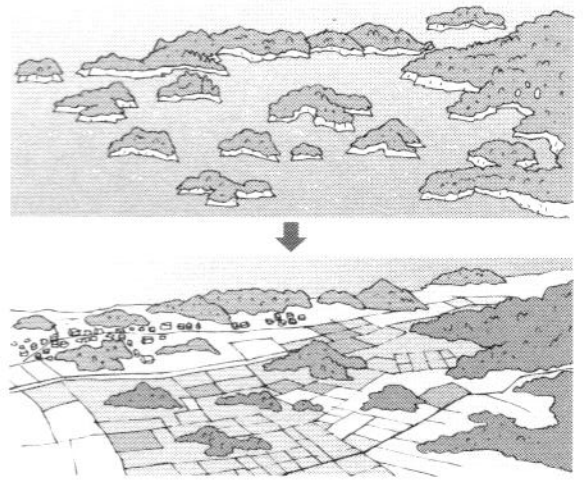

火山の噴火も地震もおそろしいね。

ここがだいじ!
①火山の噴火によって、よう岩《がん》や火山灰がふき出し、土地のようすを大きく変えることがある。
②地震では、地面がずれたり、土地全体がもち上がったり、しずんだりする。

ぴたトリビア 火山活動や地震はひ害だけでなく、温泉やわき水、美しい景観などをもたらし、生活を豊かにすることもあります。

ぴったり2 練習

★ 火山の噴火《ふんか》と地震《じしん》

①火山の噴火や地震と大地の変化
②火山の噴火や地震と私たちのくらし

63ページ

教科書 140〜153ページ　答え 32ページ

1 図は、火山の噴火のようすを表したものです。

(1) 火山が噴火したとき、噴火口から流れ出したものを何といいますか。
(よう岩)

(2) 火山が噴火したときにふき出るもので、大地に降り積もって地層《ちそう》をつくることがあるものは何ですか。
(火山灰)

(3) ㋐は、地中深くにあって、どろどろにとけたものです。㋐は何ですか。
(マグマ)

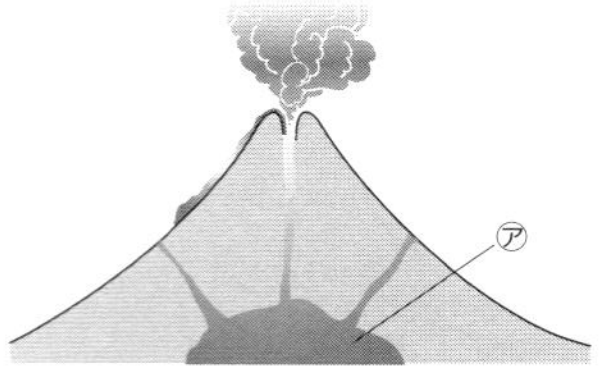

(4) 火山の噴火が何度もくり返されると、大地のようすはどうなりますか。正しいものに○をつけましょう。
ア(○)大きく変化する。
イ(　)ほとんど変わらない。
ウ(　)草木がよく育つようになる。

2 地震について調べます。

(1) 地震によって、起きることのある土地の変化には○、地震とは関係のない土地の変化には×をつけましょう。
①(○)地面がずれる。
②(×)火山灰《かざんばい》などが降り積もって地層ができる。
③(×)砂《すな》が固まって、かたい岩石になる。
④(○)山がくずれる。

(2) 下の図は、ある土地の地震が発生する前と後のようすです。地震が発生した後のようすについて表している方に○をつけましょう。

ア(○)　イ(　)

63ページ てびき

❶ (1)火山が噴火《ふんか》したとき、噴火口から流れ出るものをよう岩《がん》といいます。

おうちのかたへ
溶岩の元は地下にあるどろどろのマグマが地表に流れ出たもので、ふつう、冷えて固まったものを溶岩といいます。

(2)火山が噴火したとき、噴火口からふき出る直径2mm以下のものを火山灰《かざんばい》といい、地層《ちそう》をつくることもあります。
(3)火山の地中深くにある、どろどろにとけたものをマグマといいます。

❷ (1)火山灰などが降り積もって地層ができるのは火山の噴火のはたらきです。砂《すな》が固まってかたい岩石になるのは、水のはたらきによって運ぱんされた砂が、その上にたい積したものの重みでおし固められたからです。
(2)アの図は、地震によって地面に断層《だんそう》ができたようすです。

ぴったり3
確かめのテスト。 7. 大地のつくりと変化 ★ 火山の噴火《ふんか》と地震《じしん》

64ページ

/100 合格 70 点

教科書 120〜153ページ　答え 33ページ

よく出る
1 地層《ちそう》や岩石について調べます。　各5点(40点)

(1) 次の①〜④で、水のはたらきでできた地層や岩石の特ちょうには「水」、火山のはたらきでできた地層や岩石の特ちょうには「火山」と書きましょう。

①(　火山　)水で洗《あら》うと、角ばったつぶが出てきた。
②(　水　)丸いれきがあった。
③(　水　)貝の化石《かせき》が見られた。
④(　火山　)小さな穴《あな》がたくさんあいた石があった。

(2) 下の①〜③の岩石は、①がどろ、②がれき、③が砂《すな》からできています。それぞれの名前を書きましょう。

①(　でい岩　)　②(　れき岩　)　③(　砂岩　)

(3) (2)の3つの岩石は、何によって区別されていますか。
(　つぶの大きさ　)

2 「火山の活動による土地の変化」と「地震による土地の変化」について調べます。　各3点(6点)

(1) 火山の噴火によって直接起きることのある変化を、次の㋐〜㋒から1つ選んで、記号で答えましょう。
(　㋒　)

㋐海や湖の底に生物の体がうもれて、化石ができる。
㋑大きな石が丸みを帯びた細かいつぶになる。
㋒よう岩が流れ出る。

(2) 大きな地震が発生すると直接起きることのある変化を、次の㋐〜㋒から1つ選んで、記号で答えましょう。
(　㋐　)

㋐地面が割れたり、ずれたりする。
㋑砂が固まって、かたい岩石になる。
㋒火山灰が降《ふ》り積もる。

65ページ

よく出る
3 図は、川の水によって、運ばれたれき、砂、どろがたい積して、地層をつくっているようすを表したものです。　技能　各10点、(1)は全部できて10点(30点)

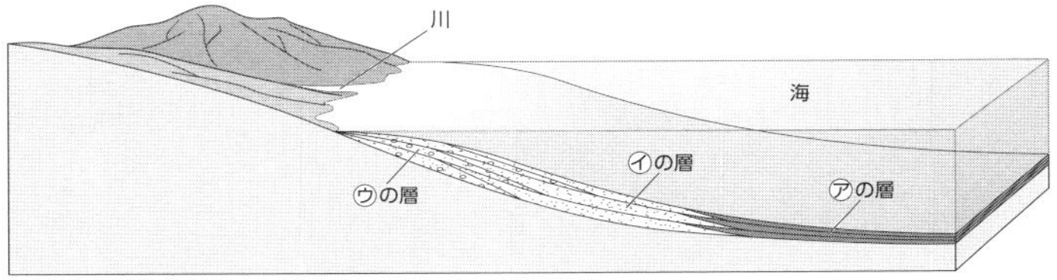

(1) ㋐〜㋒の層のように、地層がしま模様《もよう》になるのは、つぶの何がちがうためですか。次の中からあてはまるものを2つ選んで、番号で答えましょう。　(　②、⑤　)

①形　②大きさ　③かたさ　④数　⑤色

(2) 図の㋐の層が長い年月の間におし固められてかたい岩石になると、何岩になると考えられますか。　(　でい岩　)

(3) 記述 ㋐〜㋒の層にふくまれるつぶは丸みを帯びています。その理由を書きましょう。
(　水のはたらきで運ぱんされているうちに角がとれたため。　)

できたらスゴイ!
4 図は、化石のでき方を表したものです。あ〜えの図を化石のできる順に並べ、記号で答えましょう。　思考・表現　全部できて24点(24点)

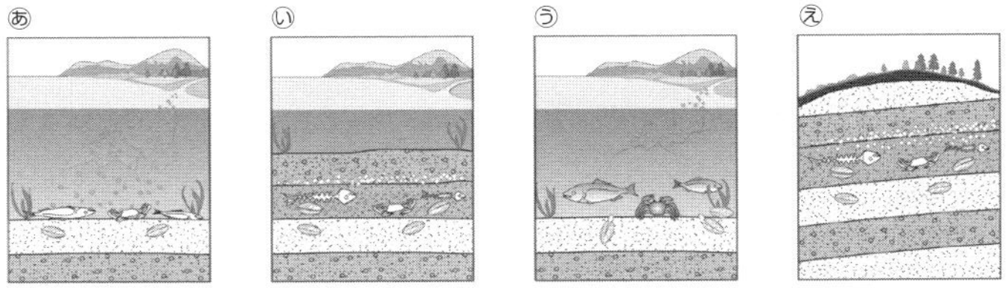

(　う → あ → い → え　)

ふりかえり　3がわからないときは、58ページの2にもどってかくにんしましょう。
4がわからないときは、56ページの2にもどってかくにんしましょう。

64〜65ページ　てびき

1 (1)角ばったつぶや、小さな穴《あな》がたくさんあいた石は、火山のはたらきでできた地《ち》層《そう》の特ちょうです。
(2)、(3)つぶの大きいものから順に、れき岩《がん》、砂岩《さがん》、でい岩です。

2 (1)火山が噴火《ふんか》すると、よう岩が流れ出ることがあります。
(2)大きな地震が発生すると、地面がずれたり、土地全体がもち上がったり、しずんだりします。

3 (1)つぶの大きさや色がちがうので、しま模様《もよう》に見えます。
(2)㋐の層はどろの層と考えられます。どろがおし固められると、でい岩になります。

4 水の中の生物が死んで、海の底にしずみます。そこに、水のはたらきで運ぱんされたれきや砂《すな》やどろなどが地層をつくります。

ぴったり1 **準備**

8. 水溶液《すいようえき》の性質

①水溶液にとけているもの①

3分でまとめ

薬品をあつかうときの注意点を知り、水溶液についてかくにんしよう。

教科書 154～160ページ　答え 34ページ

次の(　　)にあてはまる言葉を書くか、あてはまるものを○で囲もう。

1 水溶液には何がとけているのだろうか。　教科書 156～160ページ

▶食塩水、うすい塩酸《えんさん》、うすいアンモニア水、炭酸水《たんさんすい》の見たようすやにおいを調べる。また、それぞれの水溶液を熱して水を蒸発《じょうはつ》させる。

	食塩水	塩酸	アンモニア水	炭酸水
見たようす	色はなく、とう明	色はなく、とう明	色はなく、とう明	あわが出ている。
におい	なし	においがする	(①においがする)	(② なし)
水を蒸発させたときのようす	白い固体が残る	(③何も残らない)	(④何も残らない)	何も残らない

▶水溶液には、においのあるものと、においのないものがある。

▶水溶液の水を蒸発させると、食塩水は(⑤ (固体) ・ 気体 ・ 液体)の食塩が残ったが、うすい塩酸、うすいアンモニア水、炭酸水は何も残らなかった。

2 薬品をあつかうときの注意点はどんなことだろうか。　教科書 158～159ページ

▶薬品などをあつかうときには注意が必要である。

▶液が飛び散ることがあるので、実験のときは(①　**安全めがね**　)をかける。

▶においをかぐときは、直接吸《す》いこまずに、手で(② **あおぐ**)ようにしてかぐ。

▶あやまって、薬品が皮ふについたり、目に入ったときは、すぐに(③ **(大量の)水**)でよく洗《あら》い流す。

▶試験管には、液を(④ いっぱいまで入れる ・ (入れすぎない))ようにする。

▶気体が発生する実験を行うときは、窓《まど》を(⑤ **開け**)たり、かん気せんを回したりする。

▶ほかの液とまちがえないように、水溶液の名前を書いた(⑥ **ラベル**)をはっておく。

▶水溶液を直接さわったり、(⑦ **なめたり**)しない。また、水溶液をむやみに混ぜ合わせない。

実験が終わったら、残った薬品は決められたところに集め、使った器具は水でよく洗おう。

ここがだいじ!
①固体がとけた水溶液は、水を蒸発させると固体が出てくる。
②食塩水は、固体の食塩がとけた水溶液である。

ぴたトリビア　食塩水、塩酸、アンモニア水、炭酸水の中では、特に塩酸、アンモニア水のあつかいに注意します。

ぴったり2 **練習**

8. 水溶液《すいようえき》の性質

①水溶液にとけているもの①

教科書 154～160ページ　答え 34ページ

1 食塩水、うすい塩酸《えんさん》、うすいアンモニア水、炭酸水《たんさんすい》について、次のような実験をします。

1. それぞれの水溶液のにおいを調べる。
2. それぞれの水溶液を蒸発皿《じょうはつざら》に少量入れ、右の図のように実験用ガスコンロで加熱する。

(1) 記述 においをかぐときは、どのようにしますか。
(**手であおぐようにしてかぐ。**)

(2) 強いにおいのする水溶液がうすい塩酸のほかにもう1つありました。その水溶液はどれですか。
(**うすいアンモニア水**)

(3) あわが出ている水溶液はどれですか。
(**炭酸水**)

(4) 水溶液の水を蒸発させたとき、それぞれの結果はどうなりますか。固体が残るものには○、何も残らないものには×をつけましょう。
①(○)食塩水　②(×)うすい塩酸
③(×)うすいアンモニア水　④(×)炭酸水

2 薬品をあつかうときの注意点について調べます。

(1) 記述 あやまって、薬品が皮ふについたとき、どうしますか。
(**大量の水で洗い流す。**)

(2) 記述 薬品をあつかう実験をするときは、安全めがねをかけます。その理由を簡単《かんたん》に書きましょう。
(**液が飛び散ることがあるから。**)

(3) 次の文で、正しいものには○、まちがっているものには×を書きましょう。
①(×)実験をするときは、窓《まど》を閉めきる。
②(×)実験が終わった後、塩酸などの薬品はそのまま流しに捨《す》てる。
③(○)実験が終わったら、使った器具は水でよく洗う。
④(×)名前のわからない水溶液どうしを、混ぜ合わせてもよい。

ヒント ❷ (3)残った薬品は、先生の指示にしたがって、決められたところへ集めるようにしましょう。

おうちのかたへ　8. 水溶液の性質
水溶液にとけているもの、水溶液のなかま分け、金属をとかす水溶液について学習します。水溶液は、におい、水を蒸発させたときのようす、リトマス紙の色の変化などによってなかま分けできること、うすい塩酸は鉄やアルミニウムを別のものに変化させることがポイントです。

67ページ　てびき

❶ (1)においをかぐときは直接吸《す》いこまないようにします。
(2)うすい塩酸《えんさん》とうすいアンモニア水には強いにおいがあります。
(3)炭酸水《たんさんすい》からはあわが出ています。
(4)食塩水以外は、水を蒸発《じょうはつ》させたとき、何も残りません。

❷ (1)皮ふに薬品がついた場合は、大量の水で洗い流します。
(2)薬品が目に入ると危《あぶ》ないので、安全めがねで保護《ほご》します。
(3)実験をするときは、窓《まど》を開けて風通しをよくします。また、薬品は実験が終わった後、流しに捨てずに決められたところに集めます。

8. 水溶液《すいようえき》の性質

①水溶液にとけているもの②

炭酸水にとけている気体についてかくにんしよう。

教科書 161〜163ページ　答え 35ページ

次の(　)にあてはまる言葉を書くか、あてはまるものを○で囲もう。

1 炭酸水《たんさんすい》から出るあわは何だろうか。 教科書 161〜162ページ

❶炭酸水のあわのようすを調べる。　❷炭酸水から出るあわを石灰水《せっかいすい》に通す。

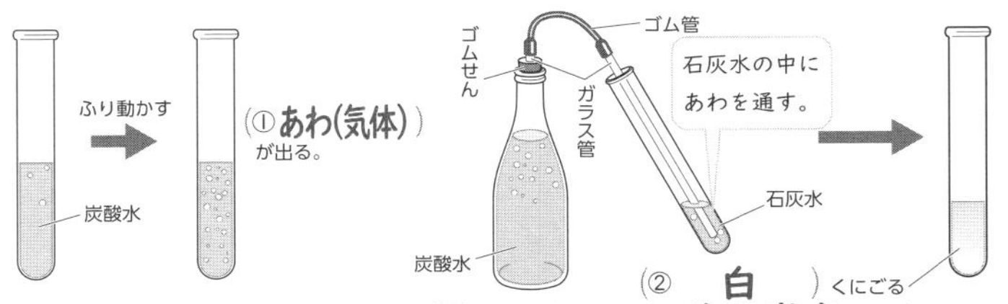

ふり動かす
炭酸水
(①あわ(気体))が出る。
ゴムせん
ゴム管
ガラス管
石灰水の中にあわを通す。
石灰水
炭酸水
(② 白)くにごる

▶炭酸水から出るあわは、(③ 固体 ・(気体))の(④ 二酸化炭素)であることがわかる。

▶塩酸《えんさん》は(⑤ 塩化水素)という気体、アンモニア水は(⑥ アンモニア)という気体がとけた水溶液である。

▶(⑦ 固体 ・(気体))がとけた水溶液は、水を蒸発《じょうはつ》させても、後に何も残らない。

2 二酸化炭素《にさんかたんそ》を水にとかして炭酸水をつくることはできるだろうか。 教科書 163ページ

▶水を4分の1くらい入れたペットボトルに二酸化炭素を集めてから、ふたをしてよくふると、ペットボトルは(① (へこむ) ・ ふくらむ)。

もし気体である二酸化炭素が水にとけるのなら、ペットボトルの中の気体の体積が減るから…？

▶次に、ペットボトルの中の水溶液を石灰水に少し入れると、石灰水は(② 白)くにごる。

ここがだいじ！
①炭酸水は二酸化炭素がとけた水溶液で、炭酸水をふると二酸化炭素が出る。
②炭酸水、塩酸、アンモニア水は気体がとけた水溶液なので、水を蒸発させても何も残らない。

ぴたトリビア　固体で水にとけやすいものととけにくいものがあるように、気体にも水にとけやすいものととけにくいものがあります。

8. 水溶液《すいようえき》の性質

①水溶液にとけているもの②

教科書 161〜163ページ　答え 35ページ

1 炭酸水《たんさんすい》について調べます。

(1) 炭酸水からあわをさかんに出すためには、どうするとよいですか。(ふり動かす。)

(2) 炭酸水から出たあわを石灰水《せっかいすい》に通すと、石灰水はどうなりますか。(白くにごる。)

(3) (2)から、炭酸水は何がとけた水溶液であることがわかりますか。(二酸化炭素)

(4) 炭酸水を蒸発皿《じょうはつざら》に入れて熱すると、後には何か残りますか、残りませんか。((何も)残らない。)

炭酸水

2 食塩水、うすい塩酸《えんさん》、うすいアンモニア水を、蒸発皿にそれぞれ少量とって熱すると、食塩水は白い固体が残りますが、うすい塩酸とうすいアンモニア水は何も残りません。

(1) 水溶液の水を蒸発させたとき、白い固体が残った水溶液は固体、液体、気体のうちのどれがとけたものですか。(固体)

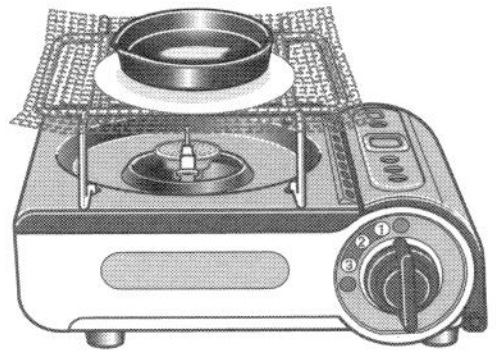

(2) 次の文の(　)にあてはまる言葉を書きましょう。
うすい塩酸やうすいアンモニア水は、強いにおいがする。これは、それぞれの水溶液にとけていた(気体)が、水溶液から出るためである。

(3) うすい塩酸、うすいアンモニア水にとけているものの名前を、それぞれ答えましょう。
うすい塩酸(塩化水素)
うすいアンモニア水(アンモニア)

3 水を4分の1くらい入れたペットボトルに二酸化炭素を集め、ふたをしてからペットボトルをよくふると、ペットボトルが下の図のようにへこみます。

(1) 記述 右の図のように、ペットボトルがへこんだのはなぜですか。
(二酸化炭素が水にとけたから。)

(2) 図の㋐の水溶液を、石灰水の中に少量入れると、石灰水はどうなりますか。(白くにごる。)

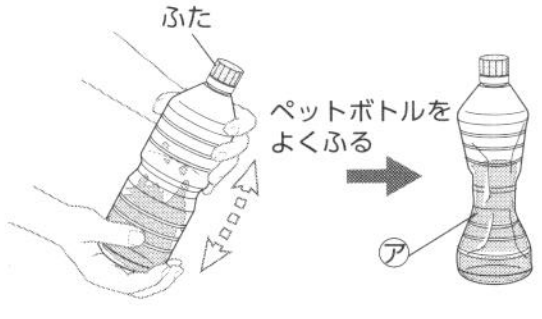

ふた
ペットボトルをよくふる
㋐

ヒント **3** (1)ペットボトルがへこんだということは、水と二酸化炭素の体積の合計が減ったためと考えられます。なぜ減ったのでしょうか。

69ページ てびき

1 (1)炭酸水《たんさんすい》をふり動かすとさかんにあわが出ます。
(2)、(3)炭酸水から出た気体を石灰水《せっかいすい》に通すと、石灰水が白くにごります。このことから、炭酸水にとけていた気体は二酸化炭素《にさんかたんそ》だとわかります。
(4)気体がとけていた水溶液《すいようえき》を熱して水を蒸発《じょうはつ》させても、何も残りません。

2 (1)固体がとけた水溶液の水を蒸発させると、固体が残ります。
(2)においのあるうすい塩酸《えんさん》やうすいアンモニア水は、とけていた気体が水溶液から出るので、強いにおいがします。
(3)うすい塩酸には塩化水素《えんかすいそ》が、うすいアンモニア水にはアンモニアがとけています。

3 (1)二酸化炭素が水にとけて、全体の体積が減るので、ペットボトルがへこみます。
(2)㋐の水溶液には二酸化炭素がとけているので、石灰水の中に入れると、石灰水が白くにごります。

ぴったり1 準備

8. 水溶液《すいようえき》の性質

②水溶液のなかま分け

学習 リトマス紙を用いた、水溶液のなかま分けをかくにんしよう。

教科書 164〜167ページ　答え 36ページ

次の(　)にあてはまる言葉を書こう。

1 リトマス紙《し》の色はどのように変化するだろうか。

教科書 164〜167ページ

▶食塩水、うすい塩酸《えんさん》、うすいアンモニア水をリトマス紙につける。

	食塩水	塩酸	アンモニア水
リトマス紙の色の変化	青色リトマス紙 (① ×) 赤色リトマス紙 (② ×)	青色リトマス紙 (③ 赤) 赤色リトマス紙 (④ ×)	青色リトマス紙 (⑤ ×) 赤色リトマス紙 (⑥ 青)

ピンセット

リトマス紙はピンセットであつかう。

赤色になるときは「赤」、青色になるときは「青」、色が変わらないときは「×」を書こう。

2 水溶液はリトマス紙でいくつになかま分けできるだろうか。

教科書 165〜167ページ

▶リトマス紙を使うと、色の変化で水溶液を(① 3)つになかま分けすることができる。

・青色リトマス紙を赤色に変えるものを(② 酸)性《せい》の水溶液という。

→塩酸は(②)性の水溶液である。

・どちらの色のリトマス紙の色も変えないものを(③ 中)性の水溶液という。

→食塩水は(③)性の水溶液である。

・赤色リトマス紙を青色に変えるものを(④ アルカリ)性の水溶液という。

→アンモニア水は(④)性の水溶液である。

リトマス紙は２種類でも水溶液を２つ以上になかま分けすることができるんだね。

ここがだいじ！
①酸性《さんせい》→青色リトマス紙を赤色に変える。
②中性《ちゅうせい》→どちらの色のリトマス紙の色も変えない。
③アルカリ性→赤色リトマス紙を青色に変える。

ぴたトリビア　リトマス紙には、リトマスゴケというコケから取れる色素が使われています。

ぴったり2 練習

8. 水溶液《すいようえき》の性質

②水溶液のなかま分け

教科書 164〜167ページ　答え 36ページ

1 青色リトマス紙《し》と赤色リトマス紙を使って、いくつかの水溶液のなかま分けをします。

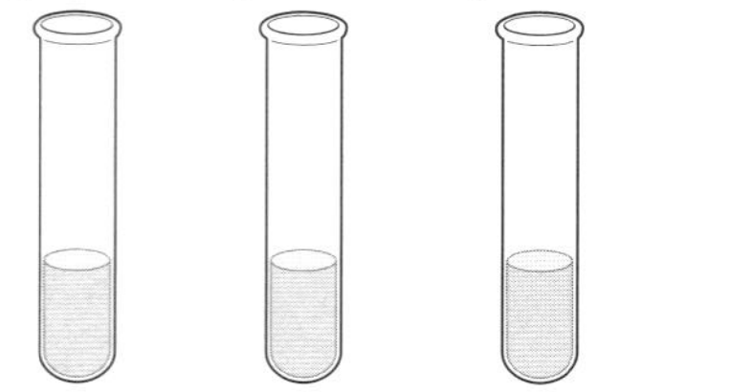
㋐食塩水
㋑うすい塩酸《えんさん》
㋒うすいアンモニア水

(1) 図の３つの水溶液のうち、青色リトマス紙の色を赤く変えるものはどれですか。記号で答えましょう。
(㋑)

(2) (1)の水溶液は何性《せい》の水溶液ですか。
(酸性)

(3) 図の３つの水溶液のうち、青色リトマス紙も赤色リトマス紙もその色が変化しないものはどれですか。記号で答えましょう。
(㋐)

(4) (3)の水溶液は何性の水溶液ですか。
(中性)

(5) (2)、(4)以外の水溶液を赤色リトマス紙につけたときのリトマス紙の色の変化を答えましょう。また、色の変化から、その水溶液を何性の水溶液といいますか。
リトマス紙の色の変化：赤→(青)
何性の水溶液か：(アルカリ性)

2 石けん水、レモンのしる、砂糖水《さとうすい》、石灰水《せっかいすい》を、リトマス紙につけて色の変化を調べると、下の表のようになります。

	石けん水	レモンのしる	砂糖水	石灰水
青色リトマス紙の色の変化	変化なし	変化した	変化なし	変化なし
赤色リトマス紙の色の変化	変化した	変化なし	変化なし	変化した

(1) 赤色リトマス紙と青色リトマス紙は、それぞれ何色に変化しましたか。
赤色リトマス紙(青色)
青色リトマス紙(赤色)

(2) 酸性《さんせい》、中性《ちゅうせい》、アルカリ性《せい》の水溶液を、それぞれすべて選びましょう。
酸性(レモンのしる)
中性(砂糖水)
アルカリ性(石けん水、石灰水)

71ページ　てびき

1 (1)、(2)うすい塩酸《えんさん》は酸性《さんせい》なので、青色リトマス紙《し》を赤色に変えます。
(3)、(4)食塩水は中性《ちゅうせい》で、青色も赤色もリトマス紙の色が変化しません。
(5)うすいアンモニア水はアルカリ性《せい》で、赤色リトマス紙を青色に変えます。

2 (2)酸性の水溶液《すいようえき》は、青色リトマス紙の色が変わったレモンのしるです。中性の水溶液は、どちらの色のリトマス紙も色が変化しなかった砂糖水《さとうすい》です。アルカリ性の水溶液は、赤色リトマス紙の色が変わった石けん水と石灰水《せっかいすい》です。

おうちのかたへ
リトマス紙の色の変化で、酸性・中性・アルカリ性の区別をします。ここでは未知の物質の性質を問われていますが、すでに学習したリトマス紙の変化を理解して、各物質の性質を決定することができるかどうかがポイントです。酸性やアルカリ性のくわしい内容やpH（ピーエイチ）、中和については中学校理科で学習します。

ぴったり1 準備
8. 水溶液《すいようえき》の性質
③金属をとかす水溶液

うすい塩酸にアルミニウムや鉄をとかすとどうなるかをかくにんしよう。

教科書 168〜177ページ　答え 37ページ

次の(　)にあてはまる言葉を書こう。

1 塩酸《えんさん》は金属をとかすのだろうか。 教科書 168〜170ページ

▶アルミニウムや鉄を入れた試験管にうすい塩酸を加え、金属がとけるかどうかを確かめる。

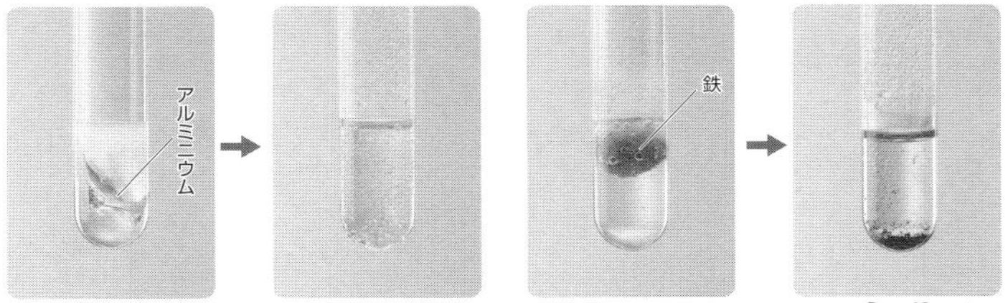

▶アルミニウムなどの金属にうすい塩酸を加えると、金属はとけて、液は(① とう明)になる。このとき、(② 気体)が発生する。

2 塩酸にとけた金属はどうなったのだろうか。 教科書 170〜172ページ

▶塩酸にとけた金属は別のものになってしまったのだろうか。

出てきた固体を試験管に入れ、再びうすい塩酸を加える。

↓

あわ(気体)を出さずにとける。

出てきた固体がもとの金属と同じものなら、塩酸を加えたときに気体が出るはずだよね。

・塩酸にアルミニウムがとけた液の水を蒸発《じょうはつ》させると、(① 白)色の固体が出てくる。
・アルミニウムや鉄は塩酸にとけると、もとの金属とは(② 別のもの)に変わる。

ここがだいじ!
①塩酸は鉄やアルミニウムなどの金属をとかす。このとき、気体を発生する。
②塩酸は、鉄などの金属を、もとの金属とは別のものに変える。
③水溶液には、金属を別のものに変えるものがある。

ぴたトリビア 水溶液は、ふれたものを変化させることがあるので、保管する容器に何を使うかには注意が必要です。

ぴったり2 練習
8. 水溶液《すいようえき》の性質
③金属をとかす水溶液

教科書 168〜177ページ　答え 37ページ

1 アルミニウムにうすい塩酸《えんさん》を加えて、どのような変化をするかを調べます。

(1) アルミニウムにうすい塩酸を加えると、あわが出てきました。あわが出てきた後、アルミニウムはどうなりますか。
(とけて見えなくなる。)

(2) 液はとう明になりますか。それともにごりますか。
(とう明になる。)

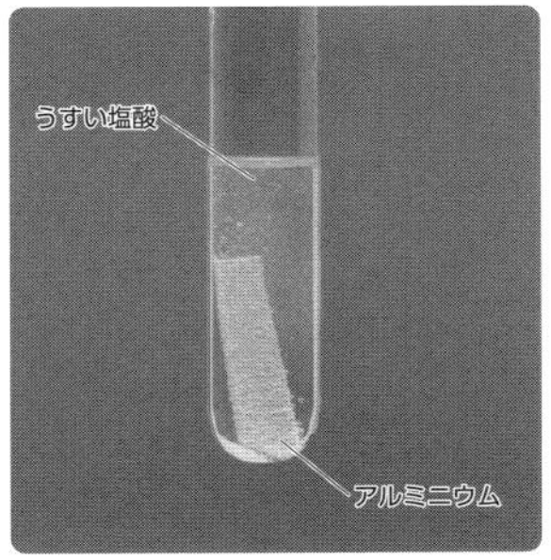

2 うすい塩酸にアルミニウムを入れ、あわが出なくなった液を蒸発皿《じょうはつざら》に入れて熱すると、図のように、白い固体が残ります。

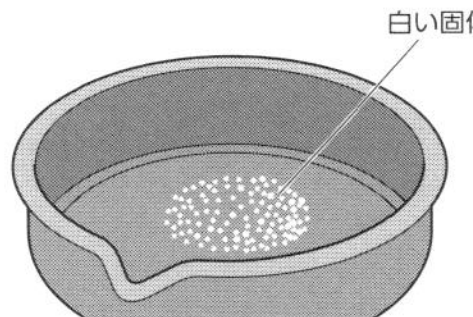

(1) 図の白い固体に再びうすい塩酸を加えると、どうなりますか。正しいものに○をつけましょう。
ア(　)あわを出して、とける。
イ(○)あわを出さずに、とける。
ウ(　)とけないで底にしずむ。

(2) (1)より、図の白い固体はアルミニウムと同じものであるといえますか、いえませんか。
(いえない。)

(3) アルミニウムのかわりに鉄にうすい塩酸を入れたら、気体を発生してとけました。その液を蒸発皿に入れて熱したところ、黄色い固体が出てきました。そこにさらに塩酸を加えたら、固体はとけましたが、気体は発生しませんでした。このことから、塩酸にとけて出てきた固体は、もとの鉄とは別のものといえますか、いえませんか。
(いえる。)

(4) この実験について、正しいものには○、まちがっているものには×をつけましょう。
①(○)この実験は、窓《まど》を開けて行う。
②(×)水を蒸発させるとき、蒸発皿に顔を近づけて、ようすを観察する。
③(×)実験で使った液は、使った後そのまま流してもよい。

ヒント 2 (3)鉄に塩酸を入れたら気体を発生しながらとけました。黄色い固体に塩酸を加えると、やはりとけましたが気体は発生しませんでした。鉄と黄色い固体は同じものでしょうか。

73ページ てびき

1 (1)アルミニウムはうすい塩《えん》酸《さん》にとけます。
(2)うすい塩酸にアルミニウムがとけた液はとう明です。

2 (1)、(2)残った白い固体はうすい塩酸にあわを出さずにとけます。とけ方がちがうので、白い固体はアルミニウムとは別のものです。
(3)黄色い固体に塩酸を加えたとき、気体を発生せずに固体がとけたので、固体はもとの鉄とは別のものだといえます。

おうちのかたへ
ここでは、水溶液により金属がもとの金属とは違う別のものに変化したということだけを学習し、どんな物質ができたか(物質名)などは扱いません。化学変化やイオンによる説明は、中学校理科で学習します。

(4)この実験では気体が出るので、窓《まど》を開けます。また、水を蒸発《じょうはつ》させるときに有害なものが出てきたり、液が飛びはねたりすることもあるので、顔を近づけてはいけません。

ぴったり3 確かめのテスト。

8. 水溶液《すいようえき》の性質

74ページ

100点満点　合格70点

教科書 154～177ページ　答え 38ページ

よく出る

1 アルミニウムにうすい塩酸《えんさん》を加えます。 各5点(30点)

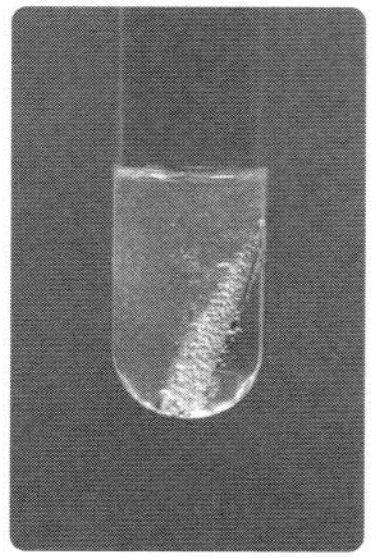

(1) 塩酸は、何という気体がとけた水溶液ですか。次の㋐～㋓から１つ選んで、記号で答えましょう。（ ㋒ ）

㋐ アンモニア　㋑ 二酸化炭素《にさんかたんそ》

㋒ 塩化水素《えんかすいそ》　㋓ 酸素

(2) アルミニウムにうすい塩酸を加えるときに注意することとして、正しいものに○をつけましょう。

ア（○）液が飛び散ることがあるので、安全めがねをかける。

イ（　）発生した気体がにげないように、窓《まど》はしめておく。

ウ（　）発生した気体が燃えることはないので、火の近くで実験してもよい。

(3) アルミニウムにうすい塩酸を加えると、あわが出てきました。あわが出てきた後、アルミニウムはどうなりますか。正しいものに○をつけましょう。

ア（○）どんどん小さくなっていった。

イ（　）どんどん大きくなっていった。

ウ（　）変わらなかった。

(4) (3)の後、液を蒸発皿《じょうはつざら》に少量とって熱したところ、後に固体が残りました。この固体について正しく述べたものに○をつけましょう。

ア（　）白色で、元のアルミニウムと同じような形をしている。

イ（　）黒色で、元のアルミニウムと同じような形をしている。

ウ（○）白色で、粉状になっている。

エ（　）黒色で、粉状になっている。

(5) (4)の固体にうすい塩酸を加えたとき、固体はどうなりますか。正しい方に○をつけましょう。

アルミニウムと同じように、あわを出してとけるよ。

アルミニウムとはちがって、あわを出さずにとけるよ。

ア（　）　イ（○）

(6) (5)から、(4)の固体はアルミニウムと同じものと考えられますか。それとも別のものと考えられますか。

（ 別のもの ）

75ページ

2 リトマス紙《し》で水溶液をなかま分けします。 技能 各6点(30点)

(1) リトマス紙を取り出すときは、何を使って取り出しますか。

（ ピンセット ）

(2) リトマス紙に水溶液をつけるとき、何を使って水溶液をつけますか。

（ ガラス棒 ）

(3) リトマス紙にいろいろな水溶液をつけると、下の図のようにリトマス紙の色が変化しました。リトマス紙につけたのは、それぞれ何性《せい》の水溶液ですか。

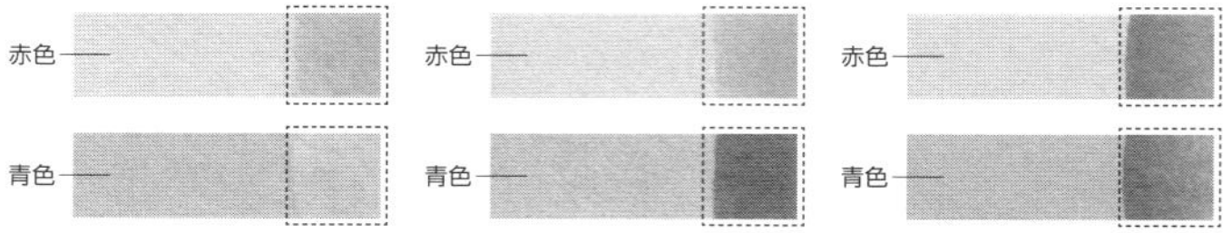

①（ 酸性 ）　②（ 中性 ）　③（ アルカリ性 ）

よく出る

3 4つのビーカーの中に、食塩水・うすい塩酸・うすいアンモニア水・炭酸水《たんさんすい》のどれかが入っています。 思考・表現 各8点、(1)は全部できて8点(40点)

(1) 4つのビーカーの中の水溶液を見分けるために、いろいろなことを調べて、下のような表にまとめました。この表を見て、①～④の水溶液の性質はそれぞれ何性とわかりますか。㋐～㋒の中から選んで、記号で答えましょう。

㋐ 酸性《さんせい》　㋑ アルカリ性《せい》　㋒ 中性《ちゅうせい》

①（ ㋑ ）　②（ ㋒ ）　③（ ㋐ ）　④（ ㋐ ）

調べたこと ＼ 水溶液	①	②	③	④
におい	ある	ない	ない	ある
赤色リトマス紙	青色になる	変化はない	変化はない	変化はない
青色リトマス紙	変化はない	変化はない	赤色になる	赤色になる
水を蒸発させる	何も残らない	白い固体	何も残らない	何も残らない

(2) (1)の表から、①～④のビーカーの中に入っている水溶液の名前を答えましょう。

①（ うすいアンモニア水 ）　②（ 食塩水 ）

③（ 炭酸水 ）　④（ うすい塩酸 ）

この本の終わりにある「冬のチャレンジテスト」をやってみよう！

ふりかえり
1がわからないときは、68ページの1、72ページの1、2にもどってかくにんしましょう。
3がわからないときは、66ページの1、70ページの2にもどってかくにんしましょう。

74～75ページ　てびき

1 (4)～(6)うすい塩酸《えんさん》にアルミニウムをとかした液から水を蒸発《じょうはつ》させると、白い固体が出てきます。この固体にうすい塩酸を加えるとあわを出さずにとけます。よって、白い固体はアルミニウムとは別のものだといえます。

2 (3)青色リトマス紙《し》の色を変えるのは、酸性《さんせい》の水溶液《すいようえき》、赤色リトマス紙の色を変えるのは、アルカリ性《せい》の水溶液です。どちらのリトマス紙の色も変えない水溶液は中性《ちゅうせい》の水溶液です。

3 (1)、(2)赤色リトマス紙が青色に変わるのはアルカリ性の水溶液で、うすいアンモニア水です。赤色リトマス紙も青色リトマス紙も色が変わらないのは中性の水溶液で、食塩水です。残りは酸性の水溶液で、においのないものは炭酸水《たんさんすい》、においのあるものはうすい塩酸です。

ぴったり1 準備

9. 電気と私《わたし》たちの生活

①電気をつくる

76ページ

手回し発電機や光電池を用いて電気をつくることをかくにんしよう。

教科書 178～186ページ　答え 39ページ

次の(　)にあてはまる言葉を書くか、あてはまるものを〇で囲もう。

1 電気は、つくることができるのだろうか。

教科書 180～186ページ

▶手回し発電機を使って、電気をつくってみる。

中に(① モーター)が入っている。

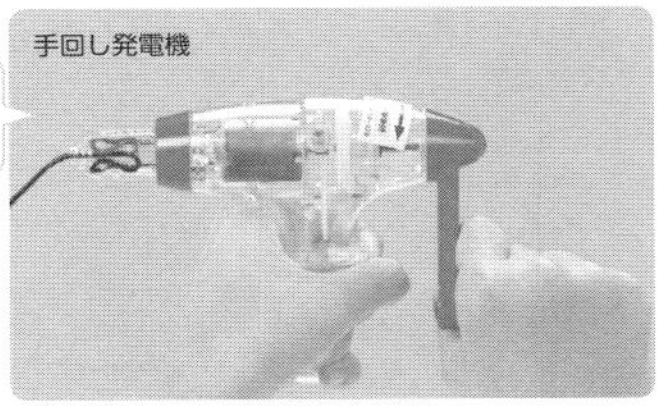

- 手回し発電機の中の(①)のじくを回すことで、(② 電流)が流れる。
- 電気をつくることを(③ 発電)という。
- 手回し発電機のハンドルを速く回すと、電流の大きさは(④ 〇大きく・ 小さく)なる。
- 手回し発電機のハンドルを逆向きに回すと、電流の向きは(⑤ 〇変わる・ 変わらない)。

回し方	ゆっくり回す	速く回す	逆に回す
	変化	変化	変化
プロペラ付きモーター	ゆっくり回る	(⑥ 〇速く・ ゆっくり)回る	(⑦ 〇逆に回る・ 止まる)
豆電球	(⑧ 強く・ 〇弱く)光る	(⑨ 〇強く・ 弱く)光る	光る

▶光電池《こうでんち》で電気をつくり、電流の大きさを変えてみる。

光電池には、かん電池のように(⑩ ＋)極と－極がある。

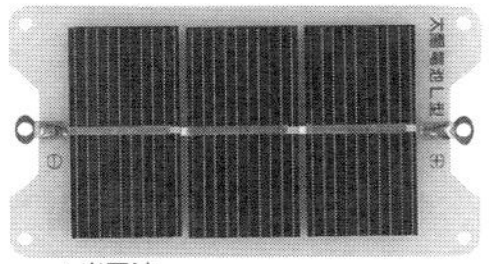

▲光電池

当てる光	光が弱い	光が強い	光が当たらない
プロペラ付きモーター	ゆっくり回る	速く回る	(⑪ 回らない)
流れる電流の大きさ	小さい	(⑫ 大きい)	流れない

ここがだいじ!
①手回し発電機や光電池を使って電気をつくることができる。これを発電《はつでん》という。
②手回し発電機を速く回したり、光電池に強い光を当てたりすると電流が大きくなる。

ぴたトリビア　火力発電は、燃料を燃やして水を水蒸気に変えて、その水蒸気で発電機のじくを回転させて発電するしくみです。

ぴったり2 練習

9. 電気と私《わたし》たちの生活

①電気をつくる

77ページ

教科書 178～186ページ　答え 39ページ

1 手回し発電機を使って、電気をつくります。

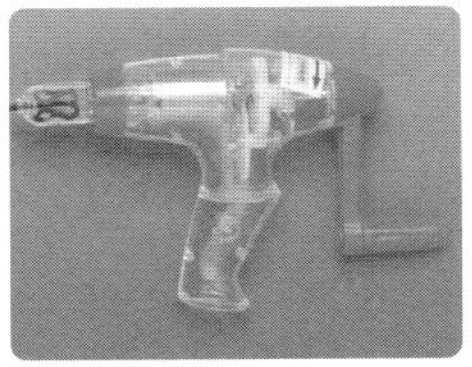

(1) 手回し発電機の中にはある装置《そうち》が入っていて、この装置のじくをハンドルで回転させることで、電流が流れます。この装置を何といいますか。
(モーター)

(2) 手回し発電機のハンドルを速く回すと、電流の大きさはどうなりますか。 (大きくなる。)

(3) 手回し発電機のハンドルを逆に回すと、電流の向きはどうなりますか。
(逆になる。)

2 手回し発電機と光電池《こうでんち》を使って、発電《はつでん》の実験をします。

(1) 手回し発電機に豆電球をつなぎ、ハンドルをゆっくり回したときと速く回したときでは、どちらの場合に豆電球がより明るくつきますか。 (速く回したとき)

(2) 手回し発電機にプロペラ付きモーターをつないだとき、モーターが回りました。ハンドルを回さないときモーターは回りますか、回りませんか。
(回らない。)

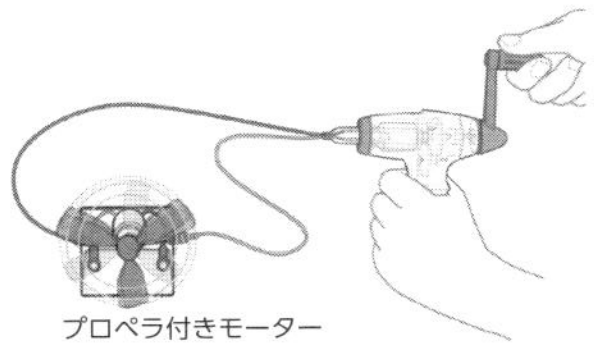

(3) 光電池に豆電球をつなぎ、光を当てたとき、豆電球が強く光りました。光電池を半とう明のシートでくるみ、同じ光に当てたとき、豆電球は強く光りますか、弱く光りますか。
(弱く光る。)

3 私たちが使う電気の多くは発電所でつくられます。

(1) 風の力を使って発電機のじくを回し、電気をつくっている発電所を何といいますか。
(風力発電所)

(2) 水が高いところから低いところへ流れる力を利用して、電気をつくっている発電所を何といいますか。
(水力発電所)

(3) 石炭や石油・天然ガスを燃やして熱を発生させ、その熱を利用して、電気をつくっている発電所を何といいますか。
(火力発電所)

ヒント ❷ (3)光電池に光を当てると電気をつくることができます。当てる光の明るさを弱くすると電流は小さくなります。

77ページ てびき

❶ (1)手回し発電機《はつでんき》の中にはモーターが入っていて、モーターのじくを回すことで電流が流れます。
(3)手回し発電機のハンドルを逆に回すと、電流が逆に流れます。

❷ (2)ハンドルを回さないときは発電《はつでん》しないので、モーターは回りません。
(3)光電池《こうでんち》は、光が当たると電気をつくります。光が強いほど電流は大きくなり、豆電球は明るく(強く)光ります。

❸ (1)風力発電所では、風の力でプロペラを回し、発電機のじくを回して発電しています。
(2)水力発電所はダムなどにためた水が、高いところから低いところへ流れる力を利用して発電機のじくを回しています。
(3)火力発電所では、燃料を燃やして水を水蒸気《すいじょうき》に変え、その力で発電機のじくを回しています。

おうちのかたへ　9. 電気と私たちの生活

手回し発電機や光電池を用いて電気をつくることができること、コンデンサーに電気をためて利用することができることについて学習します。コンデンサーには＋端子と－端子があること、電気は光、音、運動、熱などに変えて利用できることがポイントです。

ぴったり1 準備

9. 電気と私《わたし》たちの生活
②電気をためる

コンデンサーを用いて電気をためることができるかかくにんしよう。

教科書 187〜190ページ　答え 40ページ

次の(　)にあてはまる言葉を書こう。

1 電気をためることはできるのだろうか。　教科書 187〜188ページ

▶コンデンサーを使って電気をためてみる。

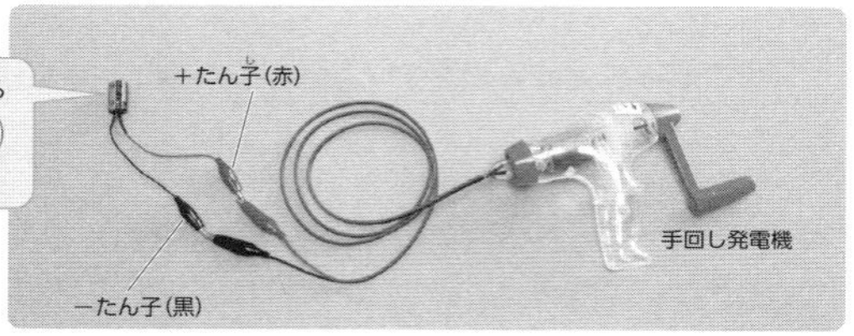

+たん子《し》(赤)
手回し発電機
−たん子(黒)

電気をためることができる(① **コンデンサー**)という部品である。

・手回し発電機のハンドルを回すと、コンデンサーに(② **電気**)をためることができる。
・コンデンサーにためた電気は(③ **使う**)ことができる。

2 豆電球と発光ダイオードで、使う電気の量にちがいがあるだろうか。　教科書 188〜190ページ

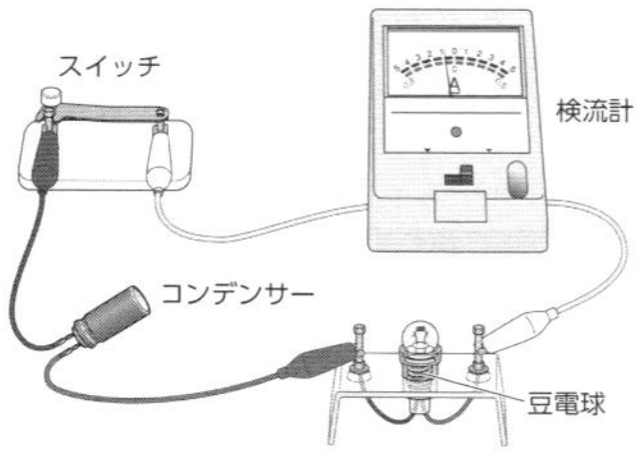

スイッチ
検流計
コンデンサー
豆電球

電流の(① **大きさ**)をはかることができる。

▶コンデンサーにつなぐものによって、流れる電流の(② **大きさ**)はちがう。
▶発光ダイオードは豆電球よりも、使う電気の量が(③ **少ない**)ので、長い時間光り続けることができる。

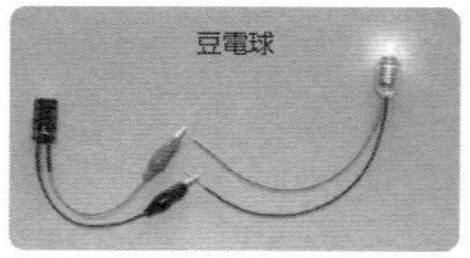

豆電球

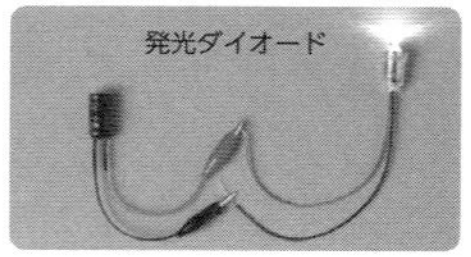

発光ダイオード

コンデンサーにためる電気の量を同じにしないと比べられないね。

ここがだいじ!
①手回し発電機で発電した電気は、コンデンサーにためることができる。
②つなぐものによって、使う電気の量がちがうので、使える時間がちがう。
③発光ダイオードは豆電球より使う電気の量が少ない。

ぴたトリビア　電灯に明かりをつけるとあたたかくなるように、電灯は電気を光だけでなく熱にも変かんしています。

ぴったり2 練習

9. 電気と私《わたし》たちの生活
②電気をためる

教科書 187〜190ページ　答え 40ページ

1 手回し発電機とコンデンサーを使って、実験します。

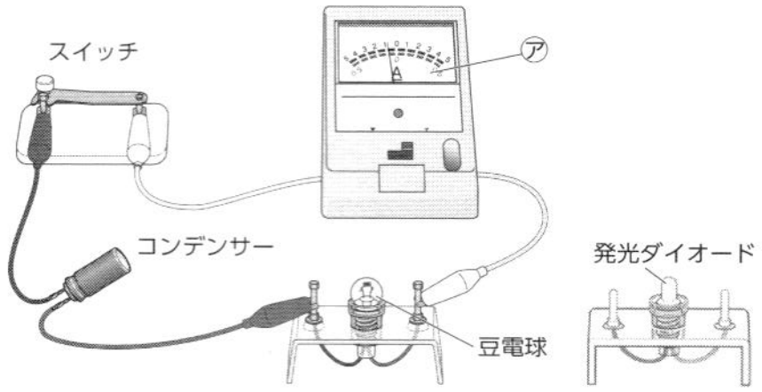

スイッチ
ア
コンデンサー
発光ダイオード
豆電球

(1) コンデンサーは何をためることができますか。
(**電気**)

(2) コンデンサーには+たん子《し》と−たん子があります。−たん子は、手回し発電機の+極、−極のどちらにつなぎますか。
(**−極**)

(3) 発光ダイオードをつなぐときは、発光ダイオードの+たん子をコンデンサーの+たん子、−たん子のどちらにつなぎますか。
(**+たん子**)

(4) 図のアは、電流の大きさをはかる装置です。何といいますか。
(**検流計**)

(5) アではかった電流の大きさは、A(アンペア)などの単位で表されます。正しいものに○をつけましょう。
ア(　) 1A＝100mA
イ(　) 1A＝0.01mA
ウ(○) 1A＝1000mA

(6) 記述 2つのコンデンサーにそれぞれ手回し発電機をつけて、同じ数だけ回しました。同じ数だけ回したのはなぜですか。
(**ためる電気の量を同じにするため。**)

(7) (6)のそれぞれのコンデンサーに、豆電球と発光ダイオードをつなぎました。長く光っていたのはどちらですか。
(**発光ダイオード**)

(8) つなぐものによって使える時間がちがうのは、豆電球と発光ダイオードでは何がちがうためですか。
(**使う電気の量**)

(9) この実験の結果から、豆電球を光らせる電気の量と発光ダイオードを光らせる電気の量のちがいについて、どのようなことがいえますか。正しいものに○をつけましょう。
ア(○)豆電球を光らせる電気の量は、発光ダイオードを光らせる電気の量より多い。
イ(　)豆電球を光らせる電気の量は、発光ダイオードを光らせる電気の量より少ない。
ウ(　)豆電球を光らせる電気の量は、発光ダイオードを光らせる電気の量と同じ。

79ページ　てびき

1 (1)コンデンサーは、電気をためることができ、ためた電気を利用することができます。
(2)、(3)コンデンサーや発光ダイオードのたん子《し》には+、−の区別があり、つなぎ方をまちがえると正常に動作しません。
(4)、(5)電流の大きさはA(アンペア)またはmA(ミリアンペア)という単位で表します。
1A＝1000mAで、0.001A＝1mAです。
(6)コンデンサーにたまった電気を、豆電球と発光ダイオードのどちらが先に使い切るかを調べるために、ためる電気の量を同じにします。

おうちのかたへ
ここでは、消費電力のことを考えていますが、「使う電気の量」としています。消費電力は、実際には電流だけでなく、電圧も関係する量です。

(7)〜(9)発光ダイオードの方が、豆電球より電気を効率よく光に変えています。

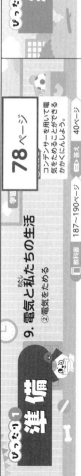

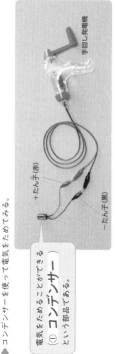

ぴったり1 準備

9. 電気と私《わたし》たちの生活
③電気の利用－生活の中の電気－

学習 **80ページ**

電気は、光、音、運動、熱に変えて利用できることをかくにんしよう。

教科書 191～203ページ　答え 41ページ

次の(　)にあてはまる言葉を書こう。

1 電気製品は、電気をどんなはたらきに変えて利用しているのだろうか。　教科書 191～193ページ

▶私たちの身の回りには、電気を利用した電気製品がたくさんある。

▶下の電気製品は、電気をさまざまなものに変えている。何に変えているか、(　)の中に、光・音・運動・熱のいずれかを書こう。

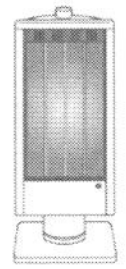
電気ストーブ
(① 熱)

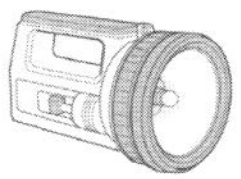
かい中電灯
(② 光)

せん風機
(③ 運動)

2 電熱線《でんねつせん》に電流を流すと、発熱するのだろうか。　教科書 191～193ページ

▶電熱線にみつろうねん土を立てかけて、電熱線に電流を流す。

・みつろうねん土はとけた。

→電熱線に電流を流すと、電熱線は(① 発熱)する。

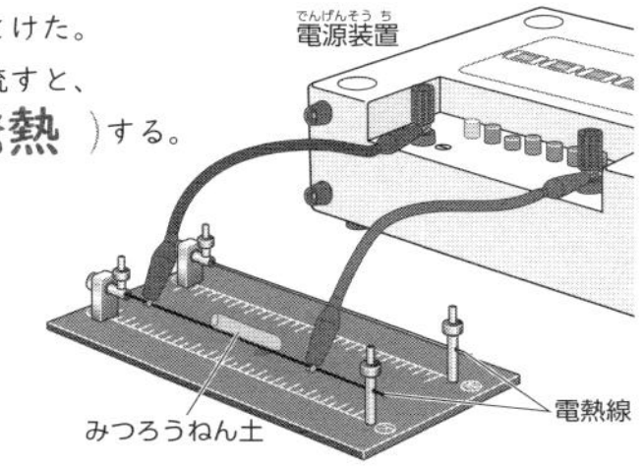
電源装置《でんげんそうち》
電熱線
みつろうねん土
みつろうねん土はろうそくと同じように、熱くなるととけるよ。

3 プログラムやセンサーで何ができるのだろうか。　教科書 194～201ページ

▶プログラム…(① コンピュータ)に対する指示が書かれたもので、文字や図形などで指示されている。

▶センサー…明るさ、動き、温度などに反応する。

▶プログラムとセンサーによる制ぎょ…明るさなどの量は(② センサー)ではかり、どのくらいの明るさになったらどうするかは(③ プログラム)が判断するといった連けいが行われている。

ここがだいじ!
①電気製品は、電気を熱、光、運動などのはたらきに変えて利用している。
②電熱線は電流を流すことによって発熱する。
③電気製品は、プログラムやセンサーによって効率よく使うことができる。

ぴたトリビア　電気は、光や熱、音、運動などに変かんしやすく、導線(電線)で送りやすいので、主なエネルギーとして利用されています。

ぴったり2 練習

9. 電気と私《わたし》たちの生活
③電気の利用－生活の中の電気－

学習 **81ページ**

教科書 191～203ページ　答え 41ページ

1 私たちの身の回りにある電気製品は、電気をどのようなはたらきに変えて利用しているかを調べます。

(1) 次の電気製品は、電気をあるはたらきに変えて利用しています。(　)の中に、光・音・運動・熱のいずれかを書きましょう。

照明器具
①(光)

音楽プレーヤー
②(音)

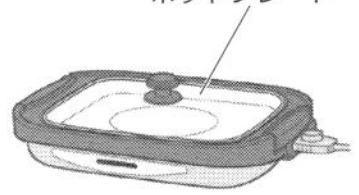
ホットプレート
③(熱)

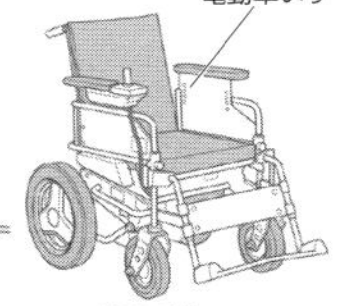
電動車いす
④(運動)

(2) 次の電気製品は、電気を2つのはたらきに変えて利用しています。(　)の中に、光・音・運動・熱のいずれかを書きましょう。

テレビ
①(音)と光

ヘアドライヤー
②熱と(運動)

(3) 図のヘアドライヤーには熱を発生する部品が使われています。何という部品ですか。
(電熱線)

(4) 電気を運動に変えるためには、何を回転させますか。
(モーター)

2 コンピュータのプログラムやセンサーのはたらきについて調べます。

(1) プログラムのはたらきには○、センサーのはたらきには×、プログラムとセンサーの両方のはたらきには△をつけましょう。

①(○)発光ダイオード(LED)を1秒ずつ3回点めつさせる。
②(×)暗くなったことを感じる。
③(△)人が前に立ったときだけ、明かりをつける。
④(△)水温が60℃になったら、電気ポットの電源を切る。

(2) 正しくつくられたプログラムは、指示に従《したが》って正確に動くことがとくいだといえますか、いえませんか。
(いえる。)

81ページ　てびき

❶ (1)電気製品は、電気を光、音、運動、熱などのはたらきに変えて利用しています。
(3)電熱線《でんねつせん》は電流を流すと発熱する部品です。
(4)モーターは、導線に電流を流し、導線が磁石から受ける力によって回転させています。

❷ (1)発光ダイオードをつけたり消したりする回数の計算などはプログラムのはたらきです。明るさを感じるのはセンサーだけでできます。「～だったら」ある動作をするといった判断が入ってくるのは、プログラムのはたらきです。
(2)コンピュータのとくいなところは、正確性と速さです。また、たくさんの資料をもとにして計算をすることもとくいです。

ぴったり3 確かめのテスト。

9. 電気と私《わたし》たちの生活

82ページ

/100 合格70点

教科書 178〜203ページ　答え 42ページ

1 身の回りの電気製品について調べます。 各5点(30点)

(1) 私たちが使う電気は、発電所でつくられています。

① 風力発電所、火力発電所、水力発電所などは、風や水蒸気《すいじょうき》、水などの力を利用して、あるものを回して、発電《はつでん》しています。あるものとは、何ですか。（ **発電機(のじく)** ）

② 光電池《こうでんち》をたくさん並べ、日光により大規模な発電をしているところを何発電所といいますか。（ **太陽光発電所** ）

(2) 私たちは、電気をいろいろなものに変えて利用しています。次の電気製品は、電気をどんなはたらきに変えていますか。（　）にあてはまる言葉を書きましょう。

①かい中電灯…電気を（ **光** ）に変える。
②音楽プレーヤー…電気を（ **音** ）に変える。
③せん風機…電気を（ **運動** ）に変える。
④オーブントースター…電気を（ **熱** ）に変える。

よく出る

2 光電池と手回し発電機で発電し、電気をためる実験をしました。

技能 (2)は全部できて15点、他は各5点(40点)

光電池への日光の当て方	そのまま日光を当てる	半とう明のシートでおおう	黒い紙でおおう
プロペラ付きモーター	①	ゆっくり回る	②
豆電球	光る	弱く光る	③
流れる電流の大きさ	④	⑤	⑥

(1) 表の①〜③にあてはまる言葉を、㋐〜㋓の中から選んで、記号で答えましょう。
①（ **㋑** ）②（ **㋐** ）③（ **㋓** ）
㋐ 回らない　㋑ 回る　㋒ 強く光る　㋓ 光らない

(2) 表の④〜⑥を電流の大きさが大きい方から並べましょう。（ **④** ）→（ **⑤** ）→（ **⑥** ）

(3) 手回し発電機で、コンデンサーにためる電気の量を同じにするにはどのようにしますか。次の文の（　）にあてはまる言葉を書きましょう。

コンデンサーに豆電球が光らなくなるまでつなぎ、コンデンサーに電気がたまっていない状態にする。次に、手回し発電機を同じ速さで、同じ（ **回数** ）だけ回し、電気をためる。

(4) コンデンサーをつないだ光電池あ〜うを、あはそのままで、いは半とう明のシートでおおい、うは黒い紙でおおって同じ時間日光に当てました。コンデンサーに豆電球をつないだとき、もっとも長い時間光る豆電球はあ〜うのどれにつないだ豆電球ですか。（ **あ** ）

学習日

83ページ

できたらスゴイ!

3 手回し発電機にいろいろな電気製品をつなぎ、発電のしかたについて実験しました。

思考・表現 各6点(30点)

回し方	ゆっくり回す	速く回す	逆に回す
	変化	変化	変化
プロペラ付きモーター	ゆっくり回る	速く回る	逆に回る
豆電球	光る	強く光る	光る
発光ダイオード	光る	強く光る	㋐

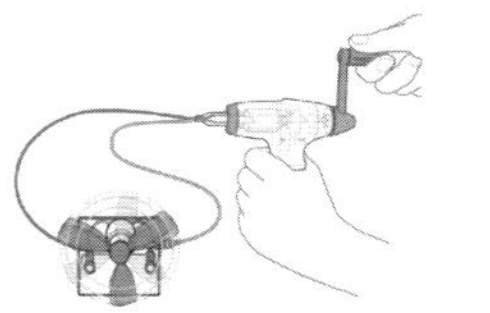

(1) 手回し発電機のハンドルを回す速さとモーターの回る速さなどの関係から、発電とハンドルを回す速さの関係について、どのようなことがいえますか。（　）にあてはまる言葉を書きましょう。

手回し発電機のハンドルを回す速さが速いほど、（ **大きい** ）電流が流れる。

(2) 表の㋐にあてはまる言葉を書きましょう。（ **光らない** ）

(3) 記述 (2)のような結果になったのはなぜですか。その理由を、発光ダイオードのしくみから考えて書きましょう。
（ **発光ダイオードでは、＋と－のたん子が逆だと光らないから。** ）

(4) 手回し発電機のハンドルを回す向きと(3)の関係から、発電とハンドルを回す向きの関係について、どのようなことがいえますか。正しい方に○をつけましょう。

ハンドルを回す向きを逆にすると、電流の向きも逆になると思うよ。

ア（ **○** ）

ハンドルを回す向きを逆にしても、電流の向きは同じだと思うよ。

イ（　）

(5) 手回し発電機のハンドルを回すのをやめると、電流は流れ続けますか、流れなくなりますか。
（ **流れなくなる。** ）

ふりかえり 2がわからないときは、76ページの1、78ページの2にもどってかくにんしましょう。
3がわからないときは、76ページの1、78ページの2にもどってかくにんしましょう。

82〜83ページ　てびき

1 (2)電気は、光、音、運動、熱などのはたらきに変えられて利用されています。

2 (1)黒い紙でおおうと、日光が当たらなくなるので光電《こうでん》池《ち》は発電《はつでん》しません。
(2)半とう明のシートでおおうと、日光が弱くなります。したがって、光が強い順に④→⑤→⑥となり、この順が電流の大きさの順です。
(3)手回し発電機《はつでんき》を同じ速さで同じ回数だけ回します。
(4)たまった電気の量は、あ→い→うの順に少なくなっていると考えられます(うではたまっていません)。

3 (1)ハンドルを速く回すほど、流れる電流は大きくなります。
(2)、(3)発光ダイオードの＋たん子《し》と－たん子を逆にすると、電流は流れません。
(4)手回し発電機のハンドルを逆に回すと、電流の向きが逆になります。

ぴったり1 準備　84ページ

10. 人と環境《かんきょう》
①人と環境①

人と空気、人と水との関わりについてかくにんしよう。

教科書 204〜209ページ　答え 43ページ

次の(　)にあてはまる言葉を書くか、あてはまるものを○で囲もう。

1 人は空気とどのように関わっているのだろうか。 教科書 206〜207ページ

▶人もほかの動物や植物のように、(① **呼吸**)をして酸素《さんそ》を取り入れ、(② **二酸化炭素**)を出している。

▶人は呼吸《こきゅう》以外でも、ものを燃やし、(③ **二酸化炭素**)を発生させている。

▶人の活動が活発になると、発生させる二酸化《にさんか》炭素《たんそ》の量は(④ (多く)・少なく)なる。

ガソリンなどを燃料にして走る自動車は、気体の(⑤ **二酸化炭素**)や、空気をよごすものを出している。

2 人は水とどのように関わっているのだろうか。 教科書 208〜209ページ

▶人もほかの動物や植物のように、常に(① **水**)を取り入れている。

▶人は生活する中で、たくさんの水を使っており、日本で１人が１日に生活の中で使う水の量は、平均(② **286**)Lである。

生活で使う水は、川などの水を一度(③ **ダム**)や貯水池などにためた後、じょう水場で消毒したものである。

▶生活などで使った後の水は、(④ **下水処理場**)に集めて、きれいにしてから川などにもどしている。

ここがだいじ！
①呼吸やものを燃やすことで、酸素が使われ、二酸化炭素が出されている。
②水は生物が生きていくために必要である。水はいろいろなことに使われている。

ぴたトリビア 人の活動で発生させる二酸化炭素の量が多くなっていることが、地球温暖化の原因の１つと考えられています。

ぴったり2 練習　85ページ

10. 人と環境《かんきょう》
①人と環境①

教科書 204〜209ページ　答え 43ページ

1 人と空気の関わりについて、次の文で正しいものには○、まちがっているものには×をつけましょう。

①(×)人はほかの動物や植物とちがい、呼吸《こきゅう》はしない。
②(○)火力発電所では、石油などを燃やして電気をつくる。そのときに、二酸化炭素《にさんかたんそ》が発生する。
③(○)ガソリンを燃やすときには、酸素《さんそ》を使い、二酸化炭素や、空気をよごすものを出している。
④(×)火を使って料理をするときには二酸化炭素が発生しない。
⑤(×)人の活動が活発になり、より便利で豊かな生活を求めて、多くの酸素を発生させるようになってきた。
⑥(○)空気をよごすものを出さないようにするため、燃料電池自動車などが開発されてきた。

2 人や動物、植物と水の関わりについて調べました。

(1) 人や動物の体の中で、水はどんなことに使われていますか。次のア〜エから正しいものを２つ選んで、○をつけましょう。
ア(○)食べ物を消化《しょうか》・吸収《きゅうしゅう》するのに使われる。
イ(　)呼吸するときに使われる。
ウ(○)吸収した養分を体のすみずみに運ぶのに使われる。
エ(　)骨と骨をつないで、動かすのに使われる。

(2) 日本人１人が、生活していく中で１日に使う水の量は、およそ何Lですか。正しいものに○をつけましょう。
ア(　)3L　イ(　)30L
ウ(○)300L　エ(　)3000L

(3) 私《わたし》たちが使った後の水は、どのようにしてから川や海にもどされますか。次の文の(　)にあてはまる言葉を書きましょう。
(**下水処理場**)できれいにしてから、川や海にもどされる。

おうちのかたへ　10. 人と環境
人と空気、水、食物との関わりについて学習します。また、持続可能な社会をつくるためのＳＤＧｓについて学習します。これまでに学習してきたことと自然環境を結びつけて考えることがポイントです。

85ページ

1
①人も呼吸《こきゅう》をして、酸素《さんそ》を取り入れて二酸化炭素《にさんかたんそ》を出します。
②火力発電所では、石油などを燃やして電気をつくります。このとき二酸化炭素が発生します。
③ものが燃えるとき、酸素が使われ、二酸化炭素が出ます。
④火を使って料理をするときには、二酸化炭素が発生します。
⑤人の活動が活発になるにつれて、より多くの二酸化炭素を発生させるようになっています。

2
(1)水はいろいろなものをとかして移動することができ、また、食べ物を消化《しょうか》・吸収《きゅうしゅう》するときにも使われます。
(2)人は生きていく中で、たくさんの水を使います。日本で１人が１日に使う水の量はおよそ300Lにもなります。
(3)使った後の水は下水処理場に集め、きれいにしてから川や海にもどします。

ぴったり1 準備

10. 人と環境《かんきょう》

①人と環境②
②持続可能な社会へ

86ページ

持続可能な社会を実現するための SDGs についてかくにんしよう。

教科書 210〜214ページ　答え 44ページ

次の(　)にあてはまる言葉を書こう。

1 人は、植物とどのように関わっているのだろうか。　教科書 210〜211ページ

▶人は、ほかの動物や(① 植物)を食べて生きている。
▶人が食べているもののもとをたどると、すべて(② 植物)にいきつく。
▶植物は、日光が当たっている昼間は主に(③ 二酸化炭素)を取りこんで、酸素を出す。
▶人は森林から(④木材(植物))を切り出し、さまざまな形で利用している。

2 持続可能《じぞくかのう》な社会《しゃかい》をつくるにはどうしたらよいのだろうか。　教科書 212〜214ページ

▶地球温暖化などの環境問題を自らの問題として考え、現在の人が幸せに暮《く》らすとともに、その幸せな暮らしを未来に引きつぐことができる社会を(①持続可能な社会)という。
▶世界で立てられている、持続可能でよりよい世界を実現するために 2030 年までに達成すべき 17 の目標を(② SDGs)という。
▶SDGs《エスディージーズ》の 7 番目の目標「エネルギーをみんなに　そしてクリーンに」
・風の力を使って発電する(③ 風力)発電や、光電池《こうでんち》を使って発電する(④ 太陽光)発電を利用する。
▶SDGs の 14 番目の目標「海の豊かさを守ろう」
・海岸に打ち上げられた(⑤ ごみ)をせいそうする。

写真のプロペラは風の力を使って、パネルは太陽の光で発電しているよ。

ここがだいじ!
①人と植物は、空気と食物を通して関わり合っている。
②自然環境を守り、持続可能な社会をつくらなければならない。

ぴたトリビア　人は生活するうえで自然環境にえいきょうをおよぼします。自分の生活の中で環境に多くの負担をかける行動がないか、考えてみましょう。

ぴったり2 練習

10. 人と環境《かんきょう》

①人と環境②
②持続可能な社会へ

87ページ

教科書 210〜214ページ　答え 44ページ

1 朝食に食べたパン、ハムエッグ、牛乳《ぎゅうにゅう》が何からできているかを調べます。

(1) パンとハムエッグは、それぞれ何からつくられますか。それぞれ次の㋐〜㋔の中からすべて選んで、記号で答えなさい。

パン(㋑)
ハムエッグ(㋐、㋒)

㋐ ブタ　㋑ コムギ　㋒ ニワトリ
㋓ ウシ　㋔ ダイズ

(2) 牛乳をつくっているウシは、植物と動物のどちらを食べますか。

(植物)

(3) 食べ物のもとをたどっていくと、何にいきつきますか。正しいものに○をつけましょう。
ア(　)食べ物のもとをたどると、すべて動物にいきつく。
イ(○)食べ物のもとをたどると、すべて植物にいきつく。
ウ(　)食べ物のもとをたどると、すべて水にいきつく。
エ(　)食べ物のもとをたどると、すべて酸素《さんそ》にいきつく。

2 自然と人間の関係について調べます。

(1) きれいな空気を守るためには、どのようなことをすればよいですか。正しいものに○をつけましょう。
ア(　)ものを燃やす火力発電《はつでん》を使う。
イ(○)風の力を利用する風力発電を使う。
ウ(　)二酸化炭素《にさんかたんそ》をたくさん発生させる。

(2) 森林を守るためには、どのようなことをすればよいですか。次の文の(　)にあてはまる言葉を書きましょう。
森林を守るために、森林を切り開いた後に((なえ)木)を植えて育てる。

(3) 自然環境を守るための取り組みとして、正しいものに○をつけましょう。
ア(　)火力発電所や水力発電所をどんどんつくる。
イ(　)工場や住宅はできるだけ山の中につくる。
ウ(　)家庭からのはい水は、そのまま川や海に流す。
エ(○)古紙をリサイクルする。

ヒント　2 (3)水力発電所は二酸化炭素は出しませんが、ダム建設のために森林を破かいします。山の中に工場をつくっても、はい出物が出る場所がちがうだけで、総合的には同じことです。

87ページ　てびき

1 (1)パンは小麦粉を原料とし、小麦粉はコムギからつくられます。
(2)ウシは植物を食べる動物です。
(3)動物は、植物やほかの動物を食べているので、食べ物のもとをたどると、すべて植物にいきつきます。

2 (1)火力発電のように石油を燃やすのではなく、風の力を利用する風力発電を使うと、二酸化炭素《にさんかたんそ》を発生させずに電気をつくることができます。
(2)森林を切り開いた後に植林すると、木が育って再び森林ができます。
(3)古くなって使わなくなった紙をリサイクルすることは、自然環境を守ることにつながります。

ぴったり3 確かめのテスト。

10. 人と環境《かんきょう》

88ページ

/100 合格 70 点

教科書 204〜214ページ　答え 45ページ

1 次のことは環境を守るのにどのように役に立っていますか。あてはまる言葉を（　）に書きましょう。　各10点(40点)

(1) 風の力を使って発電《はつでん》する風力発電を使うと、火力発電とちがって（ **二酸化炭素** ）を出さずに電気をつくることができる。

(2) 海岸に打ち上げられたごみをせいそうすることは、海岸をきれいにして、そこにすむ（ **生物** ）を守ることにつながる。

(3) 森林を切り開いた後に植林すると、植えたなえ木が成長して、再び（ **森林** ）ができる。

(4) 古紙をリサイクルすると、新たに（ **木** ）を切らなくても紙をつくることができる。

2 人と自然の環境について考えます。　思考・表現　各15点(60点)

(1) 近くの川に、家庭や工場からのはい水がたくさん流れるとどうなると思いますか。正しいものに○をつけましょう。

ア（○）川がよごれ、川にすんでいた生物がすみにくくなる。

イ（　）川はよごれるが、川にすんでいる生物に悪いえいきょうはない。

ウ（　）自然にきれいになるので、川はよごれない。

(2) 生活で使った後のよごれた水をきれいにする、右の写真のようなし設を何といいますか。

（ **下水処理場** ）

(3) 近年、空気中の二酸化炭素《にさんかたんそ》の割合《わりあい》が増加していることが報告されました。これは、私《わたし》たちが生活の中で、何を燃やして利用しているためですか。正しいものに○をつけましょう。

ア（　）土　イ（○）石油　ウ（　）水

(4) 空気中の二酸化炭素の割合が増えると、地球にどのような問題が起こりますか。正しいものに○をつけましょう。

ア（○）地球全体があたたまる。

イ（　）地球全体が冷える。

ウ（　）問題は起こらない。

この本の終わりにある「春のチャレンジテスト」をやってみよう！

この本の終わりにある「学力診断《しんだん》テスト」をやってみよう！

88ページ　てびき

1 (1)風力発電は、火力発電とはちがって石油を燃やさないので、二酸化炭素《にさんかたんそ》は発生しません。

(2)海岸にごみがあると、海岸の水がよごれてしまい、生物がすみにくくなります。

(3)森林を切り開いたところに植林すると、木が成長して再び森林ができます。

(4)古紙をリサイクルすると、紙をつくるために新たに木を切ることが少なくなります。

2 (1)家庭や工場からのはい水がたくさん流れると、川がよごれます。川がよごれると、そこにすんでいた生物がすみにくくなります。

(2)下水処理場でよごれた水をきれいにしてから、川や海にもどします。

(3)石油を大量に使ったことが原因といわれています。

(4)空気中の二酸化炭素が増加したことが「地球温暖《おんだん》化《か》」の主な原因と考えられています。

夏のチャレンジテスト

教科書　10～81ページ

名前　　月　日

時間 40分

知識・技能	思考・判断・表現	合格80点
/60	/40	/100

答え46～47ページ

知識・技能

1 **酸素《さんそ》とちっ素《そ》をいろいろな割合《わりあい》で入れた集気びんの中に、燃えているろうそくを入れます。**

各3点、(2)は両方できて3点(12点)

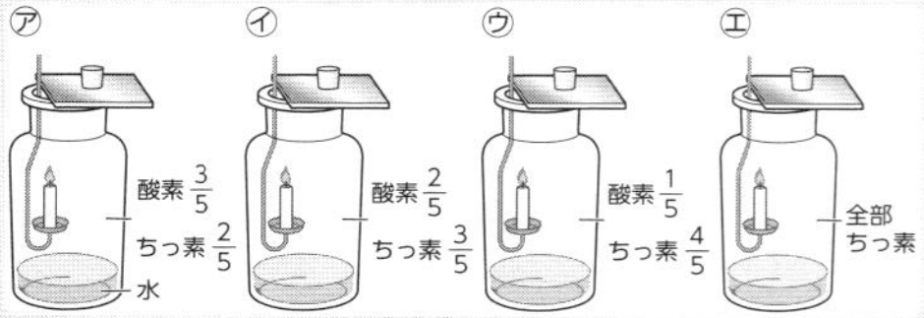

㋐
㋑
㋒
㋓
酸素 $\frac{3}{5}$
ちっ素 $\frac{2}{5}$
水
酸素 $\frac{2}{5}$
ちっ素 $\frac{3}{5}$
酸素 $\frac{1}{5}$
ちっ素 $\frac{4}{5}$
全部ちっ素

(1) 燃えているろうそくを入れると、すぐに消えてしまうものを、㋐～㋓の中から1つ選んで、記号で答えましょう。
（ ㋓ ）

(2) 空気中よりも激《はげ》しく燃えるものを、㋐～㋓の中から2つ選んで、記号で答えましょう。
（ ㋐ ）と（ ㋑ ）

(3) 最も激しく燃えるものを、㋐～㋓の中から1つ選んで、記号で答えましょう。
（ ㋐ ）

(4) (1)、(3)から、ものを燃やすはたらきのある気体は、酸素とちっ素のどちらですか。
（ 酸素 ）

2 **人の呼吸《こきゅう》のしくみについて調べます。**

各3点(9点)

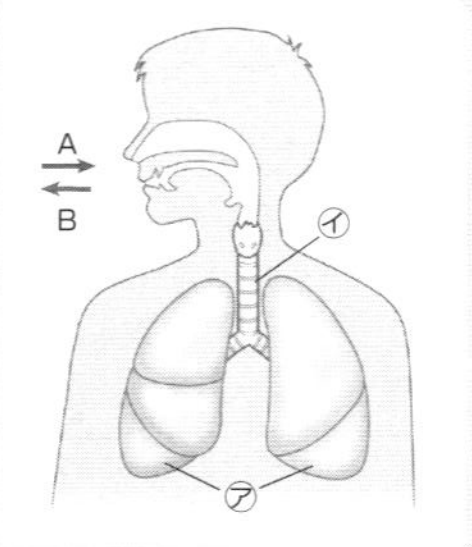

A
B
㋑
㋐

(1) 図の㋐の部分を何といいますか。
（ 肺 ）

(2) 口や鼻と㋐とをつなぐ㋑の管を何といいますか。
（ 気管 ）

(3) ㋐に出入りする気体A、Bのうち、石灰水《せっかいすい》を白くにごらせるのはどちらですか。
（ B ）

3 **私《わたし》たちは、常に呼吸をくり返し、食物を食べたり、水を飲んだりしています。**

各3点、(2)は全部できて3点(9点)

(1) 植物や人や動物は、どのようにして生きるための養分を得ていますか。次の文の（　）にあてはまる言葉を書きましょう。

植物は、日光を受けて自ら（①でんぷん(養分)）をつくり出す。自ら養分をつくることのできない人や動物は、ほかの動物や（② 植物 ）を食べることによって、生きるための養分を得ている。

(2) 下の図は、生き物の「食べる」「食べられる」の関係を表したものです。食べられるものの側から、食べるものの側へ矢印をかきましょう。

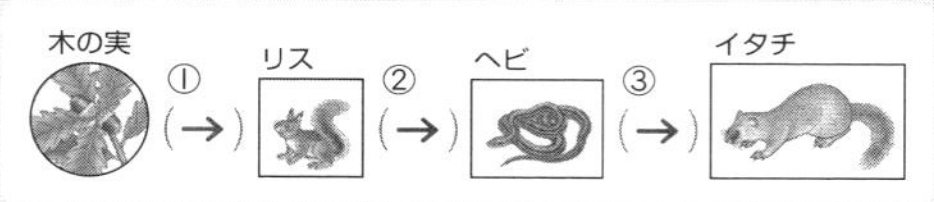

木の実
①
(→)
リス
②
(→)
ヘビ
③
(→)
イタチ

4 **集気びんの中でろうそくを燃やす実験を行い、燃える前と燃えた後の気体の割合を調べました。**

各3点(9点)

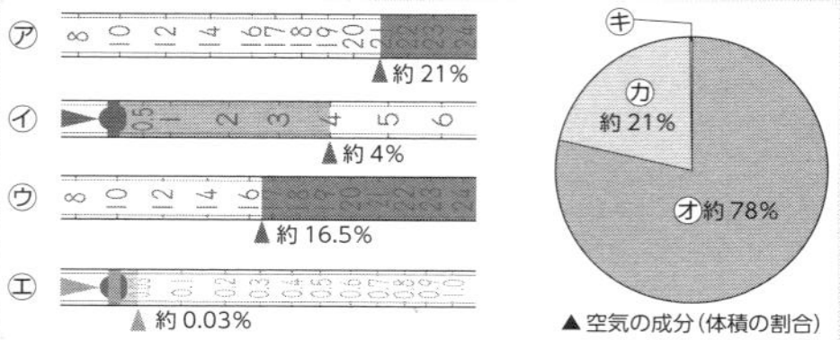

㋐
約21%
㋑
約4%
㋒
約16.5%
㋓
約0.03%
㋖
㋕ 約21%
㋔ 約78%
▲空気の成分(体積の割合)

(1) ろうそくを燃やす前の集気びんの中の二酸化炭素《にさんかたんそ》の体積の割合を示しているのは、㋐～㋓のどの検知管ですか。
（ ㋓ ）

(2) 空気の成分のうち、ろうそくが燃えることには直接関係しない気体は何ですか。㋔～㋖から選びましょう。
（ ㋔ ）

(3) 記述 ろうそくが燃えると何が減って、何が増えますか。
（**酸素が減って、二酸化炭素が増える。**）

うらにも問題があります。

夏のチャレンジテスト　おもて　てびき

1 (1)酸素《さんそ》がないとろうそくは燃えません。

(2)、(3)酸素の割合《わりあい》が大きい方がろうそくは激《はげ》しく燃えます。空気中の酸素の割合は約$\frac{1}{5}$なので、㋐と㋑ではろうそくは空気中より激しく燃えます。

(4)ものを燃やすはたらきのある気体は酸素です。

2 (1)㋐の臓器《ぞうき》を肺《はい》といいます。

(2)口や鼻と肺をつないでいるのは気管《きかん》です。

(3)石灰水《せっかいすい》を白くにごらせる気体は二酸化炭素《にさんかたんそ》です。二酸化炭素は、はき出す空気に多くふくまれているのでBです。

3 (1)人や動物は、ほかの動物や植物を食べています。

(2)木の実はリスに食べられ、リスはヘビに食べられ、ヘビはイタチに食べられます。

4 (1)二酸化炭素は、ふつうの空気の中に約0.03%ふくまれています。

(2)ろうそくが燃えるのに、ちっ素《そ》は関係しません。ちっ素は空気中に約78%ふくまれています。

(3)酸素が約4.5%減り、二酸化炭素が約4%に増えています。

5 図のように、だ液のはたらきを調べる実験をします。

各3点(9点)

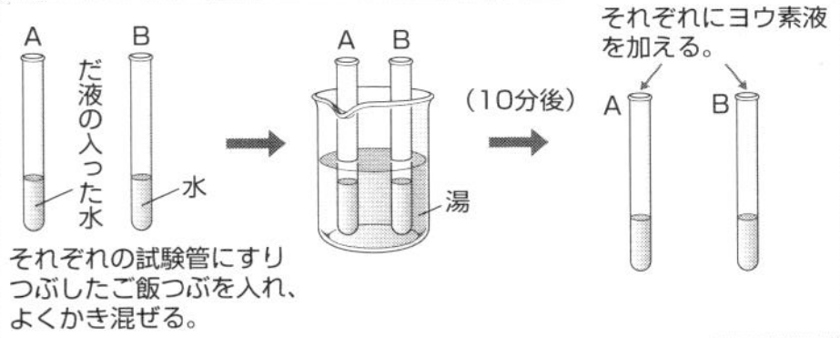

(1) 試験管Aの液と試験管Bの液で色が変わったのはどちらですか。

(試験管B)

(2) (1)の試験管の液は何色に変化しましたか。

(青むらさき色)

(3) (2)から、だ液にはどのようなはたらきがあると考えられますか。次の文の( )にあてはまる言葉を書きましょう。

だ液は(でんぷん)を別のものに変えるはたらきをもつ。

6 よく晴れた日の早朝と、その日の午後とで、葉を1枚ずつ取り、でんぷんがあるかどうかを調べました。

各3点、(3)は両方できて3点(12点)

(1) 実験で使った、Ⓐ紙とⒷ液は何ですか。それぞれ名前を書きましょう。

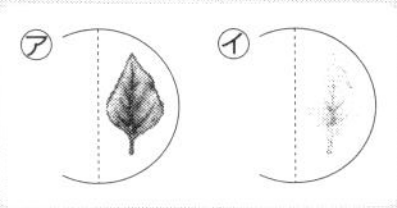

Ⓐ…(ろ紙)

Ⓑ…(ヨウ素液)

(2) 実験の結果、㋐、㋑のような結果になりました。早朝に取った葉は、㋐、㋑のどちらですか。 (㋑)

(3) この実験からわかったことを2つ選んで、○をつけましょう。

ア( )葉は、一度養分をつくると、次の日の朝まで、その多くをたくわえている。

イ(○)葉は、つくった養分のほとんどを夜の間に、どこかに移しているか使ってしまっている。

ウ( )葉は、日光がよく当たる昼より、夜にたくさん養分をつくっている。

エ(○)葉は、日光が当たると養分をつくるが、いつまでも葉にたくわえていることはない。

思考・判断・表現

7 図のように底のない集気びんの中でろうそくを燃やしたところ、ろうそくは燃え続けました。

各5点(20点)

(1) 右の図で、空気の流れを矢印で示すとどうなりますか。次の㋐～㋒の中から1つ選びましょう。 (㋐)

(2) ろうそくが燃え続けたのは、なぜですか。その理由を説明した次の文の( )の中に、空気中にふくまれている気体の名前を書きましょう。

図のような集気びんでは、空気が入れかわるので、(酸素)の体積の割合《わりあい》が少なくならず、ろうそくは燃え続ける。

(3) 記述 右の図のように上だけがあいている空きかんがあります。この中で木を燃やしたいと思います。燃え続けさせるためには、どのようなくふうをするとよいですか。(1)、(2)を参考にして答えましょう。

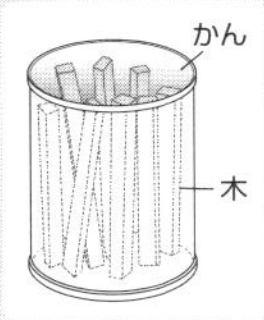

(かんの下の方に穴をあける。)

(4) スチールウール(鉄)が燃えると、二酸化炭素はできますか、できませんか。

(できない。)

8 根から吸《す》い上げられた水が葉まで運ばれ、その後どうなるか実験しました。

各5点(20点)

(1) 図のようにして、サクラの葉から水が出ているかどうか調べようとしました。正しく調べるためには、どのような枝と比べればよいですか。

(葉を全部取り除いた枝)

(2) 記述 ポリエチレンのふくろの中が白くくもりました。このことから、どのようなことがいえますか。

(葉から水(水蒸気)が出ている。)

(3) (2)のようなことを何といいますか。

(蒸散)

(4) (3)は、主に葉の裏側の何という穴《あな》で行われていますか。

(気孔)

夏のチャレンジテスト　うら　てびき

5 でんぷんにヨウ素液を加えると、青むらさき色になります。だ液は、でんぷんを別のものに変えるはたらきをもっているので、だ液を入れた試験管Aにはでんぷんはなくなっています。液の色が変わるのは、水を入れた試験管Bです。

6 (1)Ⓐ紙はろ紙、Ⓑ液はでんぷんがあるかどうかを調べるためのヨウ素液です。

(2)早朝に取った葉の方が、でんぷんが少ないので、早朝に取った葉は色がうすい㋑です。

(3)葉は、日光が当たる昼の間に養分をつくり、日光の当たらない夜の間に養分をどこかに移すか使ってしまいます。

7 (1)空気は底のない集気びんの下から入り、上から出ていきます。

(2)空気が入れかわり、酸素《さんそ》の体積の割合《わりあい》が少なくならなければ、ろうそくは燃え続けます。

(3)かんの下の方に穴《あな》をあけると、空気が入れかわり、木は燃え続けます。

(4)鉄が燃えても、二酸化炭素《にさんかたんそ》はできません。

8 (1)葉から水が出ているかを調べるので、葉のある枝と葉を取り除いた枝を比べます。

(2)葉から出た水蒸気《すいじょうき》が冷えて水てきになり、ポリエチレンのふくろの中が白くくもります。

(3)、(4)蒸散《じょうさん》は主に葉の裏側の気孔《きこう》で行われます。

冬のチャレンジテスト

教科書 84〜177ページ

名前　　　　　　月　　日

時間 40分

知識・技能	思考・判断・表現	合格80点
/60	/40	/100

答え48〜49ページ

知識・技能

1 下の実験用てこのうち、水平につり合うものには「○」、左が下へかたむくものには「左」、右が下へかたむくものには「右」と書きましょう。　各3点(15点)

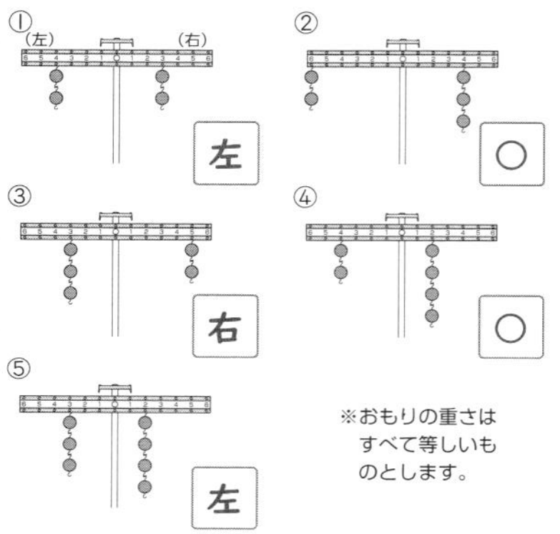

※おもりの重さはすべて等しいものとします。

2 次の図は、太陽と地球、月の位置関係を表しています。　各3点、(1)は全部できて3点(6点)

(1) ㋐〜㋗の月は、地球から見て、それぞれどのような形に見えますか。下のあ〜くからあてはまる形を選んで、記号で答えましょう。

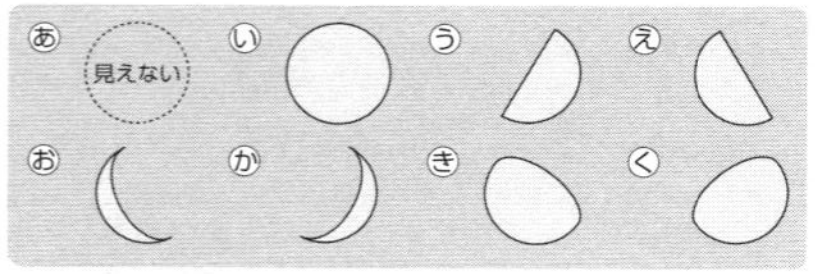

㋐(え)　㋑(き)　㋒(い)　㋓(く)
㋔(う)　㋕(か)　㋖(あ)　㋗(お)

(2) 月と太陽で、自ら光りかがやいているのはどちらですか。
(太陽)

3 アルミニウムを試験管に入れ、うすい塩酸《えんさん》と炭酸水《たんさんすい》をそれぞれ加えました。　各3点(9点)

(1) それぞれの水溶液《すいようえき》を加えたとき、アルミニウムはどうなりましたか。次の㋐〜㋒から1つずつ選んで、記号で答えましょう。
㋐ あわを出してとけた。
㋑ あわを出さずにとけた。
㋒ 変化しなかった。

うすい塩酸(㋐)
炭酸水(㋒)

(2) (1)の後、残った液だけを蒸発皿《じょうはつざら》に少量とって熱したところ、あとに固体が残ったものがありました。この固体について正しく述べたものを、次の中から1つ選んで、○をつけましょう。
ア(　)白色でアルミニウムと同じものである。
イ(　)黒色でアルミニウムとは別のものである。
ウ(○)白色でアルミニウムとは別のものである。

4 次の図のような道具を使って、ねん土のかたまりの重さをはかります。　各4点(12点)

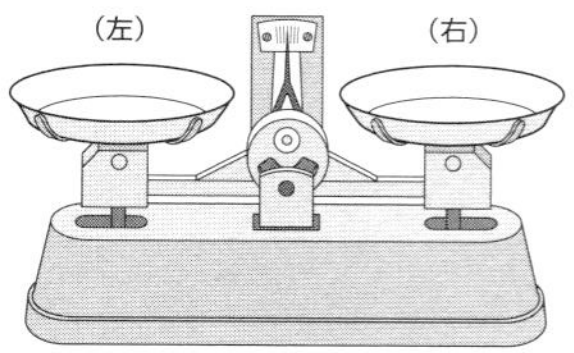

(1) 上の図のような道具を何といいますか。
(上皿てんびん)

(2) 左の皿にねん土のかたまりをのせ、右の皿にいくつかの分《ふん》銅《どう》をのせたら右が下にかたむきました。重さを正しくはかるにはどうしますか。①〜③から選びましょう。(①)
①右の皿の分銅を減らす。
②右の皿に分銅を追加する。
③左の皿のねん土を減らす。

(3) この道具では、てこが水平につり合ったとき、左右の皿にのせたものの重さは同じと考えてよいですか。
(よい。)

うらにも問題があります。

冬のチャレンジテスト　おもて　てびき

1 ①左のうでをかたむけるはたらきは2×4＝8、右は2×3＝6なので、うでは左が下にかたむきます。
②左のうでをかたむけるはたらきは2×6＝12、右は3×4＝12なので、水平につり合います。
③左のうでをかたむけるはたらきは3×3＝9、右は2×5＝10なので、うでは右が下にかたむきます。
④左のうでをかたむけるはたらきは2×4＝8、右は4×2＝8なので、水平につり合います。
⑤左のうでをかたむけるはたらきは3×3＝9、右は4×2＝8なので、うでは左が下にかたむきます。

2 (1)月は太陽の光が当たっている部分が、かがやいて見えます。したがって、太陽と月の位置関係によって見え方が変化します。

3 (1)アルミニウムにうすい塩酸《えんさん》を加えるとあわを出してとけますが、炭酸水《たんさんすい》を加えてもほとんど変化が見られません。
(2)残った固体は、アルミニウムとは別のものです。

4 (1)うでの上にものをのせる皿がついています。粉末などをはかるのに便利です。
(2)右の皿の方が重かったので、右が下にかたむきました。右の分銅《ふんどう》をうまく減らすとうでは水平につり合います。
(3)水平につり合ったとき、左右の重さは同じです。

5 図は、川の水によって、運ばれたれき、砂《すな》、どろがたい積して、層をつくっているようすを表したものです。

各3点、(3)は両方できて3点(9点)

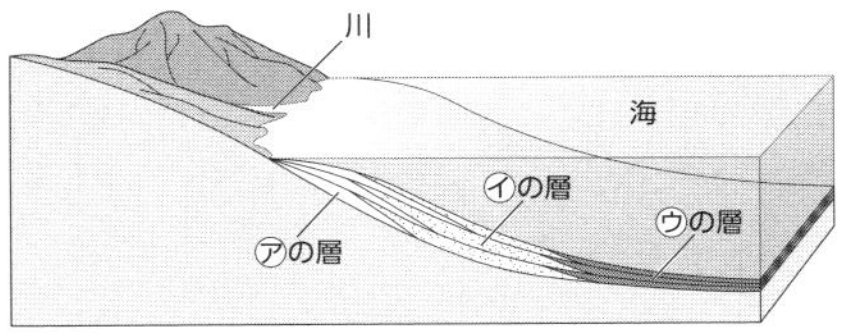

(1) ㋐〜㋒の層には、何が積もりますか。次の中から１つ選んで、○をつけましょう。

ア(　)㋐ーどろ　㋑ー砂　㋒ーれき
イ(○)㋐ーれき　㋑ー砂　㋒ーどろ
ウ(　)㋐ー砂　㋑ーれき　㋒ーどろ

(2) 記述 ㋐の層にふくまれるつぶは丸みを帯びています。その理由を書きましょう。

(**水のはたらきで運ばれているうちに角がとれたため。**)

(3) 地層《ちそう》をつくっているものの中には、長い年月の間にかたい岩石となったものがあります。砂、どろからできた岩石を、それぞれ何といいますか。

砂(**砂岩**)
どろ(**でい岩**)

6 次の文で、正しいものを３つ選んで、○をつけましょう。

各3点(9点)

ア(　)うすいアンモニア水、炭酸水《たんさんすい》にはにおいがある。
イ(○)水溶液《すいようえき》のにおいをかぐときは、直接吸《す》いこまないで、手であおぐようにしてかぐ。
ウ(　)水溶液には、とけ残りが見られたりにごっていたりするものがある。
エ(○)薬品が皮ふについたときは、水でよく洗《あら》い流す。
オ(○)食塩水を熱すると、水が蒸発《じょうはつ》した後に食塩が残る。

思考・判断・表現

7 月と太陽の位置関係について観察しました。

各5点(15点)

(1) 図のように、右半分の半月が見られるのは、午前と午後のどちらですか。

(**午後**)

(2) 図とは逆に、左半分の半月が見られるのは、午前と午後のどちらですか。

(**午前**)

(3) 記述 (1)の理由を、「そのとき太陽がどちら側にあるか」をもとに、説明しましょう。

(**月は、太陽がある側の部分がかがやいて見えるので、月の右半分が見えるときは、右側の西に太陽があるから。**)

8 ４つのビーカーの中に、食塩水・うすい塩酸《えんさん》・うすいアンモニア水・炭酸水のどれかが入っています。

各5点、(1)は全部できて5点(25点)

(1) ４つのビーカーの中の水溶液を見分けるために、いろいろなことを調べて、下のような表にまとめました。この表を見て、①〜④の水溶液の性質はそれぞれ何性とわかりますか。次の中から選んで、記号で答えましょう。

㋐ 酸性《さんせい》　㋑ アルカリ性《せい》　㋒ 中性《ちゅうせい》

①(㋑)　②(㋒)　③(㋐)　④(㋐)

調べたこと＼水溶液	①	②	③	④
におい	ある	ない	ない	ある
赤色リトマス紙	青色になる	変化はない	変化はない	変化はない
青色リトマス紙	変化はない	変化はない	赤色になる	赤色になる
水を蒸発させる	何も残らない	白い固体	何も残らない	何も残らない

(2) (1)の表から、①〜④のビーカーの中に入っている水溶液の名前を答えましょう。

①(**うすいアンモニア水**)
②(**食塩水**)
③(**炭酸水**)
④(**うすい塩酸**)

冬のチャレンジテスト　うら　てびき

5 (1)つぶの大きい方が先に積もります。
(2)水のはたらきで流されるときにほかのつぶとぶつかり、角がとれて丸みを帯びます。
(3)砂岩《さがん》は砂《すな》が固まった岩石、でい岩《がん》はどろの細かいつぶが固まってできた岩石です。

6 うすいアンモニア水にはにおいがありますが、炭酸水《たんさんすい》にはにおいがありません。水溶液《すいようえき》には、にごっているものはなく、すべてとう明です。

7 (3)月は自らかがやかず、太陽の光を反射《はんしゃ》してかがやいています。したがって、月のかがやいている側には必ず太陽があります。

8 赤色リトマス紙《し》が青色になるのはアルカリ性《せい》の水溶液です。４つの水溶液のうち、アルカリ性の水溶液はうすいアンモニア水です。赤色リトマス紙も青色リトマス紙も変化がないのは中性《ちゅうせい》の水溶液です。中性の水溶液は食塩水です。青色リトマス紙が赤色になるのは酸性《さんせい》の水溶液です。酸性の水溶液は、うすい塩酸《えんさん》と炭酸水です。うすい塩酸にはにおいがあります。

春のチャレンジテスト

教科書 178~214ページ

名前　　　月　　日

時間 40分

知識・技能	思考・判断・表現	合格80点
/60	/40	/100

答え 50~51ページ

知識・技能

1 **身の回りの電気製品について調べました。** 各3点(9点)

(1) 私《わたし》たちが使う電気は、発電所でつくられています。風力発電所、火力発電所、水力発電所などは、風や水蒸気《すいじょうき》、水などの力を利用して、あるもののじくを回して、発電《はつでん》しています。あるものとは、何ですか。

(**発電機**)

(2) 太陽光発電などに使われる、光を当てると電気をつくる装《そう》置《ち》を何といいますか。

(**光電池**)

(3) 次の電気製品の中には、電気を熱に変える部品が使われています。その部品の名前を書きましょう。

オーブントースター

(**電熱線**)

2 **朝食に食べるパン、ハムエッグ、牛乳《ぎゅう》が何からできているかを調べます。** 各3点、(1)はそれぞれ全部できて3点(12点)

(1) パン、ハムエッグ、牛乳は、それぞれ何からつくられますか。それぞれ次の㋐~㋔の中からすべて選んで、記号で答えましょう。

パン(㋑)　ハムエッグ(㋐、㋒)　牛乳(㋓)

㋐ ブタ　㋑ コムギ　㋒ ニワトリ

㋓ ウシ　㋔ ダイズ

(2) 食べ物のもとをたどっていくと、何にいきつきますか。正しいものに○をつけましょう。

ア(　)食べ物のもとをたどると、すべて動物にいきつく。

イ(○)食べ物のもとをたどると、すべて植物にいきつく。

ウ(　)食べ物のもとをたどると、すべて水にいきつく。

3 **次のことは環境《かんきょう》を守るのにどのように役に立ちますか。あてはまる言葉を(　)に書きましょう。** 各3点(9点)

(1) 風の力を使って発電する風力発電を使うと、火力発電とちがって(**二酸化炭素**)を出さずに電気をつくることができる。

(2) 海岸に打ち上げられたごみをせいそうすることは、海岸をきれいにして、そこにすむ(**生物**)を守ることにつながる。

(3) 森林を切り開いた後に新しく木を植えて育てると、植えた木が成長して、再び(**森林**)ができる。

4 **手回し発電機を使って、発電について調べます。** 各3点(15点)

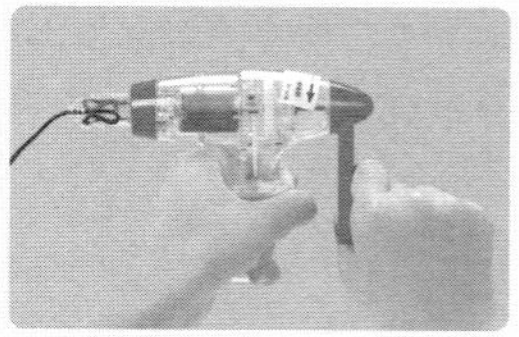

(1) 手回し発電機の中にはある装置が入っていて、この装置のじくをハンドルで回転させることで、電流を流します。この装置は何といいますか。 (**モーター**)

(2) 手回し発電機のハンドルを速く回すと、電流の大きさはどうなりますか。 (**大きくなる。**)

(3) 手回し発電機のハンドルを逆に回すと、電流の向きはどうなりますか。 (**逆になる。**)

(4) 手回し発電機のハンドルを回すのをやめると、電流はそのまま流れ続けますか。 (**流れ続けない。**)

(5) 同じ量の電気をためたコンデンサーに、豆電球と発光ダイオードをつないだときでは、どちらの方が使う電気の量が少ないですか。 (**発光ダイオード**)

うらにも問題があります。

春のチャレンジテスト　おもて　てびき

1 (1)電気は、発電所で発電機《はつでんき》のじくを回してつくられています。手回し発電機でモーターのじくを回して電気をつくったのと同じ原理です。つくられた電気は電線で家庭などに送られます。

(2)光電池《こうでんち》は光が当たると発電します。

(3)電熱線《でんねつせん》は電流が流れると発熱します。

2 (1)パンはコムギからできています。ハムエッグのハムはブタの肉、目玉焼きはニワトリのたまごです。

(2)人や動物は、自ら養分をつくれないので、植物やほかの動物を食べて、養分を取り入れています。食べ物のもとをたどると、自分で養分をつくる植物にいきつきます。

3 (1)風力発電では、二酸化炭素《にさんかたんそ》は発生しません。

(2)海岸をきれいにすると、海の水もきれいになります。

(3)植林によって、再び森林ができます。

4 (1)手回し発電機にはモーターが入っていて、じくを回すことで電気がつくられます。

(2)、(3)手回し発電機のハンドルを速く回すと大きい電流が流れます。また、逆に回すと電流の向きが逆になります。

(4)手回し発電機のハンドルを回すのをやめると、電流は流れなくなります。

(5)発光ダイオードの方が使う電気の量が少ないので、同じコンデンサーにつないだときに長く光っています。

5 電気の利用について調べました。

各3点、(1)は全部できて3点(9点)

(1) 次の電気製品は電気をあるはたらきに変えて利用しています。(　)の中に、光・音・運動・熱のいずれかを書きましょう。

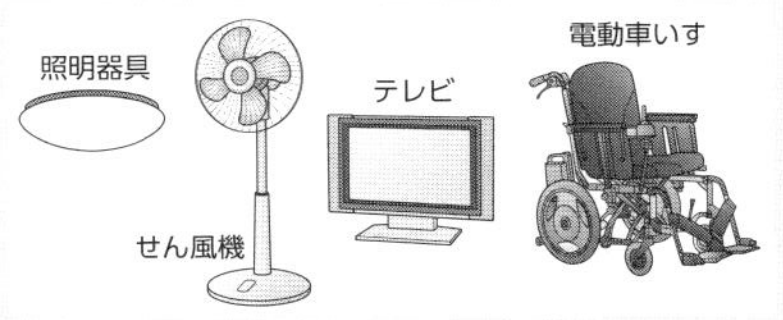

照明器具
せん風機
テレビ
電動車いす

㋐照明器具　(光)
㋑せん風機　(運動)
㋒テレビ　(光)と音
㋓電動車いす　(運動)

(2) 電気は、発電所でつくられています。火力発電所や原子力発電所では、熱によって水をあるものに変えて発電機のじくを回しています。何に変えていますか。

(水蒸気)

(3) 私《わたし》たちの生活は、コンピュータを利用することで大変便利になりました。しかし、コンピュータのプログラムだけではできないこともあります。明るさや温度、音の大きさなどの情報をコンピュータの制ぎょ(コントロール)のために伝えている機器を何といいますか。

(センサー)

6 下の図は、ある場所で、空気中の二酸化炭素《にさんかたんそ》の割合《わりあい》を調べたものです。

各3点(6点)

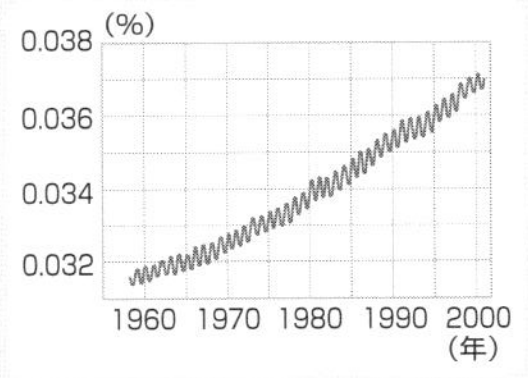

(%)
0.038
0.036
0.034
0.032
1960 1970 1980 1990 2000
(年)

(1) 年がたつにつれて、空気中の二酸化炭素の割合は増えています。これは、私たちが生活の中で主に何を燃やして利用しているためですか。正しいものに○をつけましょう。

ア(　)土　イ(○)石油　ウ(　)水

(2) 二酸化炭素の割合が増えると、地球にどのような問題が起こりますか。正しい方に○をつけましょう。

ア(○)地球があたたまる。
イ(　)地球が冷たくなる。

思考・判断・表現

7 手回し発電機にいろいろな電気製品をつなぎ、発電のしかたについて実験しました。

各5点(20点)

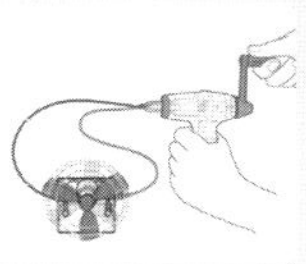

回し方	ゆっくり回す 変化	速く回す 変化	逆に回す 変化
プロペラ付きモーター	ゆっくり回る	速く回る	逆に回る
豆電球	弱く光る	強く光る	光る
発光ダイオード	弱く光る	強く光る	㋐

(1) 手回し発電機のハンドルを回す速さとモーターの回る速さなどの関係から、発電と手回し発電機のハンドルを回す速さの関係について、どのようなことがいえますか。(　)にあてはまる言葉を書きましょう。

手回し発電機のハンドルを回す速さが速いほど、(大きい)電流が流れる。

(2) 表の㋐にあてはまる言葉を書きましょう。

(光らない)

(3) (2)は、発光ダイオードのたん子《し》にどのような性質があるために起こりますか。

(＋と－がある。)

(4) 手回し発電機のハンドルを回す向きと(3)の関係から、発電と回す向きの関係について、どのようなことがいえますか。(　)にあてはまる言葉を書きましょう。

手回し発電機のハンドルを逆に回すと、電流の流れる向きが(逆)になる。

8 人と自然の環境《かんきょう》について考えます。

各5点(20点)

(1) 川に家庭や工場からのはい水がたくさん流れると、どうなると思いますか。次の文の(　)にあてはまる言葉を書きましょう。

川がよごれ、川にすんでいた(生物)がすみにくくなる。

(2) 生活で使った後のよごれた水をきれいにするし設を何といいますか。　(下水処理場)

(3) 自動車や工場などから出された気体が変化して、雨水にとけ、銅像などをとかしたり、森林をからしたりすることがあります。このような雨を何といいますか。

(酸性雨)

(4) 近ごろ、森林が減少していることが心配されています。森林の減少を防ぐために、正しいとはいえないのはア～ウのどれですか。　(イ)

ア　古紙をリサイクルする。
イ　植物のための二酸化炭素をどんどん増やす。
ウ　木材を切った後に植林する。

春のチャレンジテスト　うら　てびき

5 (1)テレビは光とともに音も出ています。
(2)高温の水蒸気《すいじょうき》の力で、発電機《はつでんき》のじくを回しています。
(3)明るさや温度、音の大きさなどの情報をセンサーがあるがまま受けて伝え、コンピュータが評価・判断しています。

6 (1)空気中の二酸化炭素《にさんかたんそ》の割合《わりあい》は、年がたつにつれて増加しています。二酸化炭素が増えているのは、主に石油を燃やしているからだと考えられています。

7 (1)回す速さが速いほど、大きい電流が流れます。
(2)、(3)発光ダイオードのたん子《し》には＋と－の区別があります。つなぎ方や電流の向きが逆だと光りません。

8 (1)川がよごれると、すんでいた生物がすみにくくなります。
(2)生活で使った後のよごれた水をきれいにするし設を下水処理場といいます。
(3)酸性《さんせい》を示すものがとけこんで酸性になった雨です。森林がかれたりするので環境《かんきょう》にはよくありません。

6年 理科のまとめ

学力診断《しんだん》テスト

月　日
名前

時間 40分

合格80点　／100

答え 52~53ページ

1 上と下にすき間のあいた集気びんの中で、ろうそくを燃やしました。　各2点(12点)

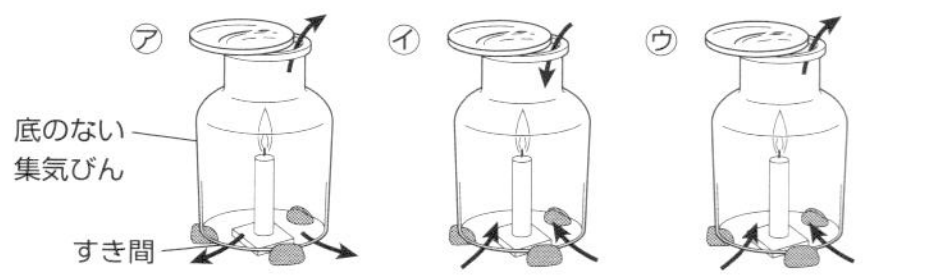

㋐
㋑
㋒
底のない集気びん
すき間

(1) 集気びんの中の空気の流れを矢印で表すと、どうなりますか。正しいものを㋐~㋒から選んで、記号で答えましょう。
(㋒)

(2) 集気びんの上と下のすき間をふさぐと、ろうそくの火はどうなりますか。
((すぐに火が)消える。)

(3) (1)、(2)のことから、ものが燃え続けるためにはどのようなことが必要であると考えられますか。
(空気が入れかわ(って、新しい空気にふれ)ること。)

(4) ろうそくが燃える前と後の空気の成分を比べて、①増える気体、②減る気体、③変わらない気体は、ちっ素《そ》、酸素《さんそ》、二酸化炭素《にさんかたんそ》のどれですか。それぞれ答えましょう。
①(二酸化炭素)
②(酸素)
③(ちっ素)

2 人の体のつくりについて調べました。　各2点(8点)

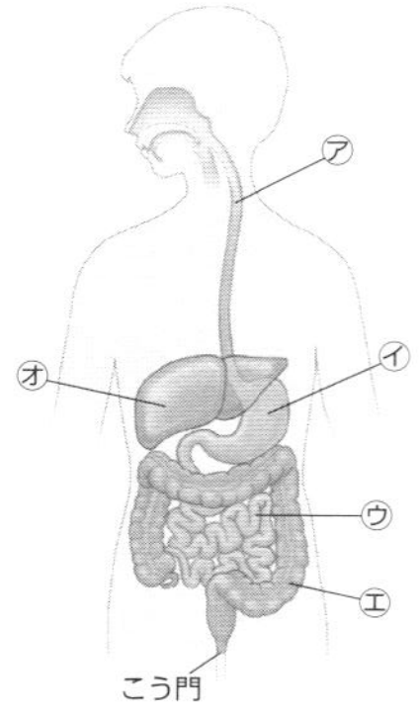

㋐
㋑
㋒
㋓
㋔
こう門

(1) ㋐~㋔のうち、食べ物が通る部分をすべて選び、記号で答えましょう。
(㋐、㋑、㋒、㋓)

(2) 口から取り入れられた食べ物は、(1)で答えた部分を通る間に、体に吸収されやすい養分に変化します。このはたらきを何といいますか。
(消化)

(3) ㋐~㋔のうち、吸収された養分をたくわえる部分はどこですか。記号とその名前を答えましょう。
記号(㋔)　名前(かん臓)

3 水の入ったフラスコにヒメジョオンを入れ、ふくろをかぶせて、しばらく置きました。　各3点(12点)

ひもでしばる。
だっし綿をつめる。
フラスコ

(1) 15分後、ふくろの内側はどうなりますか。
(水てきがつく。(くもる。))

(2) 次の文の( )にあてはまる言葉を書きましょう。
(1)のようになったのは、主に葉から、水が(①)となって出ていったからである。このようなはたらきを(②)という。
①(水蒸気)　②(蒸散)

(3) ふくろをはずし、そのまま1日置いておくと、フラスコの中の水の量はどうなりますか。
(減る。(少なくなる。))

4 太陽、地球、月の位置関係と、月の形の見え方について調べました。　各3点(12点)

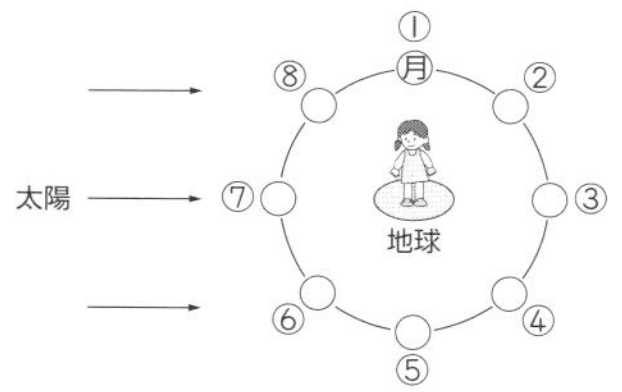

①
月
②
③
④
⑤
⑥
⑦
⑧
太陽
地球

(1) 月が①、③、⑥の位置にあるとき、月は、地球から見てどのような形に見えますか。㋐~㋗からそれぞれ選び、記号で答えましょう。

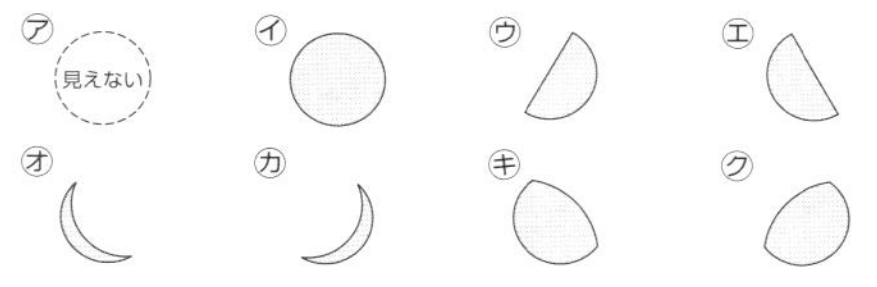

㋐
見えない
㋑
㋒
㋓
㋔
㋕
㋖
㋗

①(㋓)　③(㋑)　⑥(㋕)

(2) 月が光って見えるのはなぜですか。理由を書きましょう。
(太陽の光を受けてかがやいているから。)

うらにも問題があります。

学力診断テスト　おもて　てびき

1 (1)~(3)上下にすき間がある集気びんの中でろうそくを燃やすと、空気は下から入って、上から出ていきます。空気が入れかわって、新しい空気にふれることで、ものはよく燃え続けます。空気が入れかわらないと、火は消えてしまいます。
(4)ものが燃えると、空気中の酸素《さんそ》の一部が使われて、二酸化炭素《にさんかたんそ》ができます。ちっ素《そ》は、変化しません。

2 (1)食べ物は、口→食道《しょくどう》(㋐)→胃《い》(㋑)→小腸《しょうちょう》(㋒)→大腸《だいちょう》(㋓)→こう門と通ります。この食べ物の通り道を消化管《しょうかかん》といいます。
(3)小腸で吸収《きゅうしゅう》された養分は、生きるために使われるほか、かん臓《ぞう》にたくわえられたりします。

3 (1)、(2)根から取り入れられた水は、主に葉から水蒸気《すいじょうき》となって出ていきます。これを蒸散《じょうさん》といいます。
(3)水は根から吸《す》い上げられて葉から水蒸気となって空気中に出ていくので、フラスコの中の水の量は少なくなります。

4 (1)①では、左側が明るい半月になります。③は満月になります。⑥は、右側が少しだけ明るい月になります。
(2)月は、自分では光を出さず、太陽からの光を反射しているため、光って見えます。

5 地層《ちそう》の重なり方について調べました。

各2点(8点)

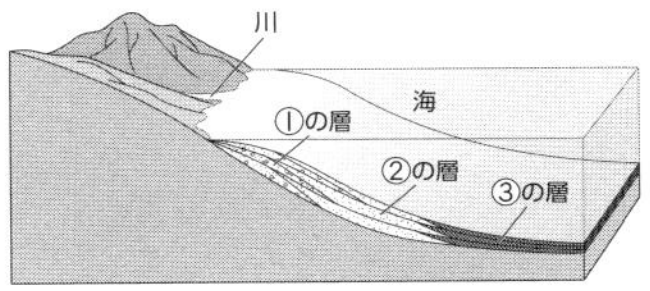

川
海
①の層
②の層
③の層

(1) ①～③の層には、れき・砂《すな》・どろのいずれかがたい積しています。それぞれ何が積もっていると考えられますか。

①(れき) ②(砂) ③(どろ)

(2) (1)のように積み重なるのは、つぶの何が関係していますか。

((つぶの)大きさ)

6 水溶液《すいようえき》の性質を調べました。

各3点(12点)

(1) アンモニア水を、赤色、青色のリトマス紙《し》につけると、リトマス紙の色はそれぞれどうなりますか。

①赤色リトマス紙(青色に変化する。)

②青色リトマス紙(変化しない。)

(2) リトマス紙の色が、(1)のようになる水溶液の性質を何といいますか。 (アルカリ性)

(3) 炭酸水《たんさんすい》を加熱して水を蒸発《じょうはつ》させても、あとに何も残らないのはなぜですか。理由を書きましょう。

(気体である二酸化炭素がとけている水溶液だから。)

7 空気を通した生物のつながりについて考えました。

各3点(9点)

(1) ㋐、㋑の気体は、それぞれ何ですか。気体の名前を答えましょう。

㋐(酸素)

㋑(二酸化炭素)

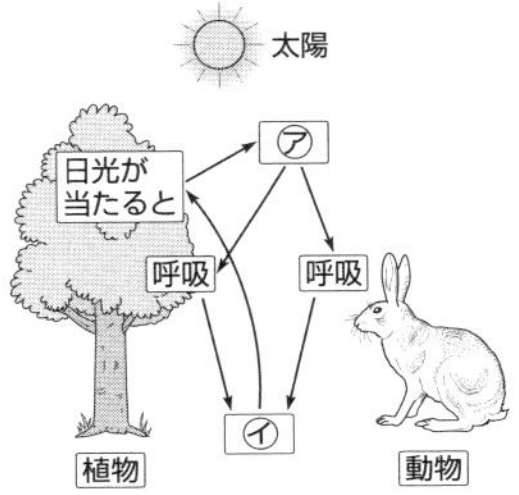

太陽
日光が当たると
㋐
呼吸
呼吸
㋑
植物
動物

(2) 植物も動物も呼吸《こきゅう》を行っていますが、地球上から酸素がなくならないのは、なぜですか。理由を書きましょう。

(植物の葉に日光が当たっているとき、酸素を出しているから。)

活用力をみる

8 身の回りのてこを利用した道具について考えました。

各3点(15点)

(1) はさみの支点《してん》・力点《りきてん》・作用点《さようてん》はそれぞれ、㋐～㋒のどれにあたりますか。

①支点 (㋒)

②力点 (㋑)

③作用点(㋐)

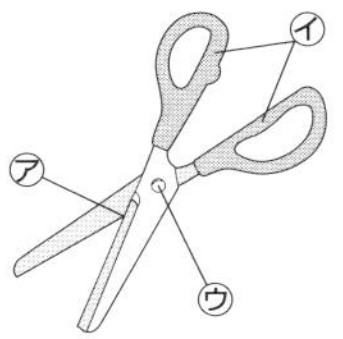

㋐
㋑
㋒

(2) はさみで厚紙を切るとき、「㋐はの先」「㋑はの根もと」のどちらに紙をはさむと、小さな力で切れますか。正しい方の□に○をつけましょう。

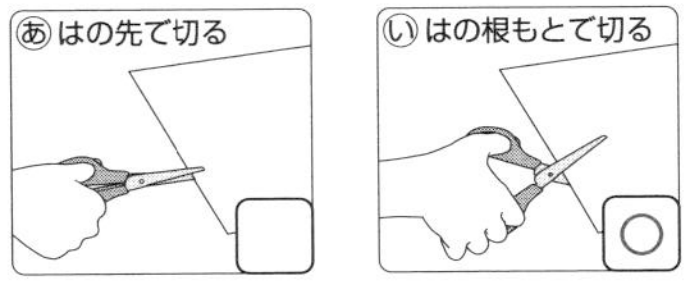

あ はの先で切る
い はの根もとで切る

(3) (2)のように答えた理由を書きましょう。

(支点と作用点のきょりが短いほど、作用点ではたらく力が大きいから。)

9 電気を利用した車のおもちゃを作りました。

各4点(12点)

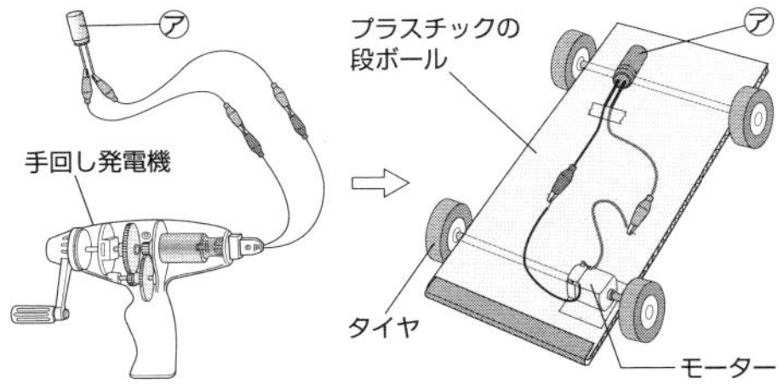

㋐
手回し発電機
プラスチックの段ボール
㋐
タイヤ
モーター

(1) 手回し発電機で発電《はつでん》した電気は、ためて使うことができます。電気をためることができる㋐の道具を何といいますか。

(コンデンサー)

(2) 電気をためた㋐をモーターにつないで、タイヤを回します。この車をより長い時間動かすには、どうすればよいですか。正しい方に○をつけましょう。

①(○)手回し発電機のハンドルを回す回数を多くして、㋐にためる電気を増やす。

②( )手回し発電機のハンドルを回す回数を少なくして、㋐にためる電気を増やす。

(3) 車が動くとき、㋐にためられた電気は、何に変えられますか。

(運動(回転する動き))

5 水のはたらきによって運ぱんされたれき・砂《すな》・どろは、つぶの大きさによって分かれて、水底にたい積します。

6 (1)、(2)アルカリ性《せい》の水溶液《すいようえき》では、赤色リトマス紙《し》だけが青色に変化します。酸性《さんせい》の水溶液では、青色リトマス紙だけが赤色に変化します。中性《ちゅうせい》の水溶液では、どちらの色のリトマス紙も変化しません。

(3)気体がとけている水溶液から水を蒸発《じょうはつ》させても、あとに何も残りません。

7 (1)動物も植物も呼吸《こきゅう》をして、酸素《さんそ》を取り入れ、二酸化炭素《にさんかたんそ》を出しています。

(2)植物は、葉に日光が当たっているときには、空気中の二酸化炭素を取り入れ、酸素を出しています。植物が酸素をつくり出しているので、地球上の酸素はなくなりません。

8 (2)、(3)はさみは、支点《してん》が力点《りきてん》と作用点《さようてん》の間にある道具です。支点と作用点のきょりを短くするほど、作用点でより大きな力がはたらきます。

9 (1)、(2)手回し発電機《はつでんき》のハンドルを回す回数が多いほど、コンデンサーには多くの電気をためることができます。

(3)電気は、モーターで運動(回転する動き)に変わります。

メモ

メモ

付録　取りはずしてお使いください。

理科 スタートアップドリル

6年

このドリルを使って
５年生で学習した
ことをふり返ろう。

年　　組

1 天気の変化

1 雲のようすと天気の変化について、調べました。

(1)（　　）にあてはまる言葉を、あとの□から選んで書きましょう。

①天気は、空全体の広さを10として、空をおおっている雲の量が（　　　　）のときを晴れ、（　　　　）のときをくもりとする。

②雲には、色や形、高さのちがうものが（　　　　）。

③黒っぽい雲が増えてくると、（　　　　）になることが多い。

0～5	0～8	6～10	9～10	ある	ない	晴れ	雨

(2) ある日の午前9時と正午に、空のようすを観察しました。
（　　）にあてはまる天気を書きましょう。

午前9時　天気…（　　　　）　雲の量…4
- 白くて小さな雲がたくさん集まっていた。
- 雲は、ゆっくり西から東へ動いていた。
- 雨はふっていなかった。

正午　天気…（　　　　）　雲の量…9
- 黒っぽいもこもことした雲が、空一面に広がっていた。
- 雲は、午前9時のときよりも、ゆっくりと南西から北東へ動いていた。
- 雨はふっていなかった。

2 天気の変化について、調べました。（　　）にあてはまる方位を書きましょう。

①日本付近では、雲はおよそ（　　　　）から（　　　　）に動いていく。

②雲の動きにつれて、天気も（　　　　）から（　　　　）へと変わっていく。

③台風は（　　　　）の海上で発生して、（　　　　）や東へ進むことが多い。

2 植物の発芽と成長

1 植物の発芽について、調べました。

(1) （　　）にあてはまる言葉を書きましょう。

①植物の種子が芽を出すことを（　　　　）という。
②植物は、（　　　　）の中の養分を使って発芽する。
③植物の種子の発芽には、水、（　　　　）、
適当な（　　　　）が必要である。

(2) 図は、発芽前のインゲンマメの種子を切って開いたものです。この種子にヨウ素液をつけて、色の変化を調べました。

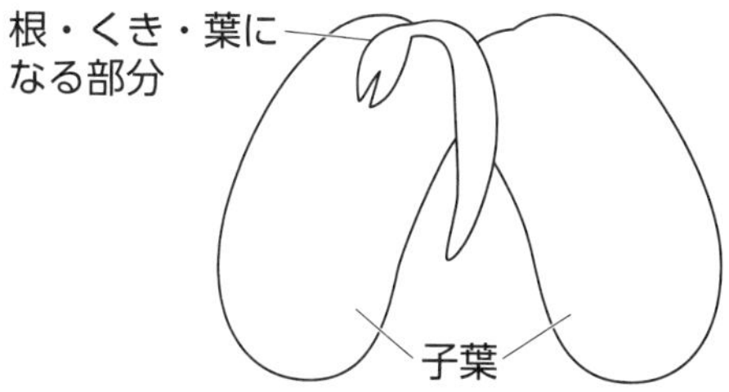

①子葉《しよう》のところは、㋐～㋒の何色に変化しますか。
㋐茶色　　㋑青むらさき色　　㋒赤色
（　　　　）

②ヨウ素液を使った色の変化で調べることができるのは、何という養分ですか。
（　　　　）

2 葉が３～４まいに育ったインゲンマメ㋐～㋒を使って、肥料や日光が植物の成長に関係するのかを調べました。葉のようすは、２週間後の育ちをまとめたものです。

	水	肥料	日光	葉のようす
㋐	あたえる	あたえる	当てる	緑色で大きく、数が多い。
㋑	あたえる	あたえる	当てない	黄色っぽくて小さく、数が少ない。
㋒	あたえる	あたえない	当てる	緑色だけど㋐より小さく、数も㋐より少ない。

(1) ㋐と㋑で、よく成長したのはどちらですか。
（　　　　）

(2) ㋐と㋒で、よく成長したのはどちらですか。
（　　　　）

(3) このことから、植物がよく成長するには、何と何が必要とわかりますか。
（　　　　）と（　　　　）

3 メダカのたんじょう

1 メダカのたんじょうについて、調べました。

(1) (　　)にあてはまる言葉を、あとの□から選んで書きましょう。

①(　　　　)が産んだたまご(卵《らん》)は、(　　　　)が出す精子《せいし》と結びついて、受精卵となる。

②受精卵は、たまごの中にふくまれている(　　　　)を使って育つ。

③受精してから約(　　　　)週間で、子メダカがたんじょうする。

④たまごからかえった子メダカは、しばらくの間は(　　　　)にあるふくろの中の養分を使って育つ。

2	10	38	おす	水分	はら	ひれ	めす	養分

(2) たまご(卵)と精子が結びつくことを何といいますか。

(　　　　)

2 メダカを飼って、体を観察しました。

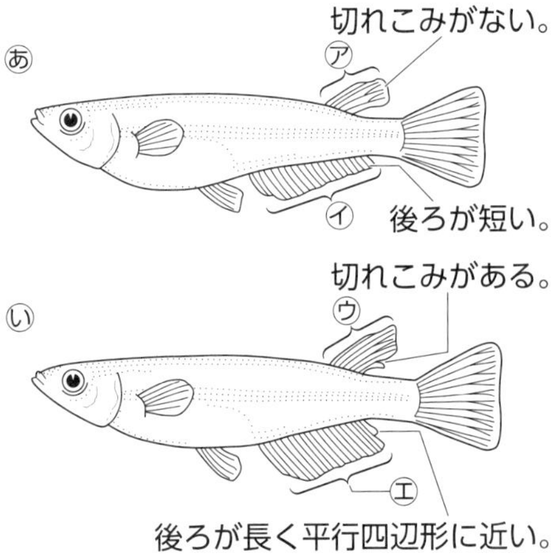

あ
切れこみがない。
㋐
㋑
後ろが短い。
い
切れこみがある。
㋒
㋓
後ろが長く平行四辺形に近い。

(1) 図の㋐・㋒、㋑・㋓のひれの名前を書きましょう。

㋐・㋒(　　　　)

㋑・㋓(　　　　)

(2) あ、いのどちらがめすで、どちらがおすですか。

あ(　　　　)

い(　　　　)

(3) メダカを飼うとき、水そうはどこに置くとよいですか。正しいものに○をつけましょう。

①(　　)日光が直接当たる明るいところ

②(　　)日光が直接当たらない明るいところ

③(　　)暗いところ

4 ヒトのたんじょう

1 ヒトのたんじょうについて、調べました。

(1) （　）にあてはまる言葉を、あとの□から選んで書きましょう。

①（　　　　）の体内でつくられた卵《らん》（卵子《らんし》）は、
（　　　　）の体内でつくられた精子《せいし》と結びついて、
受精卵となる。

②ヒトの子どもは、母親の体内にある（　　　　）の中で、
そのかべにあるたいばんから（　　　　）を通して養分をもらい、
いらないものをわたして育つ。

③受精してから約（　　　　）週間で、子どもがたんじょうする。

④ヒトはたんじょうしたあと、しばらくは（　　　　）を飲んで育つ。

2	10	38	子宮《しきゅう》	女性	男性	乳	へそのお	羊水《ようすい》

(2) 卵（卵子）と精子が結びつくことを何といいますか。

（　　　　）

2 図は、母親の体内の赤ちゃんのようすです。

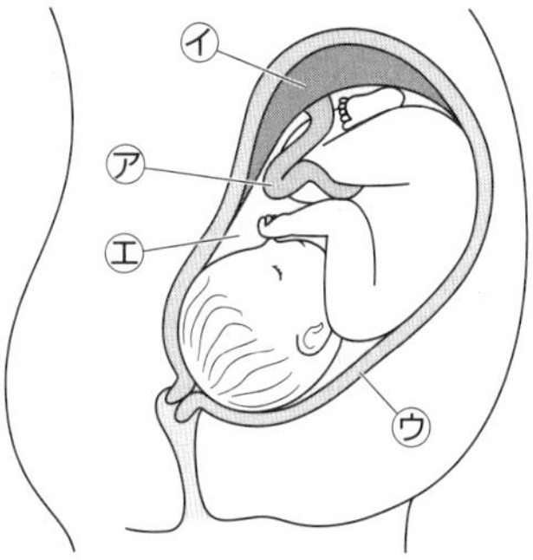

(1) ㋐～㋓はそれぞれ何ですか。
名前を書きましょう。

㋐（　　　　）
㋑（　　　　）
㋒（　　　　）
㋓（　　　　）

(2) 子宮の中は液体で満たされ、赤ちゃんを守っています。
この液体は、㋐～㋓のどれですか。

（　　　　）

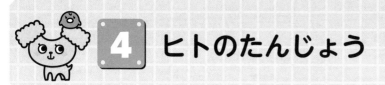

5 花から実へ

1 花のつくりについて、調べました。

(1) 図は、アサガオの花です。㋐〜㋓は何ですか。
あてはまる言葉を書きましょう。

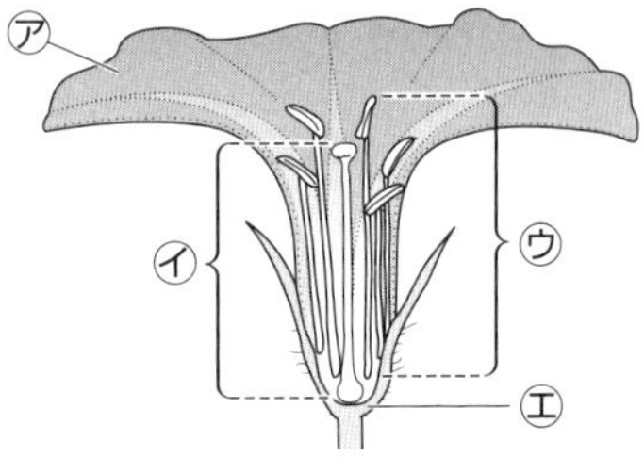

アサガオ

㋐（　　　　　）
㋑（　　　　　）
㋒（　　　　　）
㋓（　　　　　）

(2) （　　）にあてはまる言葉を書きましょう。

○花には、アブラナやアサガオのように、めしべとおしべが
1つの花にそろっているものと、ヘチマやカボチャのように、
めしべのある（　　　　　）とおしべのある（　　　　　）の
2種類の花をさかせるものがある。

2 植物の実のでき方について、調べました。

(1) （　　）にあてはまる言葉を書きましょう。

①おしべから出た（　　　　　）がめしべの先につくことを受粉という。
②受粉すると、めしべのもとのふくらんだ部分が（　　　　　）になり、
その中に（　　　　　）ができる。

(2) 図は、ヘチマの花です。

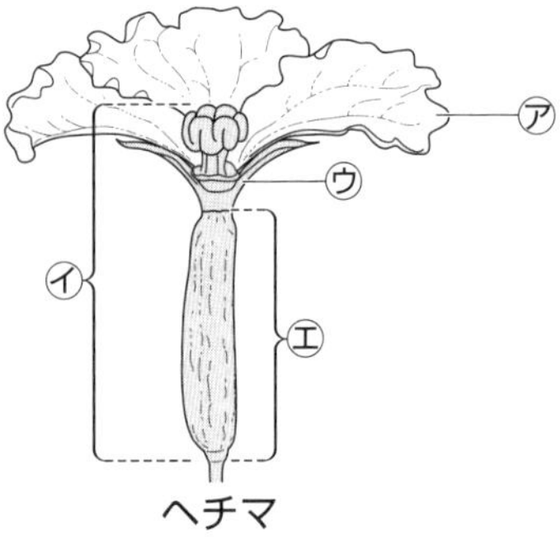

ヘチマ

①花びらは、㋐〜㋓のどれですか。
（　　　）
②がくは、㋐〜㋓のどれですか。
（　　　）
③図の花は、めばなとおばなのどちらですか。
（　　　　　）

6 流れる水のはたらき①

1 流れる水のはたらきについて、調べました。
(　　)にあてはまる言葉を、あとの□から選んで書きましょう。

①流れる水が地面をけずるはたらきを(　　　　　　)、
土や石を運ぶはたらきを(　　　　　　)、
土や石を積もらせるはたらきを(　　　　　　)という。

②水の量が増えると、流れる水のはたらきが(　　　　　　)なる。

③水の流れが(　　　　　　)ところでは、地面をけずったり、
土や石を運んだりするはたらきが大きくなる。

④水の流れが(　　　　　　)なところでは、土や石が積もる。

大きく	小さく	速い	ゆるやか	運ぱん	たい積	しん食

2 図のようなそうちで、土のみぞをつくって水を流して、流れる水のはたらきを調べました。

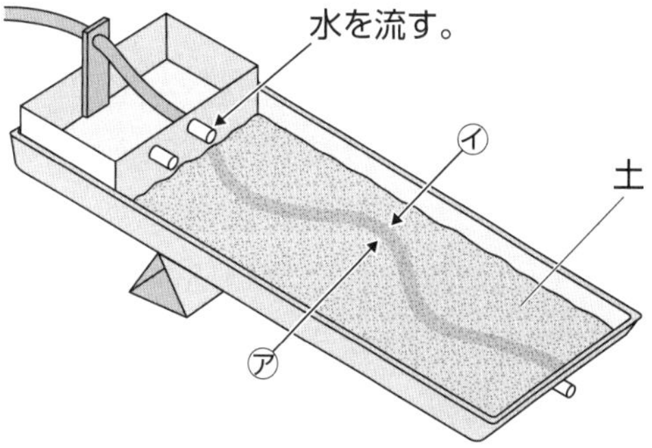

(1) そうちのかたむきを急にすると、
流れる水が土をけずるはたらきは
大きくなりますか、小さくなりますか。

(　　　　　　)

(2) 水が曲がって流れているところで、
流れる水の速さを調べました。
㋐は流れの内側、㋑は流れの外側です。
㋐と㋑で、流れる水の速さが速いのは、
どちらですか。

(　　　　)

(3) ㋐と㋑で、水に運ばれてきた土が多く積もったのはどちらですか。

(　　　　)

(4) ㋐と㋑で、土が多くけずられたのはどちらですか。

(　　　　)

7 流れる水のはたらき②

1 **川の流れと地形について、調べました。**
（　　）にあてはまる言葉を、あとの□から選んで書きましょう。

①かたむきが急な山の中では、川はばが（　　　　　）、流れが速い。
平地や海の近くでは、川はばが（　　　　　）なり、流れがゆるやかになる。

②川原の石を見ると、山の中では（　　　　　）、
（　　　　　）石が多く見られ、
平地や海の近くでは（　　　　　）、
（　　　　　）石やすなが多く見られる。

大きく	小さく	広く	せまく	角ばった	丸みのある

2 **図のような平地を流れる川の曲がって流れているところで、川の流れや川原のようすを調べました。**

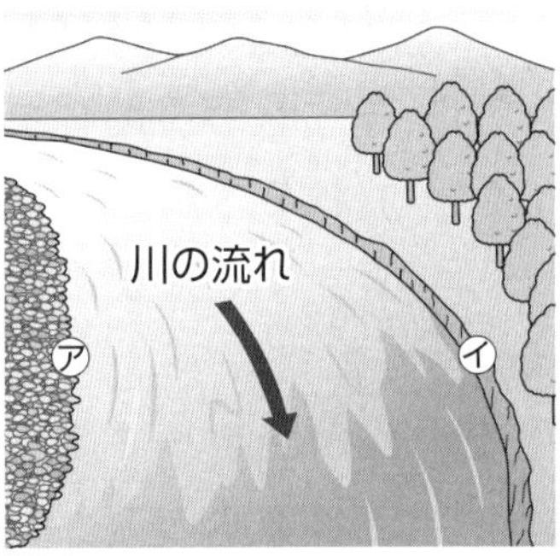

(1)　川の流れが速いのは、㋐と㋑のどちら側ですか。

（　　　）

(2)　㋐の川原の石を調べたとき、石のようすとして正しいものはどちらですか。
①角ばっている。
②丸みをおびている。

（　　　）

(3)　川の深さが深いのは、㋐と㋑のどちら側ですか。

（　　　）

3 **川の流れと災害について、（　　）にあてはまる言葉を、あとの□から選んで書きましょう。**

○梅雨《つゆ》や台風《たいふう》などで雨の量が増えると、川の水の量は（　　　　　）、
流れが（　　　　　）なるので、流れる水のはたらきは
（　　　　　）なり、土地のようすを大きく変化させることがある。

大きく	小さく	増え	減り	速く	おそく

8 ふりこの運動

1 ふりこが1往復する時間を調べました。

(1) ㋐と㋑は、図のような角度まで手で持ち上げて、手をはなしてふらせます。
㋐と㋑でちがっている条件に○をつけましょう。

①(　　　)ふりこの長さ
②(　　　)ふれはば
③(　　　)おもりの重さ

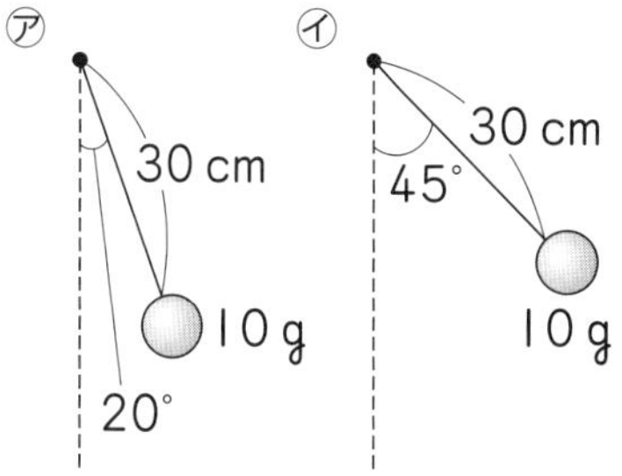

(2) 次の条件だけを変えると、ふりこが1往復する時間はどうなりますか。
長くなる、短くなる、変わらないの中から、あてはまる言葉を選んで書きましょう。

①ふりこの長さを長くする。
(1往復する時間は　　　　　　　)。

②おもりの重さを重くする。
(1往復する時間は　　　　　　　)。

③ふれはばを大きくする。
(1往復する時間は　　　　　　　)。

2 ふりこの長さを変えてふったときの、ふりこが10往復する時間を測定して、表にまとめました。

ふりこの長さ	1回めの測定	2回めの測定	3回めの測定	3回の合計	10往復する時間の平均	1往復する時間
50 cm	14秒	15秒	13秒	42秒	①	②
100 cm	20秒	19秒	21秒	60秒	20秒	2.0秒

(1) ①にあてはまる数を計算しましょう。
(10往復する時間)÷(測定した回数)　だから、
〔式〕 42 ÷ 　　=

よって、(　　　　秒)。

(2) ②にあてはまる数を計算しましょう。
(10往復する時間の平均)÷10　だから、
〔式〕 　　÷ 10 =

よって、(　　　　秒)。

9 もののとけ方①

1 ものに水をとかして、とけたものがどうなるかを調べました。

(1) 食塩水は、水に何をとかした水よう液ですか。

(　　　　)

(2) ㋐～㋒で、水よう液といえないものはどれですか。

㋐さとうを水に入れてかき混ぜたもの　㋑すなを水に入れてかき混ぜたもの　㋒コーヒーシュガーを水に入れてかき混ぜたもの

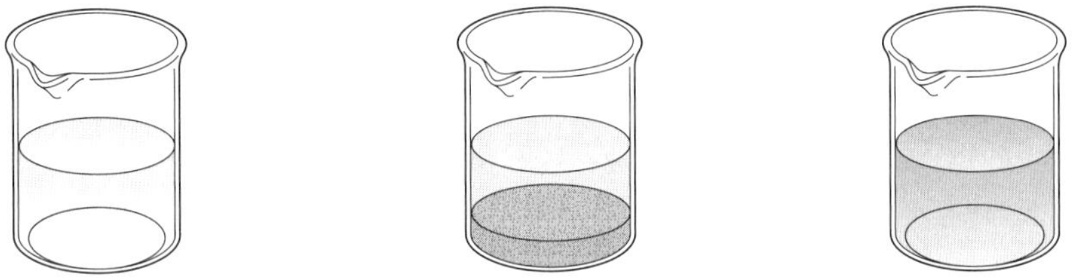

色はなく、すき通っている。　下のほうにすながたまっている。　茶色で、すき通っている。

(　　　　)

(3) 5gのさとうを水にとかす前に全体の重さをはかったところ、電子てんびんは95gを示しました。さとうをすべて水にとかしたあと、全体の重さは何gになりますか。

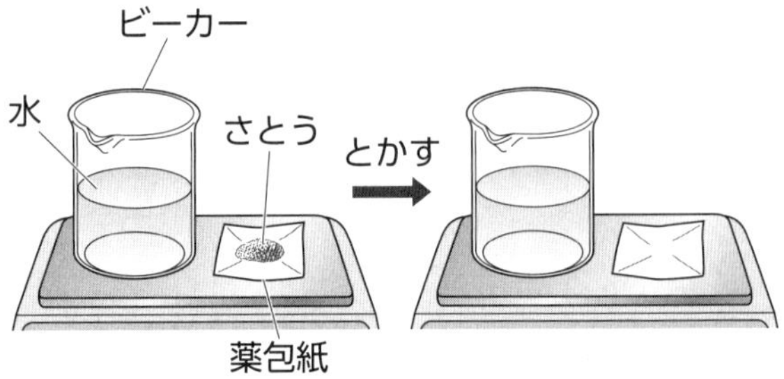

(　　　　)

2 決まった水の量に、食塩とミョウバンがどれだけとけるかを調べて、表にまとめました。

水の量	50 mL	100 mL
食塩	18g	36g
ミョウバン	4g	8g

(1) 食塩は、水50 mLに何gとけますか。

(　　　　)

(2) 水の量を2倍にすると、水にとける食塩やミョウバンの量は何倍になりますか。

(　　　　倍)

(3) 同じ量の水にとけるものの量は、とかすものの種類によって同じですか、ちがいますか。

(　　　　)

10 もののとけ方②

1 水の温度ととけるものの量の関係について調べました。

(1) 水の温度を変えて、水 50 mL にとける食塩とミョウバンの量を調べたところ、図のようになりました。
水の温度を変えても、とける量が変わらないのは、どちらですか。

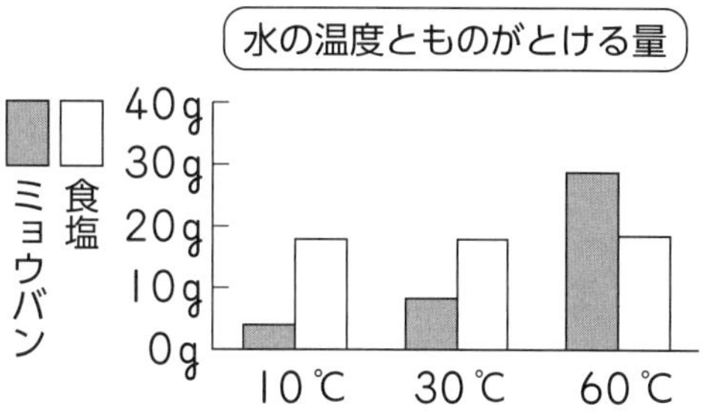

水の温度とものがとける量
ミョウバン
食塩
40g
30g
20g
10g
0g
10℃
30℃
60℃

(　　　　)

(2) (　　)にあてはまる言葉を、□から選んで書きましょう。

①水の温度を上げたとき、水にとける量の変化のしかたは、
とかすものによって(　　　　　)。

②ミョウバンのように、温度によって水にとける量が大きく変化するものは、
水よう液の温度を(　　　　)て、水よう液からとけているものを
取り出すことができる。

③水よう液から水を(　　　　　)させると、
水よう液からとけているものを取り出すことができる。

同じ	ちがう	上げ	下げ	じょう発	ふっとう

2 60 ℃のミョウバンの水よう液を 10 ℃になるまで冷やすと、液の中からミョウバンのつぶが現れました。

(1) 図のようにして、ミョウバンのつぶを取り出しました。
この方法を何といいますか。

(　　　　　)

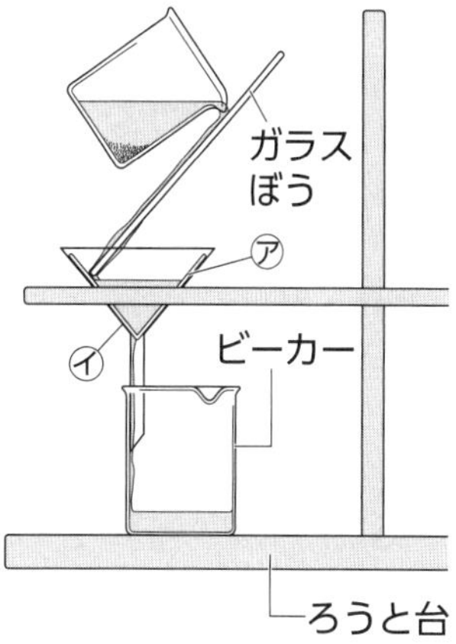

ガラスぼう
ア
イ
ビーカー
ろうと台

(2) ㋐の紙、㋑のガラス器具の名前を書きましょう。

㋐(　　　　　)
㋑(　　　　　)

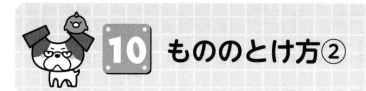

11 電磁石のはたらき

1 電磁石に電流を流し、電磁石の極を調べました。

(1) （　　）にあてはまる言葉を書きましょう。

> ○導線を同じ向きに何回もまいたものを（　　　　　）という。
> これに鉄心を入れて（　　　　）を流すと、
> 鉄心が鉄を引きつけるようになる。これを電磁石という。

(2) 電磁石の右の方位磁針《じしん》の針が指す向きは、図のようになりました。左の方位磁針の針の向きは、㋐～㋒のどれになりますか。

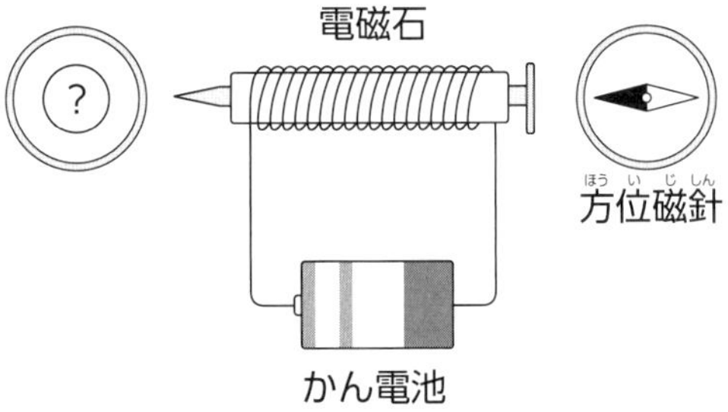

?
電磁石
方位磁針《ほういじしん》
かん電池

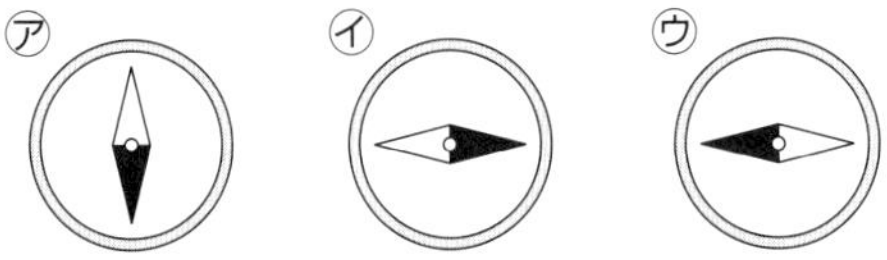

㋐
㋑
㋒

（　　　）

(3) かん電池をつなぐ向きを逆にすると、左の方位磁針の針が指す向きは、(2)の㋐～㋒のどれになりますか。

（　　　）

2 図のようなそうちを使って、電磁石の強さを調べました。

(1) ㋐と㋑で、変えた条件は①～③のどれですか。
①電流の大きさ
②電流の向き
③コイルのまき数

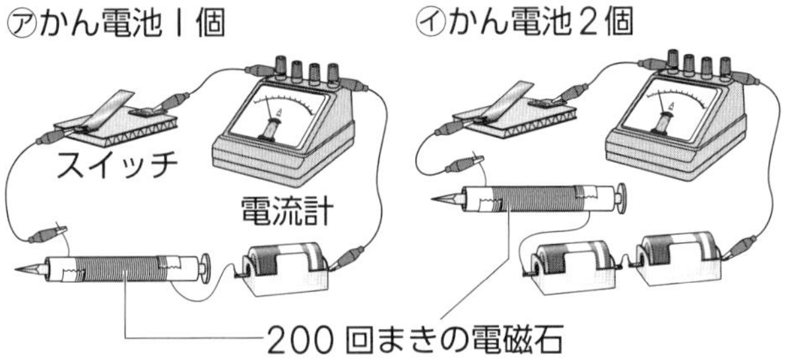

㋐かん電池１個
㋑かん電池２個
スイッチ
電流計
200回まきの電磁石

（　　　）

(2) 回路に電流を流したとき、電磁石に鉄のクリップが多くついたのは、㋐と㋑のどちらですか。

（　　　）

(3) ㋐のコイルをほどいて、100回まきにしてから回路に電流を流しました。100回まきにする前とくらべて、電磁石につく鉄のクリップは多くなりますか、少なくなりますか。

（　　　　　）

答え

1 天気の変化

1 (1)①0～8、9～10

②ある

③雨

(2)晴れ、くもり

★午前9時は、雲の量が0～8にあるので晴れ、正午は雲の量が9～10にあるのでくもりとなります。

2 ①西、東

②西、東

③南、北

★天気は西から東へと変わっていきますが、台風の進路に、この規則性があてはまりません。

2 植物の発芽と成長

1 (1)①発芽

②種子

③空気、温度

(2)①㋑

②でんぷん

★でんぷんにうすめたヨウ素液をつけると、青むらさき色になります。インゲンマメの種子の子葉には、でんぷんがふくまれているので、ヨウ素液をつけると青むらさき色に変化します。

2 (1)㋐

(2)㋐

(3)肥料、日光

★水はすべてにあたえているので、植物がよく成長するためには、日光と肥料が必要であるとわかります。また、植物の成長には、水・適当な温度・空気も必要です。

3 メダカのたんじょう

1 (1)①めす、おす

②養分

③2

④はら

(2)受精

2 (1)㋐・㋒せびれ　㋑・㋓しりびれ

(2)(あ)めす　(い)おす

★メダカのめすとおすを見分けるには、せびれとしりびれに注目します。

(3)②

4 ヒトのたんじょう

1 (1)①女性、男性

②子宮、へそのお

③38

④乳

(2)受精

2 (1)㋐へそのお　㋑たいばん　㋒子宮

㋓羊水

(2)㋓

★子宮の中は羊水という液体で満たされていて、外からのしょうげきなどから赤ちゃんを守っています。

5 花から実へ

1 ⑴㋐花びら　㋑めしべ　㋒おしべ　㋓がく
⑵めばな、おばな

2 ⑴①花粉
②実、種子
★花粉は、こん虫などによってめしべに運ばれ、受粉します。めしべの先は、べとべとしていて花粉がつきやすくなっています。
⑵①㋐
②㋒
③めばな
★めばなは、花びらの下の部分にふくらみがあります。

6 流れる水のはたらき①

1 ⑴①しん食、運ぱん、たい積
②大きく
③速い
④ゆるやか

2 ⑴大きくなる。
★かたむきが急になると流れが速くなるので、しん食するはたらきも大きくなります。
⑵㋑
⑶㋐
⑷㋑
★曲がって流れているところの外側では、水の流れが速く、しん食されます。一方、曲がって流れているところの内側では、流れがゆるやかで、運ばれてきた土がたい積します。

7 流れる水のはたらき②

1 ①せまく、広く
②大きく、角ばった、小さく、丸みのある
★山の中の大きく角ばった石は、流れる水に運ばれる間に、角がとれていき、丸く小さくなっていきます。

2 ⑴㋑
⑵②
⑶㋑
★川の流れの外側は流れが速いので、しん食されます。一方、川の流れの内側は流れがゆるやかなので、石がたい積します。

3 増え、速く、大きく

8 ふりこの運動

1 ⑴②
⑵①長くなる
②変わらない
③変わらない
★ふりこが1往復する時間は、ふりこの長さによって変わります。おもりの重さやふれはばを変えても、1往復する時間は変わりません。

2 ⑴〔式〕42÷3=14　　14秒
⑵〔式〕14÷10=1.4　　1.4秒

9 もののとけ方①

1 (1)食塩

(2)㋑

★水よう液は、すき通っていて(とうめいで)、とけたものが液全体に広がっています。色がついていても、すき通っていれば水よう液といえます。

(3)95 g

★とかす前に、ビーカーや薬包紙も入れて95 gだったので、とかしたあとの全体の重さも95 gになります。

2 (1)18 g

(2)2（倍）

(3)ちがう。

10 もののとけ方②

1 (1)食塩

(2)①ちがう

②下げ

③じょう発

2 (1)ろ過

(2)㋐ろ紙　㋑ろうと

★ろ過するときは、ろ紙は水でぬらしてろうとにぴったりとつけ、液はガラスぼうに伝わらせて静かに注ぎます。ろうとの先は、ビーカーの内側にくっつけておきます。

11 電磁石のはたらき

1 (1)コイル、電流

★電磁石は、電流を流しているときだけ、磁石のはたらきをします。

(2)㋒

(3)㋑

★電磁石にもN極とS極があります。電流の向きを逆にすると、電磁石の極も逆になります。そのため、引きつけられる方位磁針の針も逆になります。

2 (1)①

(2)㋑

★電流が大きいほど、電磁石の強さは強くなります。

(3)少なくなる。

★コイルのまき数が多いほど、電磁石の強さは強くなります。コイルのまき数を少なくしたので、電磁石の強さは弱くなり、引きつけられる鉄のクリップの数も少なくなります。